工程设计制图

郭朝勇　编著

中国建筑工业出版社

图书在版编目（CIP）数据

工程设计制图/郭朝勇编著. —北京：中国建筑工业
出版社，2018.12
ISBN 978-7-112-23055-6

Ⅰ. ①工… Ⅱ. ①郭… Ⅲ. ①工程制图-高等学
校-教材 Ⅳ. ①TB23

中国版本图书馆 CIP 数据核字（2018）第 275942 号

本书是工程制图课程改革的新编教材，它以教育部"高等学校工程图学课程教学基本要求"为依据，还简要介绍了常用机械机构与传动，以及形体与零件构型设计的基本知识，构建了新的课程内容体系。其目的在于让学生树立工程和设计的意识，进行用图样表达机械等工程设计信息的全面训练，提高以图样为载体的综合理解能力、表达能力及形象化创新思维能力。

本书由制图基础、投影制图、图样画法、机械设计、工程图样 5 个模块组成，主要包括：绪论、制图的基本知识与基本技能、正投影法和三视图、点与直线和平面的投影、基本几何体及其表面上点的投影、截切体和相贯体的视图、轴测投影图、组合体的视图及尺寸标注、组合体的构型设计、机件常用表达方法、常用机械机构、机械传动及其图样表达、通用零件及其联接与图样表达、机械零件的构型设计、零件图、装配图。

本书可作为高等工科学校非机械类各专业工程制图课程的教材，亦可供其他专业师生和工程技术人员参考。

责任编辑：郭　栋
责任校对：李欣慰

工程设计制图

郭朝勇　编著

*

中国建筑工业出版社出版、发行（北京海淀三里河路 9 号）
各地新华书店、建筑书店经销
霸州市顺浩图文科技发展有限公司制版
北京建筑工业印刷厂印刷

*

开本：787×1092 毫米　1/16　印张：17¼　字数：387 千字
2019 年 3 月第一版　　2019 年 11 月第二次印刷
定价：**49.00** 元
ISBN 978-7-112-23055-6
（33139）

前言 | Preface

　　"工程制图"（或"工程图学"）是高等工科院校非机械、非土建类各专业普遍开设的一门技术基础课程。传统的"工程制图"课程与机械类专业开设的"机械制图"课程，除深度要求有所不同外，均以解决形体的图样表达及图样识读为核心，在基本教学内容上并无太大的区别。

　　随着科学技术的发展，专业的综合性和交叉性对本课程的教学提出了更高的要求。我们认为，从学生工程设计知识完整性的角度来看，"工程制图"与"机械制图"课程基本教学内容的无差异问题似有其局限性。对于机械类专业的学生而言，机械制图课程的定位和内容设计是合适的、准确的，因为机械设计相关知识体系有赖于后续的理论力学、材料力学、工程材料、机械制造、机械原理、机械零件、机械综合课程设计等课程的学习和实践来逐步完善。而非机械、非土建类各专业开设的机械类相关课程只有"工程制图"和"工程技术训练"，在这两门课程中，前者只介绍形体的图样问题，后者只解决形体的加工问题，而形体的来源问题则没有相关课程涉及，从学生整体的知识结构来看，似乎是不完整的。为此，我们进行了"工程制图"课程内容体系的教学改革尝试，课程名称也相应改为指向性更为明确的"工程设计制图"。

　　1980年以来，北京科技大学、重庆大学、东华大学、西安交通大学等学校，按照与上相似的思路，在机械类和近机械类的相关专业进行了"机械设计制图"课程的教学改革研究与实践，取得了很好的教学效果，改革成果曾获国家级教学成果奖。与此相对应的是，针对非机械类专业的"工程制图"课程相应改革的研究与实践则相对较少，尚未见有系统性的研究成果发表。2012年以来，在解放军总装备部院校信息化教学改革工程"'工程设计制图'优质课程建设"项目的支持下，我们在原军械工程学院的5个非机械类专业进行了5期"工程设计制图"课程改革实践，取得了良好的教学效果。本书即为课程改革及教学实践的总结之一。

　　本书以教育部"高等学校工程图学课程教学基本要求"为依据，从完善学生工程设计知识的完整性及相关工程训练的全面性角度出发，尝试建立一个适合学科综合性和交叉性要求的"工程设计制图"课程知识和教学体系。其基本考虑是，在不大幅增加课程学时和基本不降低制图内容教学要求的前提下，适当增加以常用机构为代表的设计原理的启蒙性知识介绍和以形体构型设计为核心的设计思维的初步训练，目的是提高学生的设计意识和工程素质，使学生对工程图样的作用及内容有更为深入的理解。本书在内容上由五个模块组成，包括：制图基础（第1章）、投影制图（第2章至第8章）、图样画法（第9章）、机械设计（第10章至第13章）、工程图样（第14、15章）。

　　本书的参考教学课时为40~60学时。

　　本书由陆军工程大学石家庄校区机械工程教研室郭朝勇编著，同时也是集体智慧的结晶。陆军工程大学石家庄校区教学科研处和车辆与电气工程系对课程改革给予了大力的支持；王克印教授和黄海英、韩凤起副教授对课程体系的改革及课程的教学实践做出了突出的贡献；李志尊副教授对机械设计相关内容的取舍提出了很好的建议；王艳、刘冬芳、张靖讲师为课程教学条件建设付出了辛勤的劳动。在此向他们表达深深的谢意。

教学改革是一项艰巨而细致的工作，而教学内容和课程体系改革又是教改中的重点和难点。我们也是"摸着石头过河"，尽管有一些粗浅的想法和初步的教学体会，但更需经过系统和广泛的教学研究与实践去检验之。

限于时间、水平和能力，书中难免有不妥甚至错误之处，恳请使用本书的老师和同学批评、指正。我们的邮箱为：guochy1963@163.com。

目录 Contents

绪论

本章将概述工程设计的作用、过程及设计思想的图样表达方式；阐述机械的概念、相关术语、机械设计的过程，以及机械图样在机械设计中的地位和作用；介绍本课程的教学目的、基本要求以及学习的方法。

0.1 工程设计

0.1.1 工程设计概述

工程设计是为了满足社会需求而进行的系统、组件或工艺设计工程。在工程设计中，应用基础科学、数学以及工程科学，集成现有资源，最优化地达到预期的目标。在设计过程中，最基本的设计元素是目标、标准、综合、分析、施工测试和评估。工程设计通常是一个循环和迭代的过程，往往需要对设计出的产品方案进行不断修改和完善，在设计规定的周期内获得符合要求的最佳产品。在工程设计中，除了要满足客户需求，还必须考虑很多其他因素，如安全、经济、环保、可持续发展等。

产品从无到有并保证发挥其作用的过程，就是产品的实现过程。该过程可由五个阶段组成：需求、决策分析阶段→工程设计和开发阶段→生产制造阶段→产品营销阶段→产品服务阶段。从此过程可以看出，产品工程设计是使需求变成技术系统的一种描述。例如，人们希望房间里降温，这是一种需求，但满足需求的方法可以很多。技术人员通过思索构思了一个技术系统能最大限度地满足上述的需求，这一过程即为工程设计。由此可见，工程设计在整个产品实现过程中是一个非常重要的组成部分，满足需求的产品才有它的市场地位和竞争力。著名的"七二一"规律指出，产品的质量70%取决于工程设计和管理，20%取决于加工，10%取决于加工人员的素质。可以说，工程设计的质量将直接影响产品的质量。

0.1.2 产品工程设计过程

产品工程设计过程可由方案设计、技术设计和施工设计三阶段组成。

方案设计又称为概念设计，它是以功能分析为核心，即对用户的需求通过功能分析并针对每一功能元以寻求最佳的原理解。这些原理解毕竟还是一种抽象的，尚不具体化的思维和分析结果，要想把这些结果变成可制造的三维模型，这就是技术设计的主要任务。技术设计即是将原理解过渡到一个技术上可制造的三维模型。施工设计主要目的是使该三维模型成为真正能使用的零件、部件或产品，以满足需要。

0.1.3　工程设计思想的表达

语言、文字及图形被认为是表达人类思维的三个重要的手段。一张图可以表达艺术家的创造性思维，而一张工程图可以表达工程技术人员的设计构思。在工程界，图形的表达比起语言和文字的表达更为重要。正像文字是作家的生命一样，图形的表达是所有工程技术人员的基本素质。

图0.1（a）所示是水杯的三维图形，轮廓形状清晰，一目了然，可与设计思维融为一体。

又如图0.1（b）所示是水杯的二维图形，其表达的信息量较大，内容广泛，结构形状表达完整、清晰、唯一。

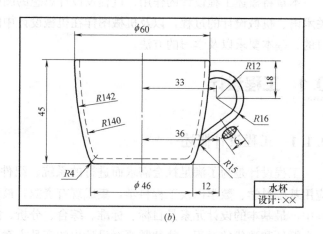

(a)　　　　　　　　　　　　　　　　　(b)

图0.1　水杯图

(a) 三维图形；(b) 二维图形

不管是二维图形或三维图形，它们所表示的主要是"形状"。但是产品不仅有"形状"，而且还有其他许多相关的信息也需要同时表达。这就是工程界所谓的"图样"。

图样是以图形为核心，按一定的规律与符号、代号及文字进行有机组合，以表达对象的整体要求的总称。图样是一种工具、一种手段，是对象功能要求的具体反映和表现，是生产过程中各工序之间联系的纽带、交流的工具。因此可以说，图样是信息的结晶。图0.2所示为某一建筑及其平面图样。

0.2　机械与机械设计

0.2.1　机械的概念及术语

机械是机器与机构的总称。

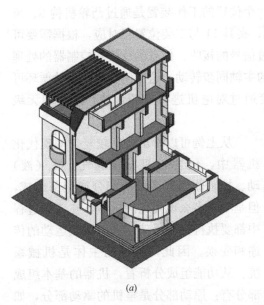

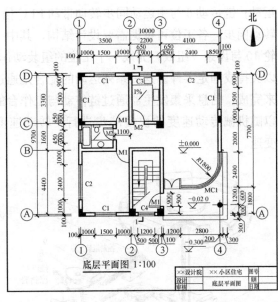

图 0.2　建筑及其图样

（a）建筑效果图；（b）建筑平面图

机器是用来变换或传递能量、物料和信息，能减轻或替代人类劳动的工具。生活中的电动自行车、汽车、洗衣机、计算机，工业生产中的机床、机器人、自动生产线等都属于机器。

无论何种机器，一般都由三部分组成，即原动装置、传动装置和执行装置。

图 0.3 所示的是一台自动组装机，由工业编程控制器进行控制、安全监测、质量检测、计数的六工位组装机；它可以根据需要，设计相应的夹具及工装，代替人完成装配动作。

在如图 0.3 所示的自动组装机中，各个工位根据设定的程序与动作，通过气动元件和机械运动完成其相应的组装功能。载物工作台与各个工位相配合完成严格的协调动作，只有在各工位全部完成装配动作后，由控制发出指令，工作台将转动一个工位后停止，再进行下一个动作的循环。图 0.4 所示为自动组装机的传动系统图，电机 1 通过皮带 2 和变速箱 4 可以将电机的转速改变；电

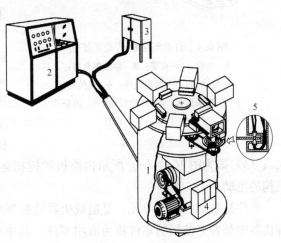

图 0.3　自动组装机

1—载物工作台；2—PLC控制箱；3—电源；

4—气动控制箱；5—信号采集发生器

磁离合器 3 则可以通过控制自动离合；槽轮机构 5 把连续的转动运动改变为工作台的间歇运动；链传动 6 与主运动同步转动带动 PLC 信号采集器 7，使信息的采集、反馈与机械的转动同步；各工位可根据需要设计结构，其中一个位置的工作装置是通过凸轮机构 8、齿轮 10 与齿条 9 组成，完成一个工位的组装动作；夹具 11 与工装位置相对应，根据需要可以夹持或固定零件。这一系列运动的配合是通过信号的接收、信息的反馈和控制器的处理来完成。信息采集发生器通过链传动与工作台的主轴同步转动，这样使整机的运动循环可以随机械传动速度的快慢同步进行。转动速度通过对电机进行变频调速，来实现无级变速。

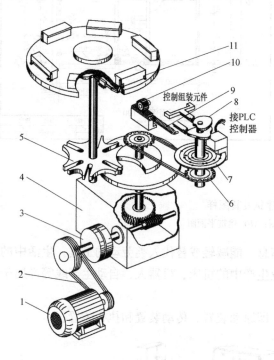

图 0.4　自动组装机传动系统图

1—电机；2—皮带；3—电磁离合器；

4—变速箱；5—槽轮机构；6—链传动；

7—信号采集器；8—凸轮机构；9—齿条；

10—齿轮；11—夹具

从上例可以看出，比较复杂的现代化机器中，包含着机械、电气、气（液）动、控制监测等系统的部分或全部组成，但是不管多么现代化的机械，在工作过程中都要执行机械运动，进行机械运动的传递和变换。因此，机械的主体是机械系统。从功能组成分析看，机器的基本组成部分有：原动部分是整机的驱动部分，如组装机中的电机、压力气源；执行部分是完成机器的预定功能的组成部分，如组装机中的夹具、工装；传动部分完成运动形式、运动及动力参数的转变，如带传动、链传动、减速器、间歇机构等；控制部分及其他辅助系统对机器的自动化控制与管理是必不可少的重要组成部分，如信号采集发生器、编程控制器。

机构是机器的运动部分，是剔除了与运动无关的因素而抽象出来的运动模型，是具有确定相对运动的构件组合。构件是机构中运动的最小单元。如上例中，就涉及了槽轮机构、凸轮机构、齿轮机构三种机构。机构常用机构运动简图来表示，图 10.1（b）即为图 10.1（a）所示内燃机的机构运动简图。从运动的角度看，传动也属于机构的范畴。

零件是机器的制造单元，是组成机器的最基本实体。它分通用和专用零件两大类，各种机器中都普遍使用的零件称为通用零件，其中多数为标准件，如螺钉、螺栓、螺母等；只在某一类机器中使用的零件称为专用零件，如洗衣机中的波轮、风扇中的叶轮等。

部件是由一组协同工作的零件所组成的独立装配的集合体，或者说是机器的装配单元，如滚动轴承等。一个零件也可以是一个装配单元。

0.2.2　机械设计

机械设计的目的是创造性地实现具有预期功能的新机械或改进现有机械的功能。

机械设计应满足的基本要求主要有：在实现预期使用功能的前提下，尽可能地性能好、效率高、成本低；具有一定的可靠性；应考虑到操作方便、维护简单、便于运输等。

机械设计的程序视具体情况而定，一般分为产品规划、方案设计、技术设计和加工设计四个阶段。

1. 产品规划阶段

在根据市场预测、用户需求调查和可行性分析后，制定出机器的设计任务书，明确设计要求。

2. 方案设计阶段

方案设计包括了机械产品的功能原理设计，确定机器的工作原理和技术要求，初步拟定机器的总体布置、传动方案和机构运动简图等，对机构进行运动分析与设计。从多种方案中，经优化筛选与评价，选取较理想的方案。

3. 技术设计阶段

主要工作包括：总体设计、结构设计、施工设计、商品化设计、模型试验等。要在方案设计的基础上，进行结构和主要零部件工作能力的设计，完成装配图、零件图及编写设计计算说明书、使用说明书等技术文件。

4. 样机试制和鉴定

根据图纸、技术文件进行样机的试制；对样机进行性能检测、修改和改进；组织鉴定并进行经济技术评价。通过后，才可批量投产或交付用户使用，还需要收集反馈的信息，作为将来进一步改进的依据。

0.2.3　机械图样

机械工程中，常用的图样是装配图和零件图。机械图样是现代工业生产不可缺少的依据，设计者通过图样表达设计意图；制造者通过图样了解设计要求，组织制造和指导生产；使用者通过图样了解机器设备的结构和性能，进行操作、维修和保养。因此，图样是传递、交流技术信息和思想的媒介与工具，是工程界通用的技术语言。例如，图0.5所示的"螺纹调节支承"是某机器中的一个部件，它由底座、套筒、调节螺母、支承杆及螺钉5个零件组成，其作用是通过转动调节螺母来调整支承物的高低。在设计螺纹调节支承时，需要画出它的部件装配图（如图0.6所示）和每一个零件的零件图（图0.7所示为其中的一个零件"零件调节螺母"的立体图及零件图）；在制造螺纹调节支承时，首先要根据零件图加工出各种零件，然后按装配图把零件装配成部件。可见，机械图样是工业生产中的重要技术文件。

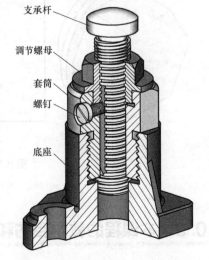

图0.5　"螺纹调节支承"立体图

支承杆
调节螺母
套筒
螺钉
底座

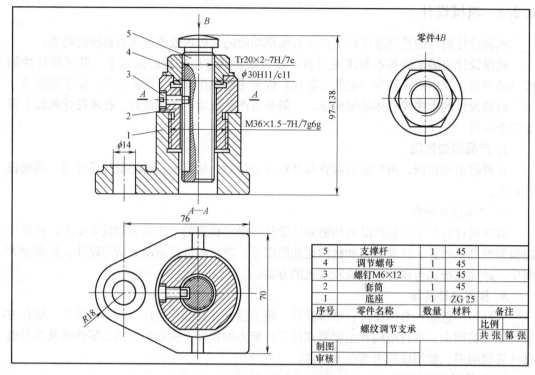

5	支撑杆	1	45	
4	调节螺母	1	45	
3	螺钉M6×12	1	45	
2	套筒	1	45	
1	底座	1	ZG 25	
序号	零件名称	数量	材料	备注
螺纹调节支承			比例	
			共 张	第 张
制图				
审核				

图 0.6 "螺纹调节支承"装配图

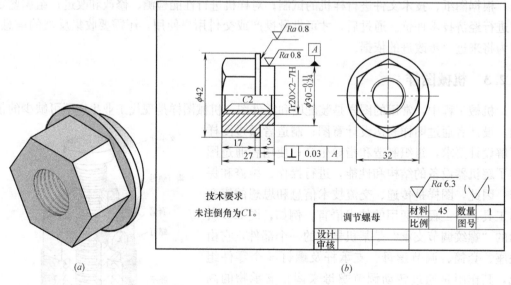

图 0.7 "调节螺母"及其零件图

（a）立体图；（b）零件图

0.3 本课程的教学目的和基本要求

本课程的教学目的是培养学生的机械图样绘制能力、识读能力以及空间想象能力。其基本要求是：

　　1. 掌握正投影法图示空间形体的基本原理和方法；

　　2. 培养和发展空间形象思维及形体构型设计能力；

　　3. 对机械设计过程及常用机构原理有初步的了解；

　　4. 具备一定的绘图能力，能绘制中等复杂程度的零件图；

　　5. 具备一定的读图能力，能识读中等复杂程度的零件图，能识读简单装配体的装配图；

　　6. 树立工程意识和贯彻执行国家标准的意识；

　　7. 养成耐心、细致的工作作风和严肃、认真的工作态度。

0.4　本课程的学习方法

　　本课程是一门既有理论又有较强实践性的技术基础课，其核心内容是学习如何用二维平面图形来表达三维空间形体，以及由二维平面图形想象三维空间物体的形状。因此，学习本课程的重要方法是，自始至终将物体的投影与物体的空间形状紧密联系，不断地"由物想图"和"由图想物"，既要想象构思物体的形状，又要思考作图的投影规律，逐步提高空间想象能力、空间思维能力以及构型设计能力。

　　学与练相结合，每堂课后要认真完成相应的习题和白图作业，才能使所学知识得到巩固。虽然本课程的教学目标是以识图为主，但是"读图源于画图"，所以要"读画结合"，通过画图训练促进读图能力的培养。

　　要重视实践，树立理论联系实际的学风。平时要有意识地增强工程意识，多观察周围的机械产品，了解它们的功能特点、结构形状、运动方式等，努力获取工艺、设计等方面的工程知识。

　　工程图样不仅是中国工程界的技术语言，也是国际上通用的工程技术语言，不同国籍的工程技术人员都能看懂。工程图样之所以具有这种性质，是因为工程图样是按照国际上共同遵守的若干规则绘制的。这些规则可归纳为两个方面：一方面是规律性的投影作图；另一方面是规范性的制图标准。学习本课程时，应遵循这两方面的规律和规定，不仅要熟练地掌握空间形体与平面图形的对应关系，获得一定的空间想象力以及识读和绘制图样的基本能力，同时还要了解并熟悉《技术制图》、《机械制图》等国家标准的相关内容，并严格遵守。

制图的基本知识与基本技能

【知识目标】

1. 了解图纸幅面和格式的有关规定；
2. 明确绘图比例的概念；
3. 熟悉常用图线的名称及画法；
4. 知道标注尺寸的基本规则及尺寸的组成；
5. 掌握基本几何作图的方法。

【技能目标】

1. 能够正确使用常用绘图工具和仪器；
2. 能够正确分析和抄绘一般平面图形；
3. 能进行简单草图的绘制。

章前思考

1. 图样要画在纸上，随便拿一张纸都可作图纸吗？你认为对图纸应有哪些要求？应该由谁来规定相关的要求呢？

2. 零件多大图样就必须画多大吗？对于较大或较小的零件，你认为绘图时应怎样处理？

3. 请分析图 0.6 和图 0.7 所示装配图和零件图，它们是由哪些基本图形元素组成的？

4. 在图样上应如何表达零件的大小呢？

绘制工程图样前，必须熟悉并严格遵守国家标准《技术制图》和《机械制图》中的有关规定，掌握绘图工具的正确使用方法及常见几何图形的画法，培养耐心细致、一丝不苟的工作作风，从而保证绘图的质量，加快绘图速度。本章主要介绍制图的基础知识和绘图的基本方法，为后续内容的学习打下基础。

1.1　国家标准关于工程制图的一般规定

图样是工程界用以表达设计意图和交流技术思想的"语言"，所以，其格式、内容、画法等都应作统一规定，这个统一规定就是国家标准《技术制图》和《机械制图》。

图样在国际上也有统一标准，即 ISO 标准，这个标准是由国际标准化组织制定的。我国从 1978 年参加国际标准组织后，国家标准的许多内容已经与 ISO 标准相同。

本节主要介绍国家标准《技术制图》和《机械制图》中有关图纸幅面及格式、比例、字体及图线等的基本规定，每个从事工程技术的人员都必须熟悉并遵守这些规定。

1.1.1　图纸幅面和格式

1. 图纸幅面尺寸

为了便于图纸的装订和保存，国家标准《技术制图　图纸幅面和格式》GB/T 14689—2008[1] 规定图纸的基本幅面有 A0、A1、A2、A3 和 A4 五种，各种图纸的幅面大小规定是以 A0 为整张，自 A1 开始依次是前一种幅面大小的一半，其尺寸关系如图 1.1 所示，每一基本幅面的具体尺寸见表 1.1。

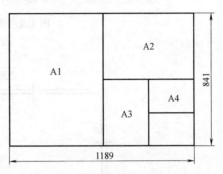

图 1.1　各种图纸幅面的大小

必要时也可沿基本幅面的长边加长，加长部分应为基本幅面短边长度的整数倍。

基本幅面及图框尺寸　　　表 1.1

单位：mm

幅面代号	A0	A1	A2	A3	A4
$B \times L$	841×1189	594×841	420×594	297×420	210×297
e	20			10	
c	10			5	
a	25				

2. 图框格式

在每张图纸上，绘图前都必须用粗实线画出图框。图框有两种格式：一种是留装订边，一般采用 A4 幅面竖放或 A3 幅面横放，如图 1.2 所示；另一种则不留装订边，也有竖放和横放两种，如图 1.3 所示。各种图框的尺寸按表 1.1 选用。

3. 标题栏

每张图纸都必须有一个标题栏，它应画在图纸右下角并紧贴图框线，如图 1.2 和图 1.3 所示。

标题栏的格式和内容应符合国家标准《技术制图　标题栏》GB/T 10609.1—2008 中的有关规定，如图 1.4 所示。本课程的制图作业中建议采用如图 1.5 所示的简化标题栏样式。标题栏中的文字方向为看图的方向。

---

[1]　GB/T 14689—2008 的含义为："GB"表示"国家标准"，是"国标"二字汉语拼音字母的缩写；"T"表示"推荐性标准"，是"推"字汉语拼音字母的缩写；"14689"表示标准的顺序号；"2008"表示该标准发布的年份。

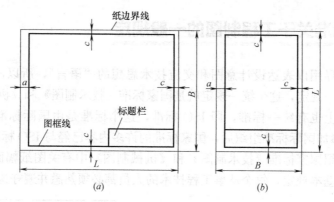

图 1.2　需要装订的图纸图框格式

（a）横放；（b）竖放

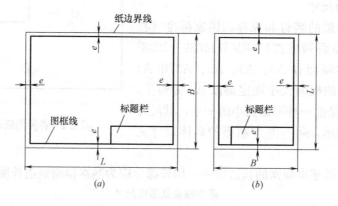

图 1.3　不需要装订的图纸图框格式

（a）横放；（b）竖放

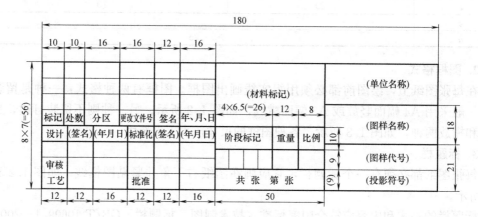

图 1.4　标题栏的格式和尺寸

1.1.2　比例

图中图形与其实物相应要素的线性尺寸之比，称为比例。

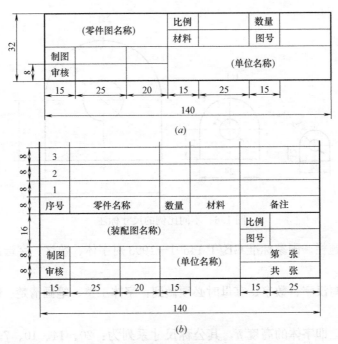

图 1.5 简化标题栏的格式和尺寸

(a) 零件图；(b) 装配图

绘制图样时，一般应优先选用表 1.2 中所列的比例。

常用比例（摘自《技术制图 比例》GB/T 14690—1993）   表 1.2

种　类		比　例
常用比例	与实物相同	$1:1$
	缩小的比例	$1:2,1:5,1:10,1:2\times10^n,1:5\times10^n,1:1\times10^n$
	放大的比例	$2:1,5:1,2\times10^n:1,5\times10^n:1,1\times10^n:1$
可用比例	缩小的比例	$1:1.5,1:2.5,1:3,1:4,1:6,1:1.5\times10^n,1:2.5\times10^n,1:3\times10^n,1:4\times10^n,1:6\times10^n$
	放大的比例	$2.5:1,4:1,2.5\times10^n:1,4\times10^n:1$

注：n 为正整数。

绘图时，尽可能按机件的实际大小画出，即采用 $1:1$ 的比例，这时可从图样上直接看出机件的真实大小。根据机件的大小及其形状复杂程度的不同，也可采用放大或缩小的比例。但无论采用何种比例，所注尺寸数字均应是物体的实际尺寸，与比例无关，如图 1.6 所示。

绘制同一机件的各个视图时，应采用相同的比例，并在标题栏的比例一栏中填写，例如 $1:2$。当某些图样的细节部分需局部放大，用到不同的比例时，则必须在该放大图样旁另行标注，如 $I/10:1$、$II/5:1$。

1.1.3 字体

图样中除了表示机件形状的图形外，还要用文字、数字、符号表示机件的大小、技术

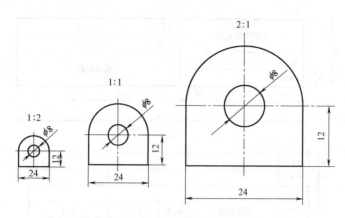

图 1.6　不同比例的尺寸标注

要求，并填写标题栏。国家标准 GB/T 14691—1993 对字体、数字、字母的书写形式作了统一规定。

在图样中书写汉字、数字、字母时必须做到：字体工整、笔画清楚、间隔均匀、排列整齐。

字体的号数，即字体的高度 h，其公称尺寸系列为：20、14、10、7、5、3.5、2.5、1.8（单位：mm），如需要书写更大的字，其字体高度应按$\sqrt{2}$的比率递增。

1. 汉字

汉字规定用长仿宋体书写，并采用国家正式公布的简化汉字。汉字的高度不应小于 3.5mm，字体宽度一般为 $h/\sqrt{2}$。长仿宋字的特点是字体细长，字形挺拔，起、落笔处均有笔锋，棱角分明。书写长仿宋字时应做到：横平竖直、结构匀称、注意起落、填满方格。

以下为常用的长仿宋体字的示例：

10号字

字体工整　笔画清楚　间隔均匀　排列整齐

7号字

横平竖直　注意起落　结构均匀　填满方格

5号字

工程制图　计算机绘图　汽车船舶　数控技术　机械制造

3.5号字

螺纹 齿轮 轴承 螺钉螺栓 螺母垫圈 弹簧 设计 制图 描图审核 标准化

2. 字母和数字

字母和数字分直体和斜体两类。斜体字的字头向右倾斜，与水平基准线成 75°。图样上一般采用斜体字。

（1）字母示例

ABCDEFGHIJKLMN
OPQRSTUVWXYZ

abcdefghijklmn
opqrstuvwxyz

（2）数字示例

0123456789　　ⅠⅡⅢⅣⅤⅥⅦⅧⅨⅩⅪⅫⅩⅩ

1.1.4　图线

国家标准 GB/T 4457.4—2002 对工程图样中常用的图线名称、型号、代号及一般应用都作了规定。绘制图样时，应采用表 1.3 中规定的图线。

图线的名称、型式、宽度及应用　　　　　表 1.3

图线名称	线　型	线宽	一般应用
粗实线	d	d	可见轮廓线
细实线		$d/2$	尺寸线及尺寸界线；剖面线；重合断面轮廓线；过渡线等
波浪线		$d/2$	断裂处边界线；视图与剖视的分界线
双折线		$d/2$	断裂处边界线
细虚线	4　1	$d/2$	不可见轮廓线；不可见棱边线
细点画线	10～25　2～3	$d/2$	轴线、对称中心线；剖切线、分度圆（线）
粗虚线	4　1	d	允许表面处理的表示线
粗点画线	10～25　2～3	d	极限范围表示线
细双点画线	10～20　3～4	$d/2$	相邻辅助零件的轮廓线；可动零件极限位置的轮廓线；成形前的轮廓线等

图线分为粗、细两种。粗线的宽度 d 应按图的大小和复杂程度来定，国标规定在 0.25～2mm 之间选择。机械图样中优先采用 0.7mm 或 0.5mm，细线的宽度约为粗线宽度的 1/2。

图线的应用示例如图 1.7 所示。鉴于细虚线及细点画线在制图中应用非常广泛，为叙述简洁起见，本书将此两种线型名称中的"细"字省略，直接简称其为虚线和点画线。

绘制图线时，还应注意以下几点：

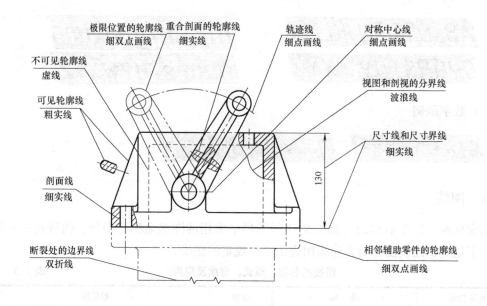

图 1.7　图线的应用示例

（1）同一图样中同类图线的宽度应基本一致。虚线、点画线及细双点画线的线段长度和间隔，应大致相等。

（2）绘制圆的对称中心线时，圆心应为线段的交点。点画线及双点画线的首末两端应是线段而不是短画，并应超出轮廓线 2～5mm。在较小图形上绘制点画线或双点画线有困难时，可用细实线代替。

（3）点画线、虚线等非实线间相交以及和其他图线相交时，都应在线段处相交。

（4）当虚线处于粗实线的延长线上时，粗实线应画到分界点，连接处应留有空隙。

1.2　尺寸标注

图形只能表达机件的形状，机件的大小必须通过标注尺寸才能确定。标注尺寸是一项极为重要的工作，要严格按照 GB/T 4458.4—2003 的有关规定，严谨、细致地正确标注。如果尺寸有疏漏或错误，会给生产带来困难或损失。

1.2.1　基本规则

1. 机件的真实大小应以图样上所标注的尺寸数字为依据，与图形的大小及准确度无关。

2. 图样中的尺寸，以毫米为单位时，不需标注计量单位代号或名称。

3. 图样中所标注的尺寸，为该图所示机件的最后完工尺寸，否则应另加说明。

4. 机件的每一尺寸，一般只标注一次，并应标注在反映该结构最清晰的图形上。

1.2.2　尺寸的组成

一个完整的尺寸，一般应包括尺寸界线、尺寸数字、尺寸线及表示尺寸线终端的箭头或斜线。

1. 尺寸界线

尺寸界线用细实线绘制，并应由图形的轮廓线、轴线或对称中心线处引出。也可利用轮廓线、轴线或对称中心线作尺寸界线。尺寸界线一般应与尺寸线垂直，并超出尺寸线的终端 2mm 左右，必要时允许倾斜，如图 1.8 所示。

2. 尺寸线

尺寸线用细实线绘制，不能用其他图线代替，一般也不得与其他图线重合或画在其延长线上。标注线性尺寸时，尺寸线必须与所标注的线段平行，当有几条互相平行的尺寸线在同一方向上标注尺寸时，大尺寸要注在小尺寸外面，以免尺寸线与尺寸界线相交。在圆或圆弧上标注直径或半径尺寸时，尺寸线一般应通过圆心或其延长线通过圆心，如图 1.9 所示。

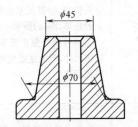

图 1.8　尺寸界线与尺寸线倾斜

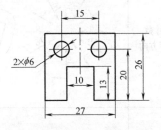

图 1.9　尺寸界线与尺寸线的画法

尺寸线的终端有两种形式：箭头和斜线，如图 1.10 所示。

箭头适用于各种类型的图样，图中的 d 为粗实线的宽度。箭头多用于机械图样中。

斜线用细实线绘制，图中的 h 为尺寸数字的高度。斜线多用于建筑制图或徒手绘制的草图中。

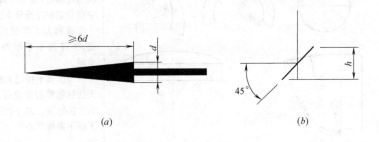

(a)　　　　　　　　　　(b)

图 1.10　尺寸线终端的两种形式

（a）箭头；（b）斜线

3. 尺寸数字

线性尺寸的数字一般应注写在尺寸线的上方，也允许注写在尺寸线的中断处。同一图样中，应尽可能采用一种方法。尺寸数字不得被任何图线所通过。当无法避免时，必须将图线断开，如图 1.11 所示。

1.2.3　常见尺寸的标注方法

常见尺寸的标注方法如表 1.4 所示。

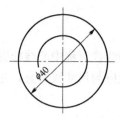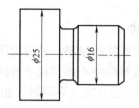

图 1.11　断开图线注写尺寸数字

常见尺寸标注方法示例　　　　　　　　　表 1.4

项　目	图　例	说　明
线性尺寸数字的注写方向	*(a)*　　　　*(b)*	①水平尺寸字头朝上,垂直尺寸字头朝左,倾斜尺寸应保持字头朝上的趋势,图(*a*)所示 ②尽可能避免在图示 30°范围内标注尺寸,当无法避免时可按图(*b*)形式标注
角度的标注	90° 65° 60° 20° 5°	①尺寸界线沿径向引出,尺寸线是以角顶为圆心的圆弧 ②角度数字一律水平注写,一般注写在尺寸线的中断处。必要时也可注写在尺寸线外或引出标注
圆和圆弧的尺寸标注	*φ*30 *φ*40 *φ*30 *R*24 *R*30 *R*80 *SR*50	①标注直径或半径尺寸时,尺寸线通过圆心,箭头与圆弧接触,在数字前分别加注符号 *φ* 或 *R* ②圆和大于半圆的圆弧标注直径,半圆和小于半圆的圆弧标注半径 ③当圆弧半径过大或图纸范围内无法标明圆心位置时,可按图中所示方法标注。左下图需标圆心,右下图不需标圆心
圆球和球面的尺寸标注	*Sφ*30 *R*10 *R*8	①标注球面直径或半径时,应在 *φ* 或 *R* 前加注符号 *S* ②在不致引起误解的情况下,也可省略符号 *S*(如螺钉的头部)
光滑过渡处尺寸的标注	12 18	①在光滑过渡处,必须用细实线将轮廓线延长,并从它们的交线引出尺寸界线 ②尺寸界线如垂直尺寸线,则图线很不清晰,此时允许倾斜

续表

项　目	图　例	说　明
狭小部位的尺寸标注	*(图例见图)*	①当没有足够的位置画箭头或注写尺寸数字时，可按左图形式标注 ②几个小尺寸连续标注时，中间的箭头可用圆点或斜线代替

1.3　常用绘图工具和用品及其使用方法

1.3.1　绘图工具

1. 绘图板、丁字尺和三角板

绘图板是绘图时用来铺放图纸的垫板，要求板面平整、光洁、工作边平直；否则，将会影响绘图的准确性。绘图时，用胶带纸将图纸固定在图板的适当位置，如图 1.12 所示。

丁字尺由尺头和尺身两部分构成。尺头与尺身互相垂直，尺身带有刻度。丁字尺必须与图板配合使用，画图时应使尺头紧靠图板左侧的工作边，上下移动到位后，自左向右画出一系列水平线，如图 1.13 所示。

三角板由两块板组成一副，其中一块是两锐角都等于 45°的直角三角形，另一块是两锐角分别为 30°、60°的直角三角形。三角板与丁字尺配合，可画出一系列垂直线，如图 1.14 所示。三角板与丁字尺配合，还可画出各种 15°倍数角的斜线，如图 1.15 所示。

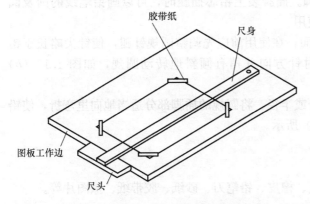

图 1.12　图板、丁字尺及图纸的固定

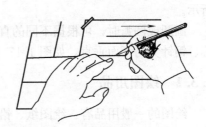

图 1.13　用丁字尺画水平线

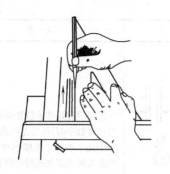 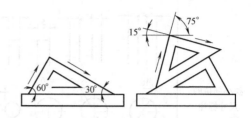

图 1.14　用三角板和丁字尺画垂线 　　图 1.15　用三角板和丁字尺配合画 15°倍数角斜线

2. 分规和圆规

分规是用来量取线段的长度和等分线段的工具。

分规的两腿端部均为钢针，当两腿合拢时，两针尖应对齐。分规的使用方法如图 1.16 所示。

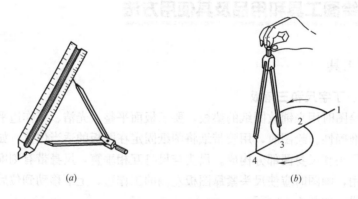

图 1.16　分规的用法

(a) 量取尺寸；(b) 等分线段

圆规是用来画圆和圆弧的工具。

圆规的两腿中一条为固定腿，装有钢针；另一条是活动腿，中间具有肘关节，可以向里弯折，在其端部的槽孔内可安装插脚。插脚装上铅芯插腿时，可以画铅笔线的圆及圆弧；装上钢针插腿时，可以当作分规使用。

圆规的铅芯也可磨削成约 75°的斜面，在使用前应先调整圆规针腿，使针尖略长于铅芯，如图 1.17 (a) 所示，然后按顺时针方向并稍有倾斜地转动圆规，如图 1.17 (b) 所示。

画圆或圆弧时，可根据不同的直径或半径，将圆规的插脚部分适当地向里弯折，使铅芯、钢针尖与纸面垂直，如图 1.17 (c) 所示。

1.3.2　绘图用品

绘图的一般用品有：绘图纸、铅笔、橡皮、铅笔刀、砂纸、胶带纸、擦图片等。

1. 绘图纸

绘图纸要求纸面洁白，质地坚实，不易起毛和上墨不渗水。绘图时，应将绘图纸固定

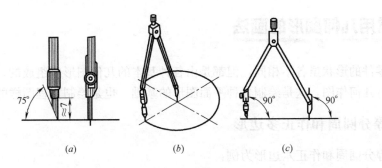

图 1.17　圆规的用法

在图板的适当位置，使图板下方能放得下丁字尺，并用丁字尺测试绘图纸的水平边是否已放正，如图 1.18 所示。

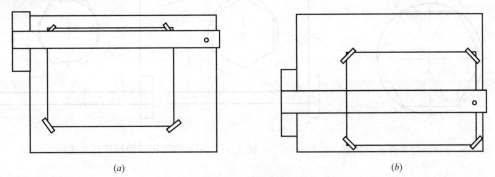

图 1.18　绘图纸的固定
(a) 正确；(b) 不正确

2. 绘图铅笔

绘图铅笔的铅芯有软、硬之分，这可根据铅笔上的字母来辨认。字母 B 表示软铅，它有 B、2B～6B 共 6 种规格，B 前的数字越大，表示铅芯越软；字母 H 表示硬铅，它有 H、2H～6H 共 6 种规格，H 前的数字越大，表示铅芯越硬；字母 HB 则表示铅芯软硬适中。

在绘图时一般用 H 或 2H 型铅笔画底稿，用 B 或 2B 型铅笔来加深粗实线，加深虚线及细实线用 H 型的铅笔，写字和画箭头用 HB 型铅笔。画圆时，圆规的铅芯应比画直线的铅芯软一级。

不同型号的铅笔用来画粗细不同的线条，所用铅笔的磨削要采用正确的方法，如图 1.19 所示。

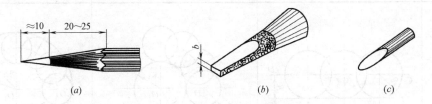

图 1.19　铅笔的磨削形状
(a) 锥形；(b) 铲形；(c) 楔形

1.4　常用几何图形的画法

机械零件的形状虽各不相同，但都是由各种基本的几何图形所组成的，利用常用的绘图工具进行几何作图，这是绘制各种平面图形的基础，也是绘制工程图样的基础。

1.4.1　等分圆周和作正多边形

以六等分圆周和作正六边形为例：

用圆规等分圆周作图（以外接圆半径为半径画弧，如图 1.20 所示）；用丁字尺和三角板作图（利用三角板 30°及 60°的斜边，如图 1.21 所示）。

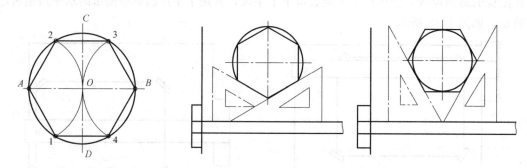

图 1.20　六等分圆周并作正六边形　　　　图 1.21　用丁字尺和三角板作正六边形

1.4.2　圆弧连接

绘图时，常会遇到用一圆弧光滑连接两已知线段（直线或圆弧）。这种光滑连接，在几何中称为相切，在绘图中则称为圆弧连接，起连接作用的圆弧称为连接弧。为保证连接光滑，必须使连接弧与已知线段（直线或圆弧）相切。因此，作图时应准确求出连接弧的圆心及切点。

1. 圆弧连接的基本原理

圆弧连接作图时主要是依据圆弧相切的几何原理，求出连接弧的圆心和切点，如表 1.5 所示。

圆弧连接的基本原理　　　　　　　　　　　　　　　　　　　表 1.5

类　型	连接弧与已知直线相切	连接弧与已知圆 O_1 外切	连接弧与已知圆 O_1 内切
图　例			

类 型	连接弧与已知直线相切	连接弧与已知圆 O_1 外切	连接弧与已知圆 O_1 内切
连接弧的圆心轨迹	半径为 R 且与已知直线 AB 相切的圆的圆心轨迹为与已知直线 AB 平行的直线 CD，并且距离为 R	半径为 R 且与已知圆 O_1 相外切的圆的圆心轨迹为以已知圆 O_1 同心的圆，并且半径为 $R+R_1$	半径为 R 且与已知圆 O_1 相内切的圆的圆心轨迹为与已知圆 O_1 同心的圆，并且半径为 R_1-R
切点位置	过连接弧圆心 O 向已知直线 AB 作垂线，垂足 M 即为切点	连心线 OO_1 与已知圆周的交点即为切点	连心线 OO_1 延长线与已知圆周的交点即为切点

2. 圆弧连接的形式

圆弧连接的基本形式有圆弧连接两直线、圆弧连接直线与圆弧以及以圆弧连接两已知圆弧三种。无论哪一种形式，其作图都包含三个关键步骤：找圆心、找切点、切点之间画圆弧。

现以圆弧连接直线与圆弧为例介绍圆弧连接作图的基本过程。其他两种圆弧连接的作图与此相似，此处不再逐一详述。

【例 1.1】 已知直线 AB 及圆弧圆心 O_1、半径 R、连接弧半径 R，求作以 R 为半径且外切于已知圆弧 O_1，并与直线 AB 相切的连接弧。

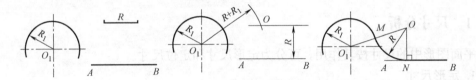

图 1.22 圆弧连接直线与圆弧

作图方法如图 1.22 所示，具体步骤如下：

（1）找圆心：以 R 为间距作直线 AB 的平行线；以 O_1 为圆心，$R+R_1$ 为半径画圆弧；所作圆弧与直线 AB 的平行线相交于 O 点，O 点即为所求连接弧的圆心；

（2）找切点：连 OO_1 与已知圆弧相交于 M 点，由 O 点作 AB 的垂线得垂足 N，M、N 点即分别为与已知圆弧及直线的切点；

（3）切点之间画圆弧：以 O 为圆心，R 为半径自 M 点到 N 点画圆弧即为所求的连接弧。

1.4.3 斜度和锥度

1. 斜度

斜度是指一直线（或平面）对另一直线（或平面）的倾斜程度。其大小用这两条直线夹角的正切表示，在图样中以 $1:h$ 的形式标注。

标注斜度时，在比数之前应加注斜度符号"∠"，斜度符号的方向应与图中斜度的方向一致。斜度的作法及标注，如图 1.23（a）所示。

2. 锥度

锥度是指正圆锥的底圆直径与圆锥高度之比，对于正圆锥台则为两底圆直径之差与其高度之比，在图样中常以 $1:n$ 的形式标注。

标注锥度时，在比数之前应加注锥度符号"◁"，锥度符号的方向应与图中锥度的方向一致。锥度的作法及标注，如图 1.23（b）所示。

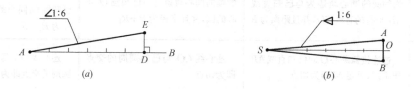

图 1.23　斜度和锥度的作法及标注

1.5　平面图形的画法

平面图形是由线段（直线与圆弧）组成的。线段按图形中所给尺寸，分为已知线段、中间线段、连接线段三种。为了能迅速而有条理地绘制平面图形，必须对平面图形中的尺寸加以分析，从而确定线段的性质，然后按已知线段、中间线段、连接线段的顺序依次绘图。由于图形中常遇到圆弧连接，因此以平面图形中的圆弧为例，对其尺寸与线段性质进行分析。

1.5.1　尺寸分析

平面图形中的尺寸按其作用，可分为定形尺寸和定位尺寸。

1. 定形尺寸

用来确定平面图形中各组成部分的形状和大小的尺寸，称为定形尺寸。例如，圆的直径、圆弧的半径、线段的长度、角度的大小等。如图 1.24 所示，所有直径与半径尺寸均为定形尺寸。

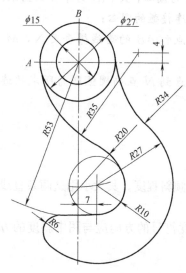

图 1.24　吊钩的平面轮廓图

2. 定位尺寸

用来确定平面图形中各组成部分之间相对位置的尺寸，称为定位尺寸。例如，确定圆弧圆心的水平与垂直两个方向位置的尺寸、直线段位置的尺寸等。

标注定位尺寸的出发点称为尺寸基准，平面图形中常用对称线、较大圆弧的中心线或较长轮廓直线作尺寸基准。如图 1.24 所示的尺寸 7 和 4 为定位尺寸，A 和 B 为尺寸基准线。

1.5.2　线段分析

以绘制圆弧为例，要绘出一段完整的圆弧，必须知道其定形尺寸 R 或 ϕ 和确定其圆心位置的水平与垂直两方向的定位尺寸。圆弧按照所给出的尺寸条件，可分为以下三种。

1. 已知弧

平面图形中，半径（定形尺寸）及圆心的两个定位尺寸都已标注，这种尺寸齐全的圆弧，称为已知弧。画图时，根据图中所给的尺寸可直接画出已知弧。如图 1.24 中的圆 $\phi15$、$\phi27$ 和圆弧 $R53$ 为已知弧。

2. 中间弧

在平面图形中，半径为已知，但圆心的两个定位尺寸只标注出其一，这种尺寸不齐全的圆弧，称为中间弧。中间弧在画图时，需根据图中给出的定形尺寸和定位尺寸及与相邻线段的连接要求才能画出。如图 1.24 中的圆弧 $R10$、$R27$、$R35$ 都为中间弧。

3. 连接弧

在平面图形中，只有半径为已知，圆心的两个定位尺寸都未标注，这种尺寸不齐全的圆弧，称为连接弧。连接弧在画图时，需根据图中给出的定形尺寸及与两端相邻线段的连接要求才能画出。如图 1.24 中的圆弧 $R6$、$R20$、$R34$ 都为连接弧。

1.5.3　绘图方法和步骤

为了提高绘图的质量和速度，除了要熟悉制图标准、掌握几何作图的方法和正确使用绘图工具外，还应按一定的步骤进行绘图，使绘图工作有条不紊地进行。

1. 准备工作

（1）准备好所用的绘图工具和仪器，磨削好铅笔及圆规上的铅芯；

（2）安排工作地点，使光线从图板的左前方射入，并将需要的工具放在取用方便之处；

（3）根据所画图形的大小及复杂程度选取比例，确定图纸幅面。再用胶带纸将图纸固定在图板的适当位置。图纸较小时，应将图纸布置在图板的左下方，但要使图板的底边与图纸下边的距离大于丁字尺尺身的宽度。

2. 画底稿

选用较硬的 H 型或 2H 型铅笔轻轻地画出底稿。画底稿的一般步骤是：

（1）画图框及标题栏；

（2）布置图面。按图的大小及标注尺寸所需的位置，将各图形布置在图框中的适当位置；

（3）画图时，应按一定步骤进行，先画基准线、对称中心线、轴线等，再画图形的主要轮廓线，最后画细节部分。以画图 1.24 所示的吊钩轮廓线为例，作图步骤如图 1.25 所示；

（4）画尺寸线及尺寸界线。

3. 加深

加深时，应该做到线型正确，粗细分明，连接光滑，图面整洁。

加深的一般步骤如下：

（1）先画细线后画粗线，先画曲线后画直线，先画水平方向的线段后画垂直及倾斜方向的线段；

（2）先画图的上方后画图的下方，先画图的左方后画图的右方；

（3）画箭头，填写尺寸数字、标题栏及其他说明；

（4）检查全图，并作必要的修饰。

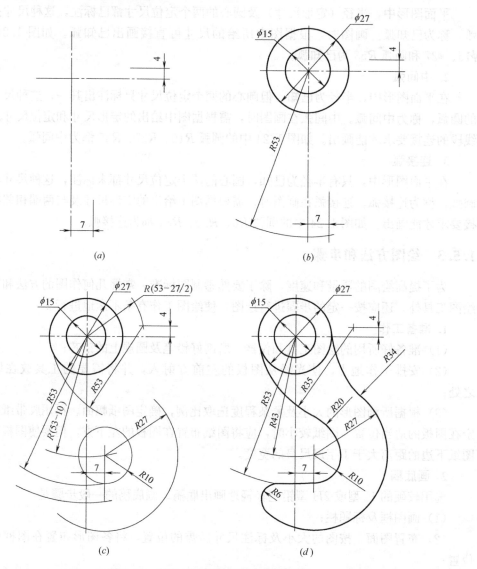

图 1.25　吊钩的平面轮廓图的作图步骤

(a) 画中心线、作图基准线；(b) 画已知线段；(c) 画中间线段；(d) 画连接线段

1.6　草图的画法

草图也称徒手图，是通过目测来估计物体的形状和大小，不借助绘图工具和仪器而徒手绘制的图样。当画设计草图以及现场记录所需技术资料时，常用草图来迅速、准确表达，所以徒手草图仍应基本上做到：图形正确、线型分明、比例匀称、字体工整、图面整洁。

画草图一般选用 HB、B 或 2B 的铅笔，也常用印有浅色方格的纸画图。画各种图线时，手腕要悬空，小指接触图纸。画图过程中，可根据需要随时将图纸转至适当的角度，故图纸不必固定。

画水平直线时，眼睛要看着图线的终点，图纸可放斜一些，由左向右运笔；画铅垂线时，由上向下运笔比较顺手。每条图线最好一笔画完，当直线较长时，也可用目测在直线中间定出几个点，分几段画出。画短线常用手腕运笔，画长线则以手臂动作。

画30°、45°、60°斜线时，按直角边的近似比例定出端点后，连成直线，如图1.26所示。

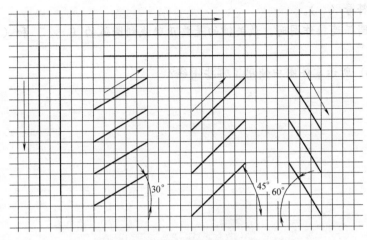

图1.26 徒手画直线的方法

画直径较小的圆时，按半径目测在中心线上定出四点，然后徒手连成圆，如图1.27 (a) 所示。画直径较大的圆时，可过圆心再画几条不同方向的直线，按半径目测定出一些点，再徒手连成圆，如图1.27 (b) 所示。

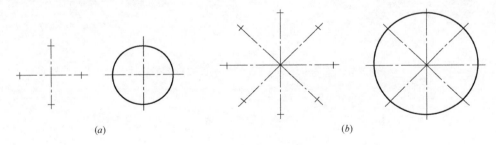

图1.27 圆的草图画法
(a) 画小圆；(b) 画大圆

思考题

1. 填空题

(1) 图纸的基本幅面共分为（　　）种。其中，A（　　）最大，A（　　）最小；一张A1图纸可裁分为（　　）张A3图纸；在图纸的周边部分应绘制（　　），在其右下角处应绘有（　　）。

(2) 图样的比例是指（　　）大小与（　　）大小之比；当比值（　　）1时为放大绘制，当比值（　　）1时为缩小绘制；某零件的长度为200，当采用1:2的比例绘图时，其在图上的长度应为（　　）。

（3）图样中的汉字应采用（　　）体书写，其高度与宽度之比约为（　　）。

（4）机械图样中的图线共有（　　）种，其粗线和细线的宽度之比为（　　）。

（5）图样中一个完整的尺寸标注共有（　　）、（　　）、（　　）三部分组成。在标注直径尺寸时应在直径数字前面加注符号（　），在标注半径尺寸时应在半径数字前面加注符号（　）。

（6）进行圆弧连接作图时，最关键的是要正确找到圆弧的（　　）和（　　）。

2. 分析题

图 0.7（b）所示零件图中使用了哪些图线？

第2章

正投影法和三视图

【知识目标】

1. 熟悉正投影的基本特性；
2. 明确三视图的形成方法；
3. 掌握三视图的画法及其投影规律。

【技能目标】

能根据模型或立体图绘制简单立体的三视图。

章前思考

1. 机械零件都是三维的立体，而机械图样均为二维的平面图形，你认为该如何用平面图形来表达零件的三维形状呢？

2. 对于如图 2.1（a）所示的图形，设计者方便标注尺寸和各种技术要求吗？制造者容易领会设计意图并能加工出符合要求的零件吗？

3. 即便应用这类图形，再加上一些辅助说明勉强能将意图表述清楚，那对于如图 2.1（b）所示形状再为复杂的一些零件呢？

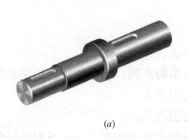 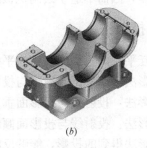

(a)   (b)

图 2.1　机械零件

(a) 轴；(b) 箱体

　　工程技术及实践中，人们常遇到各种图样，如机械制造用的机械图样、建筑工程用的建筑图样等。这些图样都是按不同的投影法绘制的，即通过投影的方法将空间的三维物体转换为二维的平面图形来表示。本章将介绍投影法的基本原理和物体三视图的形成、投影规律及其绘制方法。

2.1　投影法及正投影

　　日常生活中，人们经常看到物体在日光或灯光照射时，在地面或墙壁上会产生影子，这就是一种投影现象。经过长期的生产实践，将这种现象进行科学的总结和概括，形成了影子与物体形状之间的对应关系，这种对应关系称为投影法。投影法就是用投射线通过物体，向选定的投影面进行投射，并在该面上得到图形的一种方法。

　　如图 2.2 所示，把光源 S 抽象为一点，称为投射中心。S 点与物体上任一点的连线（如 SA）称为投射线，平面 P 称为投影面。投射线 SA 与投影面 P 的交点 a，称为空间点 A 在投影面 P 上的投影；同样，b 称为空间点 B 在投影面 P 上的投影。

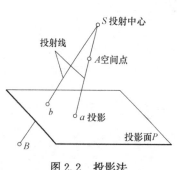

图 2.2　投影法

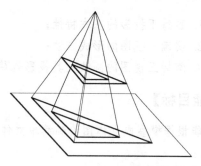

图 2.3　中心投影法

　　工程上常用的投影法，有中心投影法和平行投影法。

2.1.1　中心投影法

　　投射线汇交于一点的投影法，称为中心投影法，如图 2.3 所示。

　　采用中心投影法绘制的图形具有较强的立体感，符合人们的感官视觉，常用于绘制建筑物的外形图。但是，用中心投影法得到的投影图不反映空间物体的真实大小，并且作图复杂、度量性差，因而不适于绘制机械图样。

2.1.2　平行投影法

　　投射线相互平行的投影法，称为平行投影法。

　　在平行投影法中，根据投射线与投影面夹角的不同，又分为正投影法和斜投影法。

　　（1）正投影法：投射线与投影面垂直，见图 2.4。

　　（2）斜投影法：投射线与投影面倾斜，见图 2.5。

　　采用正投影法得到的投影，能够反映物体的真实形状和大小，具有较好的度量性，绘制也较为简便。故而，在工程上得到了广泛的应用，机械图样也主要是采用正投影法绘制的。因此，正投影法的原理是绘制机械图样的理论基础。后面章节中所用到的投影法，如无特别说明，均是指正投影法。

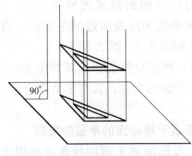

图 2.4 平行投影法——正投影

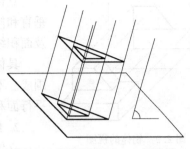

图 2.5 平行投影法——斜投影

2.1.3 正投影的基本特性

（1）真实性

当直线或平面与投影面平行时，直线在该投影面上的投影为实长，平面在该投影面上的投影为实形，如图 2.6 所示。

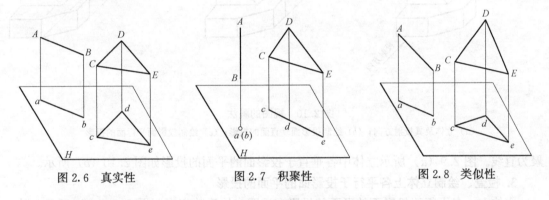

图 2.6 真实性　　　　　　图 2.7 积聚性　　　　　　图 2.8 类似性

（2）积聚性

当直线或平面与投影面垂直时，直线的投影积聚为一点，平面的投影积聚成一条直线，如图 2.7 所示。

（3）类似性

当直线或平面与投影面倾斜时，直线的投影仍为一直线，但小于直线的实长；平面的投影是小于平面实形的类似形，即投射后平面形的边数不变、凹凸性不变，但面积变小。如图 2.8 所示。

2.2 视图及其画法

按正投影法，我们可以画出物体在一个投影面上的投影。用正投影法所得到的物体的正投影图称为视图。如图 2.9 所示。

绘制物体的视图时，通常要将物体摆正，假想人的视线为投射线，绘制其投影图。下面，结合图 2.10 （a）所示立体视图的绘制，介绍一面视图的画法。

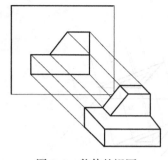

图 2.9　物体的视图

1. 分析立体上各面对投影面的相对位置

立体上，各平面对投影面的位置无外乎三种：平行、垂直和倾斜，其投影则依次为反映实形的平面形、直线段及面积缩小的类似形（如图 2.6～图 2.8 所示）。

具体就图 2.10（a）所示立体而言，其共由 10 个平面围成。不难分析，相对投影面来说，其有 6 个垂直面、3 个平行面和 1 个倾斜面。

2. 绘制立体上各垂直于投影面的平面的投影

立体上，各垂直于投影面的平面的投影在视图中均积

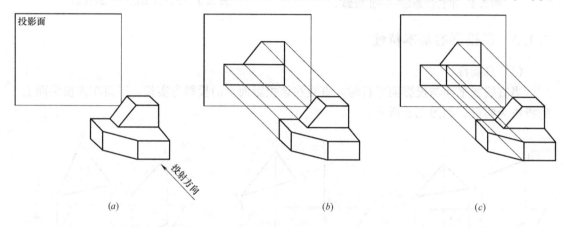

(a)　　　　　　　　　　　　　　　　(b)　　　　　　　　　　　　(c)

图 2.10　视图的画法

（a）立体及其投射方向；（b）绘制投影面垂直面的投影；（c）绘制投影面平行面的投影

聚为直线。图 2.9（a）所示立体中各垂直于投影面的平面的投影如图 2.10（b）所示。

3. 检查、绘制立体上各平行于投影面的平面的投影

立体上，各平行于投影面的平面的投影在视图中均反映实形。图 2.10（a）所示立体中共有 3 个平行于投影面的平面，但真正需要单独绘制的只有立体的最前平面。结果如图 2.10（c）所示。

4. 检查、绘制立体上各倾斜于投影面的平面的投影

图 2.10（a）所示立体中，只有左前平面一个倾斜于投影面的平面，其在图 2.10（c）所示视图中已有正确反映，不需再单独绘制。

故而，图 2.10（c）所示图形即为图 2.10（a）所示立体沿箭头方向投射所得的视图。

2.3　三视图的形成

从图 2.11 中可以看出，三个不同的物体，在一个投影面上的视图完全相同。这说明仅有物体的一个视图，是不能确定空间物体的形状和结构的。为了完整地表达空间的物体，机械制图中通常采用多个投影面进行投射。

为了准确、完整地反映物体的形状，通常将物体放在三个互相垂直的投影面所构成的投影面体系中进行投射，得到三面投影图，简称三视图。

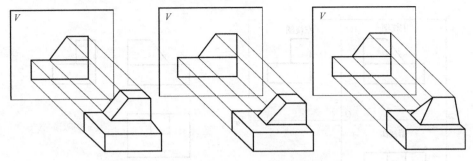

图 2.11　一个视图不能确定物体的形状和结构

2.3.1　三投影面体系

如图 2.12 所示，设立三个互相垂直的平面作为投影面，并把正对观察者的投影面称为正面，用 V 表示；水平放置的投影面称为水平面，用 H 表示；右侧的投影面称为侧面，用 W 表示。三个投影面的交线 OX、OY、OZ 称为投影轴，简称 X、Y、Z 轴，它们的交点 O 为原点。

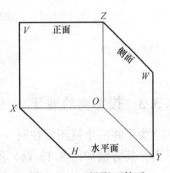

图 2.12　三投影面体系

2.3.2　三视图的形成

如图 2.13（a）所示，把物体放在三投影面体系中，分别向三个投影面投射，得到三个视图：

- 由前向后投射在 V 面上所得的视图，称为主视图。
- 由上向下投射在 H 面上所得的视图，称为俯视图。
- 由左向右投射在 W 面上所得的视图，称为左视图。

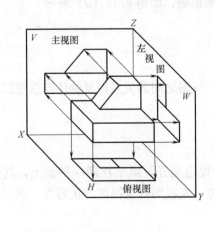

（a）

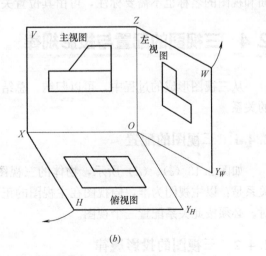

（b）

图 2.13　三面视图的形成（一）

（a）分面进行投影；（b）投影面的展开

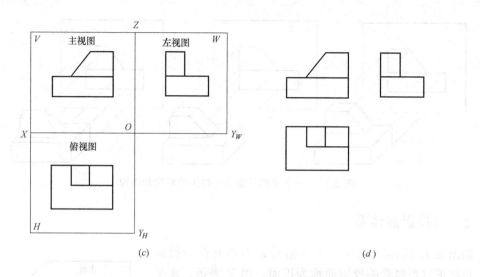

图 2.13　三面视图的形成（二）

(c) 投影展开摊平后的三面视图；(d) 三视图

2.3.3　投影面的展开

为了将三个视图画在同一平面内，必须把三个互相垂直相交的投影面展开摊平成一个平面。其方法如图 2.13 (b) 所示，正面（V）保持不动，水平面（H）绕 X 轴向下旋转 90°，侧面（W）绕 Z 轴向右旋转 90°，使它们与正面（V）处于同一平面内，如图 2.13 (c) 所示。投影面展开后 Y 轴被分为两处，分别用 Y_H（在 H 面上）和 Y_W（在侧面上）表示。

工程图中，只要求表达物体的形状，而不必表达物体到投影面的距离，并且投影面的大小可根据物体的大小任意扩大，故而通常不必画出投影面的边框线和投影轴，各个投影面和视图的名称也不需要标注，可由其位置关系来识别，如图 2.13 (d) 所示。

2.4　三视图的配置与投影规律

从三视图形成的过程中，可以归纳、总结出三视图之间的关系以及物体与三视图之间的关系。

2.4.1　三视图的配置

如图 2.13 (c)、(d) 所示，物体的三视图按规定展开，摊平在同一平面上，其位置关系是：以主视图为准，俯视图在主视图的正下方，左视图在主视图的正右方。画三视图时，必须按此关系配置三个视图。

2.4.2　三视图的投影规律

如图 2.14 所示，在三视图中，主视图反映了物体长度和高度方向的尺寸；俯视图反映了物体长度和宽度方向的尺寸；左视图反映了物体高度和宽度方向的尺寸。而每两个视图均共同反映了物体的长、宽、高三个方向中的某一个方向的尺寸：主视图和俯视图同时反映了物体的长度；主视图和左视图同时反映了物体的高度；俯视图和左视图同时反映了物体的宽度。因此，物体三视图之间的对应关系可归纳为：

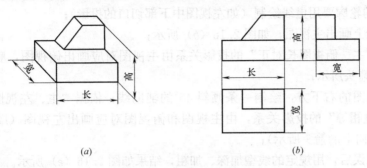

图 2.14　三视图的投影关系

（a）立体图；（b）三视图

- 主、俯视图——长对正；
- 主、左视图——高平齐；
- 俯、左视图——宽相等。

此中的"长对正"，不仅表达了主、俯视图之间具有"长度相等"的关系，而且意味着两视图"上下对正"；此中的"高平齐"，也不仅表明了主、左视图之间具有"高度相等"的关系，而且隐含着两视图"水平对齐"之意。

"长对正、高平齐、宽相等"是画图和看图必须遵循的最基本的投影规律。它不仅适用于整个物体的投影，而且适用于物体上每个局部的投影，乃至物体上任何顶点、线段及平面图形的投影。

如图 2.15 所示，在三视图中，每个视图都表达了物体上一个方向的形状、两个方向的尺寸和四个方位的关系。具体为：

- 主视图反映了从物体前面向后看的形状，长度和高度方向的尺寸，以及上下、左右方向的位置；
- 俯视图反映了从物体上面向下看的形状，长度和宽度方向的尺寸，以及前后、左右方向的位置；
- 左视图反映了从物体左面向右看的形状，高度和宽度方向的尺寸，以及前后、上下方向的位置。

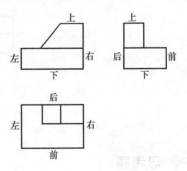

图 2.15　三视图的方位关系

需要特别注意的是，俯视图、左视图的前后关系，以主视图为基准，在俯视图和左视图中，靠近主视图的一边是物体的后面，而远离主视图的一边是物体的前面。因此，在俯视图、左视图上量取宽度时，不但要注意量取的起点，还要注意量取的方向。

2.5　绘制物体三视图的方法步骤

下面，结合绘制图 2.16（a）所示立体三视图的过程，介绍绘制物体三视图的方法和步骤。

1. 确定物体的摆放位置和主视图的投射方向，这也就同时确定了俯视图和左视图的投射方向，如图 2.16（a）箭头所示；

2. 在草稿纸上，分别画出物体的主视图、俯视图和左视图的草图（具体方法见 2.2 节），不可见的轮廓要用虚线绘制（如左视图中下部切口的投影）；

3. 在图纸上画出主视图，如图 2.16（b）所示；

4. 依据"主、俯视图长对正"的投影关系由主视图对应画出俯视图，顺序如图 2.16（c）中向下的箭头所示；

5. 在主视图的右下方，绘制一条倾斜 45°的辅助线；依据"主、左视图高平齐"和"俯、左视图宽相等"的投影关系，由主视图和俯视图对应画出左视图（顺序如图 2.16（d）中向右和向上的箭头所示）；

6. 检查无误后，用规定的线型加深、加粗，结果如图 2.16（e）所示。

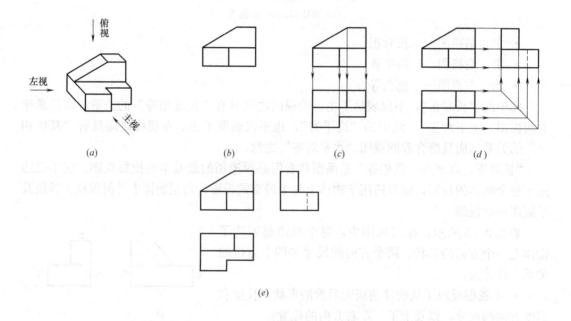

图 2.16 绘制物体三视图的方法步骤

 **思考题**

1. 简答题

（1）正投影法主要有哪些基本特性？

（2）三视图之间的投影规律是什么？

（3）在三视图中如何判断物体的上下、左右和前后位置？

2. 补线题

在图 2.17 中，对照立体图分析三视图的画法，补齐三视图中所缺的图线，在三视图上分别标注出物体的上、下、左、右面以及前面和后面，用细实线分别画出"长对正、高平齐及宽相等"的对应线。

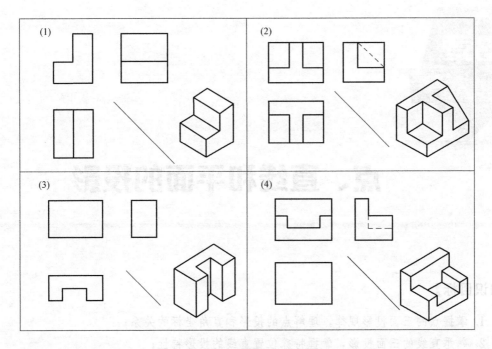

图 2.17　三视图的画法及投影关系

第3章

点、直线和平面的投影

【知识目标】

1. 掌握点的三面投影规律，理解点的投影和直角坐标的关系；
2. 熟悉直线的三面投影，掌握特殊位置直线的投影特性；
3. 熟悉平面的三面投影，掌握特殊位置平面的投影特性。

【技能目标】

1. 能从点、直线和平面的角度分析平面立体的构成；
2. 能从点、直线和平面投影的角度分析平面立体的三视图。

1. 如何绘制图 3.1 所示三棱锥等不规则平面立体的三视图？

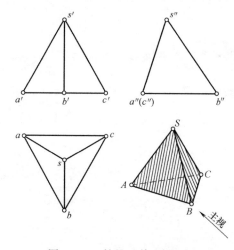

图 3.1　三棱锥及其三视图

2. 该三棱锥由哪些三角形平面、棱边和顶点围成?

3. 如果能够画出三棱锥四个顶点的投影，那么对于绘制其三视图是否有帮助呢?

上一章概略介绍了立体视图的概念及三视图的形成及画法，无论物体具有怎样的构形，它总是由几何元素（点、直线、平面）依据一定的几何关系组合而成。为了正确表达空间物体的形状，加深对三视图画法及投影规律的理解，必须熟悉点、直线、平面等几何元素的投影特点和投影规律。

3.1　点的三面投影

3.1.1　点的空间位置和直角坐标

如图 3.2 所示，点的空间位置可由其空间直角坐标值来确定，如 $A(x, y, z)$。

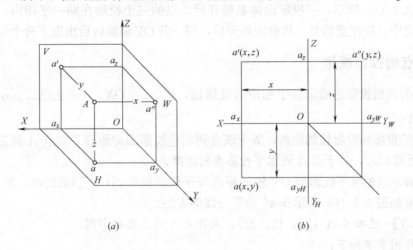

图 3.2　点的投影和直角坐标

(a) 立体图；(b) 投影图

3.1.2　点的三面投影

为统一考虑，规定空间点用大写字母表示，如 A、B、C 等；水平投影用相应的小写字母表示，如 a、b、c 等；正面投影用相应的小写字母加一撇表示，如 a'、b'、c'；侧面投影用相应的小写字母加两撇表示，如 a''、b''、c''。

如图 3.3 (a) 所示，将点 $A(x, y, z)$ 置于三投影面体系之中，过 A 点分别向三个投影面作垂线（即投射线），交得三个垂足 a、a'、a'' 即分别为 A 点的 H 面投影、V 面投影、W 面投影。

A 点在 H 面上的投影 a，称为 A 点的水平投影，它由 A 点到 V、W 两投影面的距离或坐标值 y、x 所决定；A 点在 V 面上的投影 a'，称为 A 点的正面投影，它由 A 点到 H、W 两投影面的距离或坐标值 z、x 所决定；A 点在 W 面上的投影 a''，称为 A 点的侧面投影，它由 A 点到 V、H 两投影面的距离或坐标值 y、z 所决定。

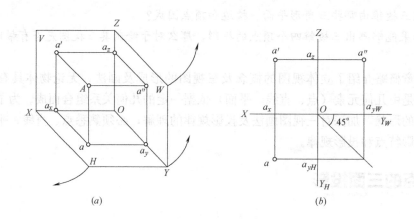

图 3.3　点的三面投影

(a) 立体图；(b) 投影图

如图 3.3（b）所示，三投影面体系展开后，点的三个投影在同一平面内，即可得到点的三面投影。应注意的是：投影面展开后，同一条 OY 轴旋转后出现了两个位置。

3.1.3　点的投影规律

1. 点的两面投影连线垂直于相应的投影轴，即 $aa'\perp OX$、$a'a''\perp OZ$、$aa_{Y_H}\perp OY_H$、$a''a_{Y_W}\perp OY_W$。

2. 点的投影到投影轴的距离，等于该点到相应投影面的距离。如点 A 的正面投影到 OX 轴的距离 $a'a_x$，等于点 A 到水平投影面的距离 Aa。

为了表示点的水平投影到 OX 轴的距离等于侧面投影到 OZ 轴的距离，即：$aa_x=a''a_z$，常采用如图 3.3（b）所示作 45°角平分线的方法。

【例 3.1】　已知点 A（25，15，20），求作点 A 的三面投影图。

解： 作图步骤如下：

（1）画出投影轴，自原点 O 沿 OX 轴向左量取 $x=25$，得点 a_x，如图 3.4（a）所示；

（2）过 a_x 作 OX 轴的垂线，在垂线上自 a_x 向上量取 $z=20$，得点 A 的正面投影 a'，自 a_x 向下量取 $y=15$，得点 A 的水平投影 a，如图 3.4（b）所示；

（3）过 O 向右下方作 45°辅助线，并过 a 作 OY_H 垂°线与 45°线相交，然后再由此交点作 OY_W 轴的垂线，与过 a' 点且垂直于 OZ 轴的投影线相交，交点即为 a''，如图 3.4（c）所示。

3.1.4　重影点

当空间两点处于某一投影面的同一条投射线上时，这两点对该投影面的投影重合为一点，这两点称为该投影面的一对重影点。如图 3.5（a）所示的 A、B 两点，就是水平投影面的一对重影点。

重影点可见性判别的原则是：两点之中，对重合投影所在的投影面的距离或坐标值较大的点是可见的，而另一点是不可见的。即前遮后、上遮下、左遮右。因此，图 3.5（a）中 A 点为可见，B 点为可见。

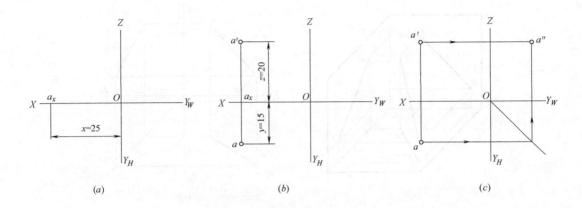

图 3.4 求作点的三面投影图

标记时，应将不可见点的投影用括号括起来。如图 3.5（b）中，B 点的水平投影 b。

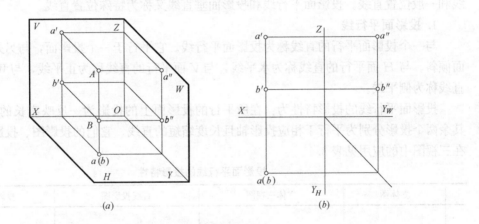

图 3.5 重影点的投影

（a）立体图；（b）投影图

3.2 直线的三面投影

一般情况下，直线的投影仍是直线。特殊情况下，若直线垂直于投影面，则直线在该投影面上的投影积聚为一点。

3.2.1 直线的投影

直线的投影可由直线上两点的同面投影连接得到。如图 3.6 所示，分别作出直线上两点 A、B 的三面投影，将其同面投影相连，即得到直线 AB 的三面投影。

3.2.2 各种位置直线的投影特性

空间直线根据其对三个投影面的位置不同，可分为三类：投影面平行线、投影面垂直

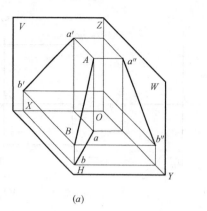
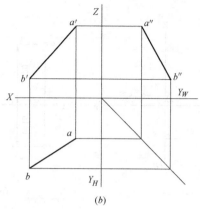

(a)　　　　　　　　　　　　　　　　(b)

图 3.6　直线的投影
(a) 立体图；(b) 投影图

线和一般位置直线。投影面平行线和投影面垂直线又称为特殊位置直线。

1. 投影面平行线

与一个投影面平行的直线称为投影面平行线。它平行于一个投影面，与另外两个投影面倾斜。与 H 面平行的直线称为水平线，与 V 面平行的直线称为正平线，与 W 面平行的直线称为侧平线。

投影面平行线的投影特性为：在所平行的投影面上的投影为一反映实长的倾斜直线；其余两个投影分别为平行于相应投影轴且长度缩短的直线。它们的投影图、投影特性及其在三视图中的应用见表 3.1。

投影面平行线的投影特性　　　　　　　　　　　表 3.1

	立体图	立体三视图	直线投影图	投影特性
正平线				(1) $ab /\!/ OX$，$a''b'' /\!/ OZ$，长度缩短 (2) $a'b'$ 反映实长
水平线				(1) $c'b' /\!/ OX$，$c''b'' /\!/ OY_W$，长度缩短 (2) cb 反映实长

立体图	立体三视图	直线投影图	投影特性
侧平线			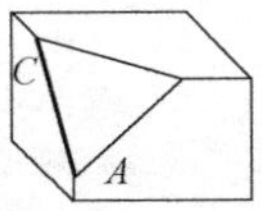 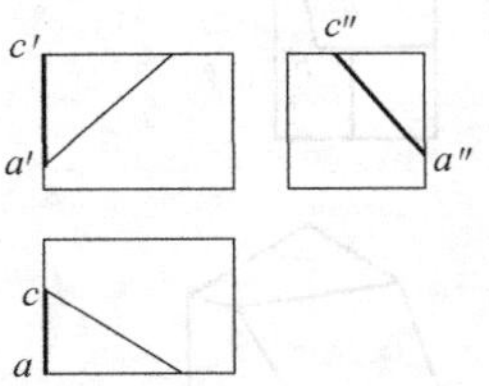 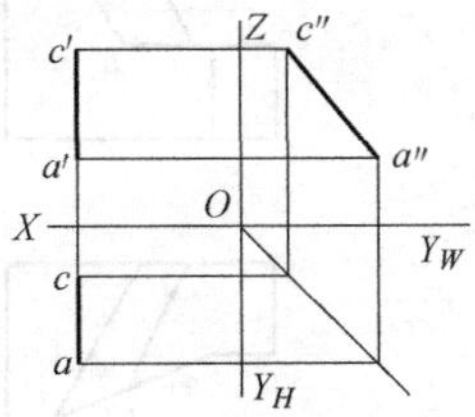 (1) $c'a'$ // OZ，ca // OY_H，长度缩短 (2) $c''a''$ 反映实长

2. 投影面垂直线

与一个投影面垂直的直线，称为投影面垂直线。它垂直于一个投影面，与另外两个投影面平行。与 H 面垂直的直线称为铅垂线，与 V 面垂直的直线称为正垂线，与 W 面垂直的直线称为侧垂线。

投影面垂直线的投影特性为：在所垂直的投影面上的投影积聚为一点；其余两个投影均为平行于某一投影轴且反映实长的直线。它们的投影图、投影特性及其在三视图中的应用见表3.2。

投影面垂直线的投影特性 表3.2

立体图	立体三视图	直线投影图	投影特性
正垂线			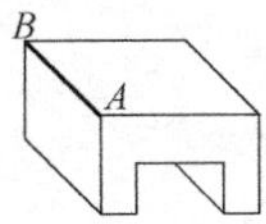 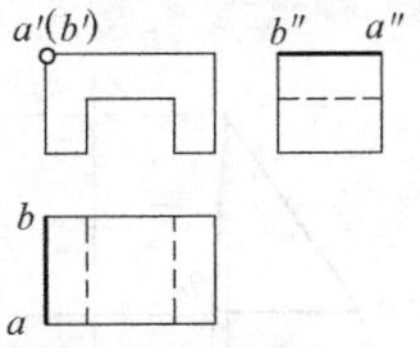 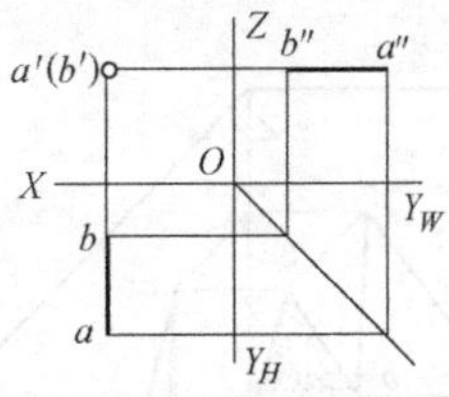 (1) $a'b'$ 积聚成一点 (2) ab // OY_H，$a''b''$ // OY_W，并反映实长
铅垂线			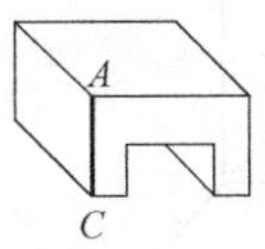 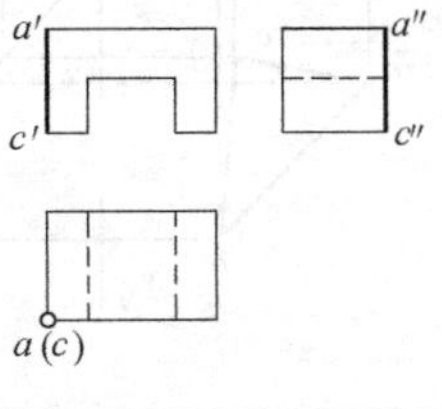 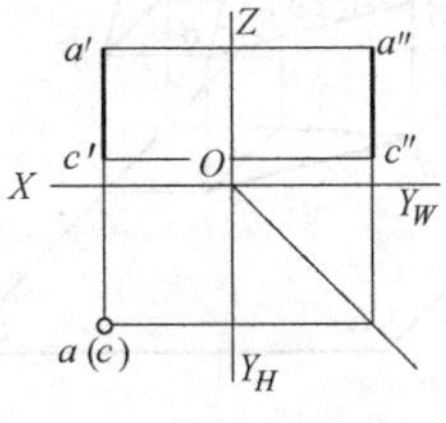 (1) ac 积聚成一点 (2) $a'c'$ // OZ，$a''c''$ // OZ，并反映实长
侧垂线			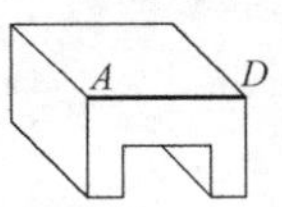 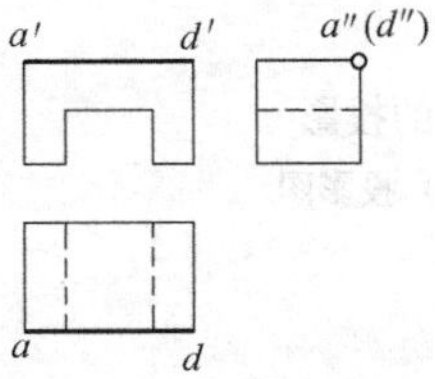 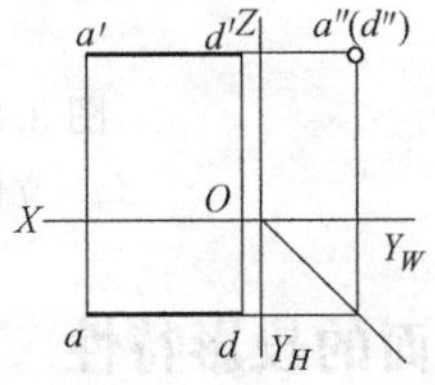 (1) $a''d''$ 积聚成一点 (2) $a'd'$ // OX，ad // OX，并反映实长

3. 一般位置直线

一般位置直线与三个投影面都倾斜，因此在三个投影面上的投影都是长度缩短的倾斜直线，如图 3.7 中所示的 *AB* 直线。

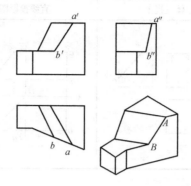

图 3.7　三视图中一般位置直线的投影图

3.3　平面的三面投影

一般情况下，平面图形的投影仍是其类似形。特殊情况下，若平面垂直于投影面，则平面在该投影面上的投影积聚为一条直线。

3.3.1　平面的投影

平面的投影可由围成平面的各边及顶点的投影确定。如图 3.8 所示。

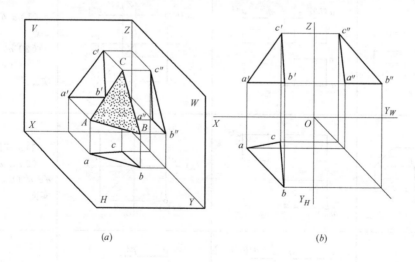

(a)　　　　　　　　　　　　　(b)

图 3.8　平面的投影
(a) 立体图；(b) 投影图

3.3.2　各种位置平面的投影特性

空间平面根据其对三个投影面的位置不同，可分为三类：投影面垂直面、投影面平行面和一般位置平面。投影面的垂直面和投影面平行面，又称为特殊位置平面。

1. 投影面垂直面

在三投影面体系中，垂直于一个投影面、倾斜于另外两个投影面的平面，称为投影面垂直面。垂直于 H 面的平面，称为铅垂面；垂直于 V 面的平面，称为正垂面；垂直于 W 面的平面，称为侧垂面。

投影面垂直面的投影特性为：在所垂直的投影面上的投影积聚为一倾斜于相应投影轴的直线；其余两个投影均为小于实形的类似形。它们的投影图、投影特性及其在三视图中的应用见表 3.3。

投影面垂直面的投影特性　　　　　　　　　　　　　　表 3.3

	立体图	立体三视图	平面投影图	投影特性
正垂面	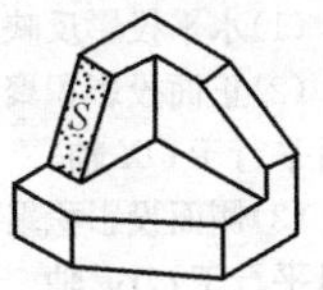	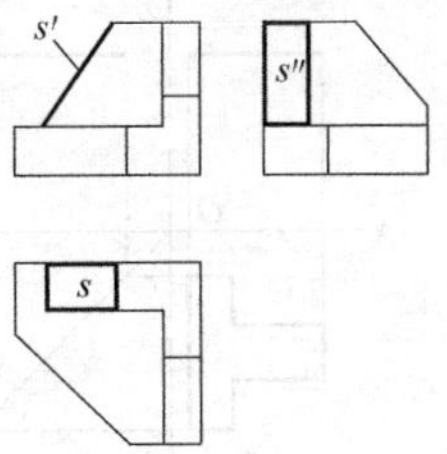	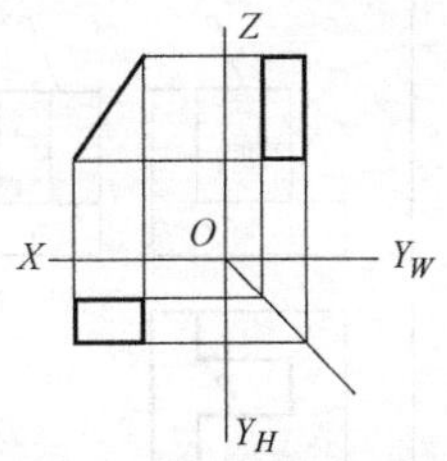	(1)正面投影积聚成直线 (2)水平投影和侧面投影为类似形
铅垂面	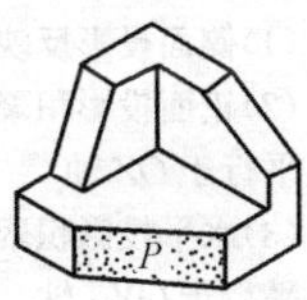	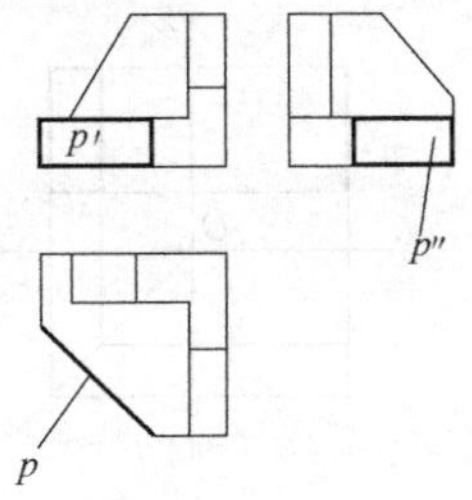	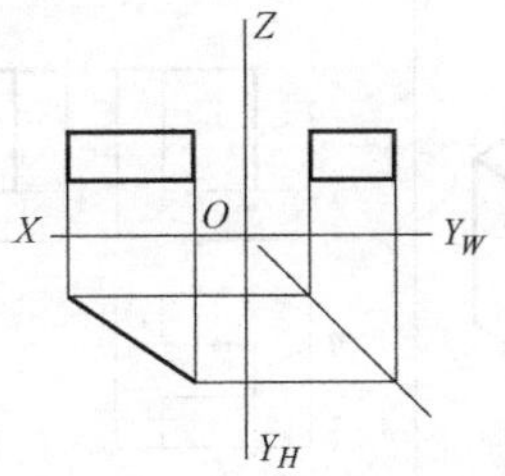	(1)水平投影积聚成直线 (2)正面投影和侧面投影为类似形
侧垂面	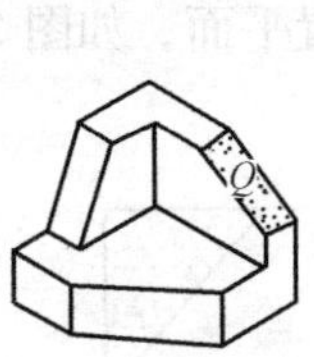	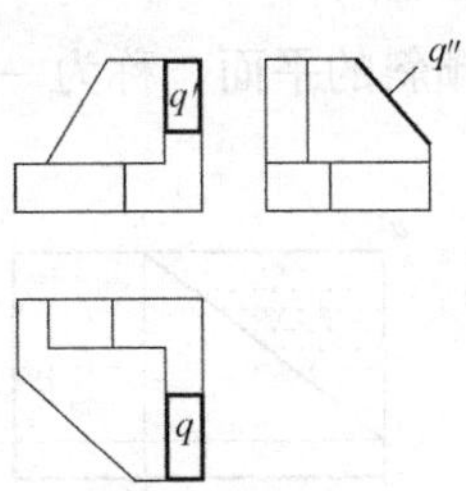	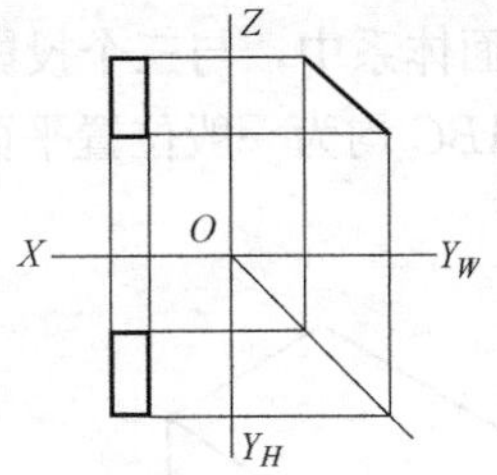	(1)侧面投影积聚成直线 (2)正面投影和水平投影为缩小的类似形

2. 投影面平行面

在三投影面体系中，平行于一个投影面、垂直于另外两个投影面的平面，称为投影面平行面。平行于 H 面的平面，称为水平面；平行于 V 面的平面，称为正平面；平行于 W 面的平面，称为侧平面。

投影面平行面的投影特性为：在所平行的投影面上的投影反映实形；其余两个投影积聚为平行于相应投影轴的直线。它们的投影图、投影特性及其在三视图中的应用见表 3.4。

投影面平行面的投影特性　　　　　　　　表 3.4

	立体图	立体三视图	平面投影图	投影特性
正平面		s'　s''　S　s		(1)正面投影反映实形 (2)水平投影积聚成直线，且平行于 OX 轴 (3)侧面投影积聚成直线，且平行于 OZ 轴
水平面		P　p'　p''　p		(1)水平投影反映实形 (2)正面投影积聚成直线，且平行于 OX 轴 (3)侧面投影积聚成直线，且平行于 OY_W 轴
侧平面		Q　q'　q''　q		(1)侧面投影反映实形 (2)正面投影积聚成直线，且平行于 OZ 轴 (3)水平投影积聚成直线，且平行于 OY_H 轴

3. 一般位置平面

在三投影面体系中，与三个投影面均倾斜的平面，称为一般位置平面。如图 3.8 及图 3.9 所示，$\triangle ABC$ 均为一般位置平面。

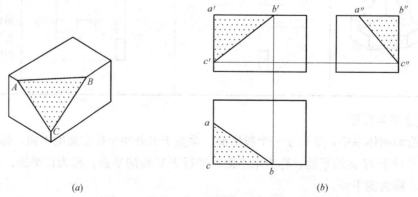

(a)　　　　　　　　　　　　　　　　(b)

图 3.9　形体上的一般位置平面及其投影

一般位置平面的投影特性为：三个投影均为小于实形的类似形。

若平面的三面投影都是类似形，则该平面一定是一般位置平面。

思考题

1. 简答题

（1）平面立体的三视图与立体顶点、边线及平面的投影有什么关系？

（2）已知一点的任意两个投影，能够作出第三个投影吗？由两个投影可知道空间点的几个坐标？

（3）投影面平行线和投影面垂直线各有什么位置特点？其各分为哪三种？投影分别有什么特性？

（4）根据直线的任意两个投影能判断其空间位置吗？请举例说明。

（5）投影面平行面和投影面垂直面各有什么位置特点？其各分为哪三种？投影分别有什么特性？

（6）根据平面的任意两个投影能判断其空间位置吗？请举例说明。

2. 分析题

（1）分析图 3.10 所示立体及其三视图中各投影面平行线的投影，并判断其具体类型及端点的可见性（不可见的点加括弧表示）。

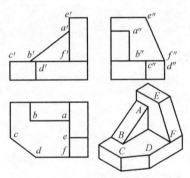

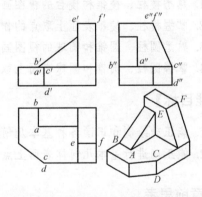

图 3.10 三视图中投影面平行线的投影图　　　　图 3.11 三视图中投影面垂直线的投影

（2）分析图 3.11 所示立体及其三视图中各投影面垂直线的投影，并判断其具体类型及端点的可见性。

（3）分析图 3.12 所示立体及其三视图中各投影面垂直面的投影，并判断其具体类型。

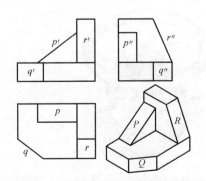

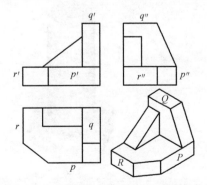

图 3.12 三视图中投影面垂直面的投影　　　　图 3.13 三视图中投影面平行面的投影

（4）分析图 3.13 所示立体及其三视图中各投影面平行面的投影，并判断其具体类型。

第4章

基本几何体及其表面上点的投影

【知识目标】

1. 熟悉棱柱、棱锥和棱台的视图画法；
2. 掌握棱柱、棱锥表面上取点的作图方法；
3. 熟悉圆柱、圆锥和圆球的视图画法；
4. 掌握圆柱、圆锥和圆球表面上取点的作图方法。

【技能目标】

1. 能正确绘制和识读各种基本几何体的三视图；
2. 能正确进行基本几何体表面上点的投影作图。

章前思考

图 4.1 所示形体为工程中常见的零、部件，请分析它们分别是由哪些基本几何体组合而成的？你能否画出这些基本几何体的三视图？

(a)

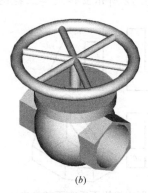

(b)

图 4.1 常见零、部件的几何构成

(a) 螺栓毛坯；(b) 水管阀门

任何复杂的立体都可以视为由若干基本几何体经过叠加、切割以及穿孔等方式而形成。熟悉常见基本几何体及其三视图，对于深入学习制图是非常重要的。基本几何体按其表面性质分为平面几何体和曲面几何体两类。平面几何体的表面完全由平面所围成，如棱柱、棱锥和棱台等；曲面几何体的表面由曲面或曲面和平面共同围成，如圆柱、圆锥、圆球等。

在表示工程上的立体时，常常涉及立体表面上取点的问题，即已知立体表面上点的一个投影，求它的其余两个投影。解决此类问题，需要熟悉基本几何体表面上点的投影作图。本章将介绍常见基本几何体的视图及其表面上点的投影的左图方法。

4.1　平面几何体及其表面上点的投影

工程上常见的平面几何体有棱柱和棱锥，棱台可看作是棱锥的变形。

平面几何体的表面是由若干个平面所围成，几何体上相邻两表面的交线称为棱线。画平面几何体的视图，实质就是画出围成几何体的各表面、棱线和顶点的投影，并将不可见部分的投影用虚线表示。

平面几何体的表面完全由平面所围成，因此求平面几何体表面上点的投影，可归结为求平面上点的投影。首先确定出点所在的平面，然后按照平面上取点的方法即可求出点的投影。

4.1.1　棱柱

正棱柱的形体特征是：顶面和底面为平行且相等的正多边形，各棱面与底面相垂直，均为矩形。

1. 视图分析

图 4.2 所示为一正六棱柱的立体图及其三视图。正六棱柱的三视图即六棱柱的顶面、底面、各棱面和棱线在三个投影面上投影的组合，这些平面和直线的投影均符合第 3 章所述平面和直线的投影特性。如六棱柱的顶面和底面为水平面，它们在俯视图中的投影为反映实形的正六边形；在主视图和左视图中的投影积聚为一直线段。棱面 ABCD 为铅垂面，因此，在俯视图中的投影积聚为一直线段，而在主视图和左视图中的投影均为类似形（矩形）。棱线 AD 为铅垂线，在俯视图中的投影积聚为六边形的顶点 a（d），在主视图和左视图中的投影为反映实长的直线段。

不难分析，正棱柱三视图的特征是：一个视图为多边形，多边形反映顶面和底面的实形，其边线为各棱面的积聚性投影；其他两个视图均由矩形组成，图形内的线为棱线的投影，矩形为棱面的投影。

2. 视图画法

以六棱柱为例，画棱柱三视图的步骤如图 4.3 所示。

3. 棱柱表面上点的投影

棱柱的各个表面均为特殊位置平面，因此可利用平面投影的积聚性来求点的投影。点的可见性依据点所在平面的可见性来判断。若平面可见或投影具有积聚性，则该平面上点的同面投影为可见，反之为不可见。

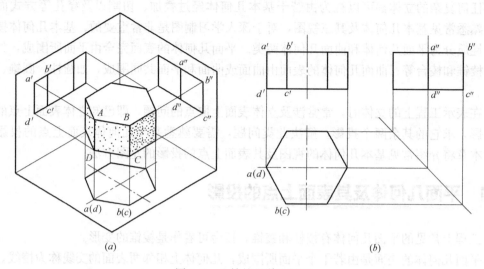

(a) (b)

图 4.2　六棱柱及其三视图

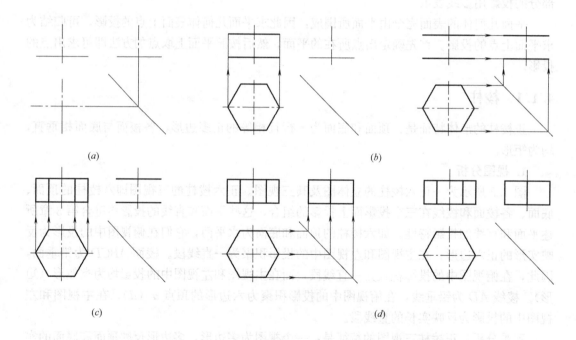

(a) (b)

(c) (d)

图 4.3　棱柱三视图的画图步骤

(a) 画对称中心线；(b) 画顶面和底面的投影；(c) 画棱线的投影；(d) 完成六棱柱的三视图

【例 4.1】　如图 4.4 所示，已知棱柱面上点 A 和点 B 的正面投影 $a'(b')$，求作它们的水平投影和侧面投影。

由正面投影可知，点 A 和点 B 位于六棱柱的左前或左后棱面上，由于点 A 的正面投影 a' 可见，可判断点 A 位于左前棱面上；点 B 的正面投影 b' 不可见，可判断点 B 位于左后棱面上。由于六棱柱的各个棱面均为铅垂面，其水平投影积聚为直线，则棱面上所有点的水平投影必定位于该直线之上。因此，可利用平面的积聚性投影直接求得点的水平投

影，然后根据点的投影规律由正面投影和
水平投影求出侧面投影。

　　具体作图过程如图 4.5 所示。

4.1.2　棱锥

　　正棱锥的形体特征是：底面为多边
形，各棱面均为三角形，各条棱线交于一
点（即锥顶），锥顶位于过底面中心的垂
直线上。

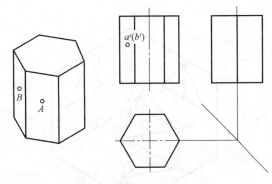

图 4.4　棱柱表面上点的投影

1. 视图分析

　　图 4.6 所示为一正三棱锥的立体图及

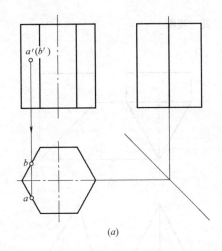

(a)

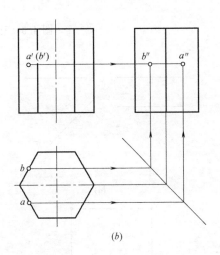

(b)

图 4.5　求棱柱表面上点的投影

(a) 求水平投影 a、b；(b) 求侧面投影 a″、b″

其三视图。棱锥的底面 △ABC 为一水平面，它在俯视图中的投影 △abc 反映实形，在主视
图和左视图中的投影分别积聚为一直线段。棱锥的棱面 △SAB、△SBC 是一般位置平面，
它们在各个视图中的投影均为类似形。棱面 △SAC 为侧垂面，其在左视图中的投影 s″a″
(c″) 积聚为一直线段，在主视图和俯视图中的投影均为类似形。三棱锥的各条棱线均为
一般位置直线，在各个视图中的投影均为反映类似性的直线段，直线段交于锥顶的投影。

　　可见，正棱锥三视图的特征是：三个视图均由三角形组成，其中一个视图的外形轮廓
为多边形，反映底面的实形，其他两个视图的外形轮廓均为三角形；图形内的线为各棱线
的投影，三角形为各棱面的投影。

2. 视图画法

　　以三棱锥为例，画棱锥三视图的步骤如图 4.7 所示。

3. 棱台的三视图

　　棱锥被平行于底面的平面截去其锥顶部分，所剩的部分称为棱台。不同棱台及其三视
图如图 4.8 所示。

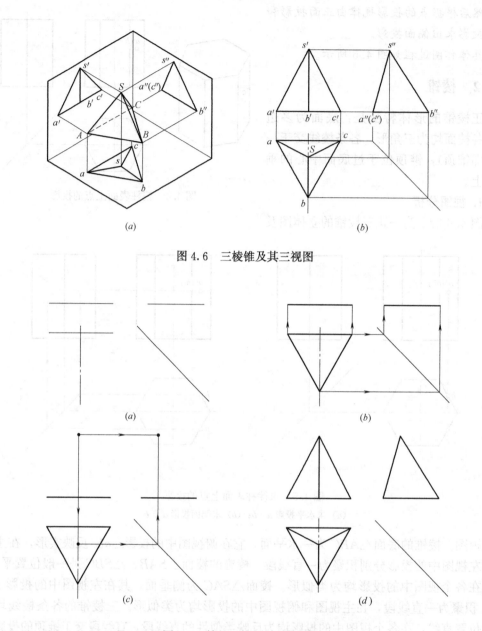

图 4.6　三棱锥及其三视图

图 4.7　棱锥三视图的画图步骤

(a) 画作图基准线；(b) 画底面的投影；(c) 画锥顶的投影；(d) 连接锥顶和底面多边形各顶点的同面投影

4. 棱锥表面上点的投影

棱锥的各个表面有的为特殊位置平面，有的为一般位置平面。对于特殊位置平面上的点，可利用平面投影的积聚性来求其投影；而一般位置平面上的点，需要利用辅助线法来求其投影。对于棱线上的点，可利用点的从属性求出其投影。

辅助线法即先在平面内取一条辅助线，再在辅助线上取点。由于直线在平面内，点又在直线上，所以，点必定在平面上。所作辅助线应满足以下两个条件：

(1) 辅助线的各面投影便于求解；

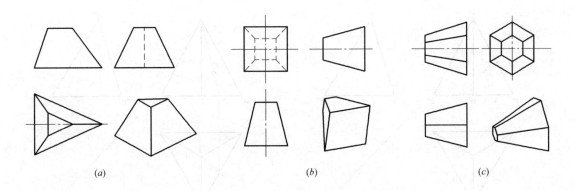

图 4.8　棱台及其三视图

(a) 正三棱台；(b) 正四棱台；(c) 正六棱台

(2) 所求点位于辅助线上。常用的辅助线法有两种：

- 平行于底边的辅助线法；
- 过锥顶的辅助线法。

【例 4.2】　如图 4.9 所示，已知棱锥面上点 T 的正面投影 t'，求作它的水平投影和侧面投影。

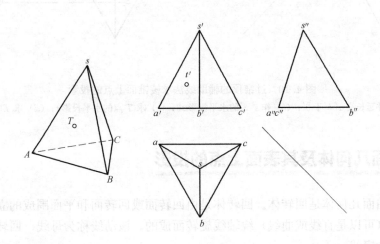

图 4.9　棱锥表面上点的投影

由已知条件可知，点 T 位于三棱锥的左前棱面或后棱面上，由于点 T 的正面投影 t' 可见，可判断点 T 位于左前棱面（棱面 SAB）上。由于该棱面为一般位置平面，各面投影均无积聚性。因此，必须利用辅助线法来求其上点的投影。

采用过锥顶的辅助线法，具体作图过程如图 4.10 所示。

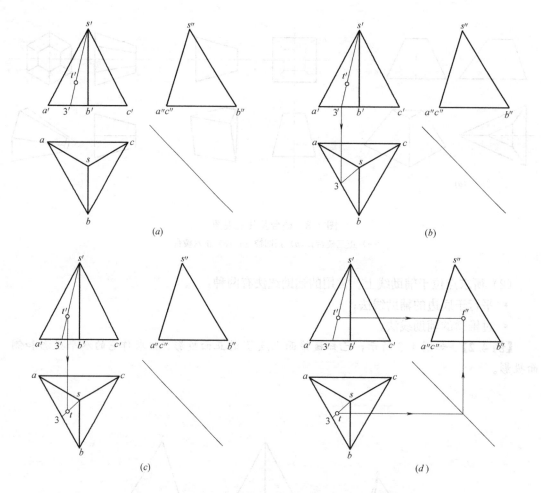

图 4.10　过锥顶的辅助线法求棱锥面上点的投影

（a）连接 s'、t' 并延长交 $a'b'$ 于 $3'$；（b）作 $s'3'$ 的水平投影 $s3$；（c）求 T 点的水平投影 t；（d）求 T 点的侧面投影 t''

4.2　曲面几何体及其表面上点的投影

　　常见的曲面几何体是回转体。回转体是由回转面或回转面和平面围成的立体。回转面是由一动线（可以是直线或曲线）绕轴线旋转而成的。该动线称为母线，回转面上任意位置的母线称为素线。

　　画回转体的视图，就是要画出其上回转面和平面的投影。由于回转面的表面光滑、无棱，故在画回转面的投影时，必须按不同的投影方向，将确定该回转面范围的轮廓素线画出，这种轮廓素线同时也是回转面在视图上可见与不可见的分界线，又称为转向轮廓线。在回转体的视图中，轴线的非积聚性投影以及圆的对称中心线均需用点画线绘制。

　　工程上最常用的回转体，有圆柱、圆锥和圆球等。

　　曲面几何体的表面由曲面或曲面和平面所围成，因此求曲面几何体表面上点的投影，实际上就是求它的平面或曲面上点的投影。其中，求曲面上点的投影方法同求平面上点的投影方法类似。

4.2.1　圆柱

圆柱由圆柱面、顶面和底面所围成。

1. 视图分析

图 4.11 所示为圆柱轴线垂直于 W 面时的立体图和三视图。圆柱的顶面和底面为侧平面，其在左视图中的投影为反映实形的圆，在主视图和俯视图中的投影积聚为一直线段。

由于圆柱的轴线为侧垂线，圆柱面上所有的素线均为侧垂线，因此圆柱面在左视图中的投影积聚为圆周。圆柱面在主视图中的投影为一矩形，矩形的上下两条边是圆柱面上最上和最下两条素线的投影，也是前、后两半个圆柱面投影可见与不可见的分界线（即圆柱面投影的前后转向轮廓线）。圆柱面在俯视图中的投影也为一矩形，矩形的前后两条边是圆柱面上最前和最后两条素线的投影，也是上、下两半个圆柱面投影可见与不可见的分界线（即圆柱面投影的上下转向轮廓线）。

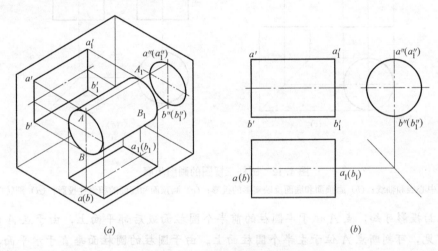

(a)　　　　　　　　　　　　(b)

图 4.11　圆柱及其三视图

不难分析，圆柱三视图的特征是：一个视图为圆，该圆反映顶面和底面实形，圆的圆周是圆柱面的积聚性投影；其他两个视图为相等的矩形，矩形的两条相互平行的边分别是圆柱顶面和底面的积聚性投影，另两边是圆柱面投影的转向轮廓线。

在圆柱的三视图中，为圆的视图上应用点画线画出对称中心线，对称中心线的交点为圆柱轴线的投影；为矩形的两个视图上，也应用点画线画出轴线的投影。

2. 视图画法

以轴线垂直于 H 面的圆柱为例，画圆柱三视图的步骤如图 4.12 所示。

3. 圆柱表面上点的投影

对于轴线处于特殊位置的圆柱，其顶面、底面及圆柱面均为特殊位置面，因此表面上的点可利用面的积聚性投影求出其投影。对于圆柱转向轮廓线上的点，可利用点的从属性求出其投影。

【例 4.3】　如图 4.13 所示，已知半圆柱面上点 A 的正面投影 a'，求作它的水平投影和侧面投影。

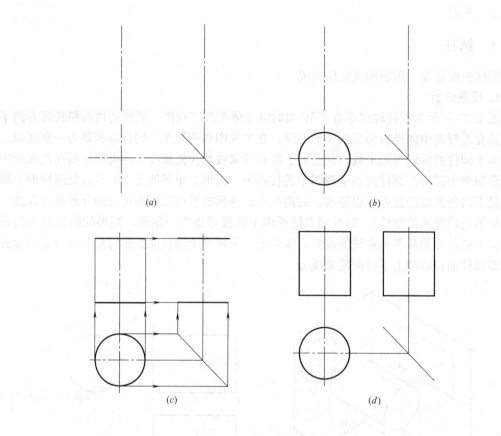

图 4.12　圆柱三视图的画图步骤

(a) 画对称中心线和轴线；(b) 画顶面和底面反映实形的投影；(c) 画顶面和底面的积聚性投影；(d) 画转向轮廓线

由正面投影可知，点 A 位于半圆柱的前半个圆柱面或后部平面上，由于点 A 的正面投影 a' 可见，可判断点 A 位于左半个圆柱面上。由于圆柱的圆柱面垂直于水平面，其水平投影积聚为半圆周，则圆柱面上所有点的水平投影必定位于该段圆周之上。因此，可利用面的积聚性投影直接求得点的水平投影，然后根据点的投影规律由正面投影和水平投影求出侧面投影。

具体作图过程如图 4.14 所示。

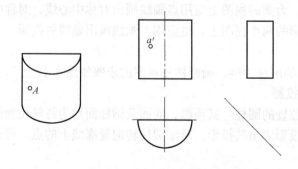

图 4.13　圆柱表面上点的投影

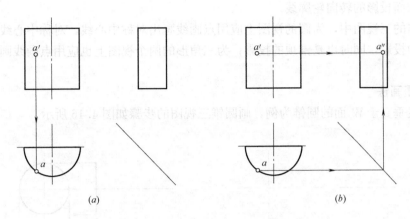

图 4.14　求圆柱表面上点的投影

（a）求 A 点的水平投影 a；（b）求 A 点的侧面投影 a″

4.2.2　圆锥

圆锥由圆锥面和底面所围成。圆锥面由直线绕与它相交的轴线旋转而成。

1. 视图分析

图 4.15 所示为圆锥轴线垂直于 H 面时的立体图和三视图。圆锥的底面为水平面，其在俯视图中的投影为反映实形的圆，在主视图和左视图中的投影积聚为一直线段。

圆锥面在俯视图中的投影与底面圆的投影重合，其在主视图中的投影为一三角形，三角形的左右两条边是圆锥面上最左和最右两条素线的投影，也是前、后两半个圆锥面投影可见与不可见的分界线（即圆锥面投影的前后转向轮廓线）。圆锥面在左视图中的投影也为一三角形，三角形的前后两条边是圆锥面上最前和最后两条素线的投影，也是左、右两半个圆锥面投影可见与不可见的分界线（即圆锥面投影的左右转向轮廓线）。

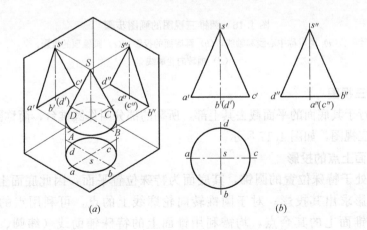

图 4.15　圆锥及其三视图

可知，圆锥三视图的特征是：一个视图为圆，该圆反映底面实形，同时也是圆锥面的投影；其他两个视图为相等的等腰三角形，三角形的底边是圆锥底面的积聚性投影，其余两边是圆锥面投影的转向轮廓线。

在圆锥的三视图中，为圆的视图上应用点画线画出对称中心线，对称中心线的交点为圆锥轴线的投影，同时也是锥顶的投影；为三角形的两个视图上也应用点画线画出轴线的投影。

2. 视图画法

以轴线垂直于 W 面的圆锥为例，画圆锥三视图的步骤如图 4.16 所示。

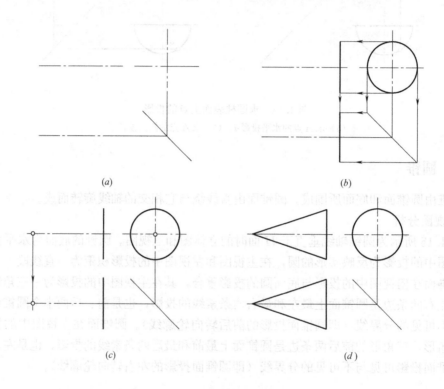

图 4.16　圆锥三视图的画图步骤

（a）画对称中心线和轴线；（b）画底面的投影；（c）画圆锥顶的投影；
（d）画转向轮廓线

3. 圆台的三视图

圆锥被平行于其底面的平面截去其上部，所剩的部分叫作圆锥台，简称圆台。不同方位的圆台及其三视图，如图 4.17 所示。

4. 圆锥表面上点的投影

对于轴线处于特殊位置的圆锥，其底面为特殊位置平面，因此底面上的点可利用面的积聚性投影求出其投影；对于圆锥转向轮廓线上的点，可利用点的从属性求出其投影；而圆锥面上的其余点，均需利用锥面上的特殊辅助线（纬圆、素线）来求出投影。

【例 4.4】　如图 4.18 所示，已知圆锥面上点 B 的正面投影 b'，求作它的正面投影和侧面投影。

由已知条件可知，点 B 为圆锥面上的一般点，由于其正面投影 b' 可见，可判断点 B

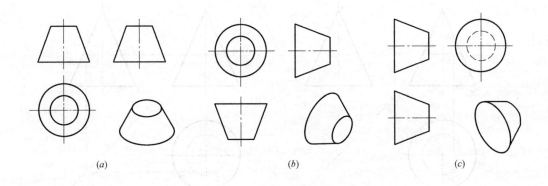

图 4.17　圆台及其三视图

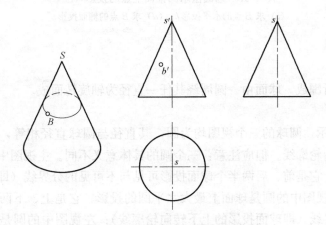

图 4.18　圆锥表面上点的投影

位于前半个圆锥面上。因为圆锥面的各面投影均无积聚性。因此，必须利用纬圆辅助线法
来求其上点的投影。具体作图过程如图 4.19 所示。

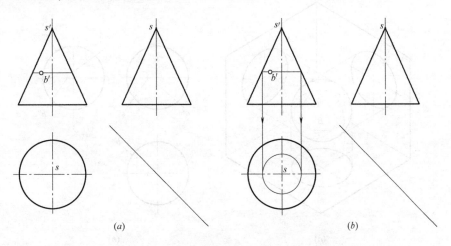

图 4.19　纬圆法求圆锥面上点的投影（一）

（a）过 b' 作水平纬圆的正面投影；（b）作纬圆的水平投影

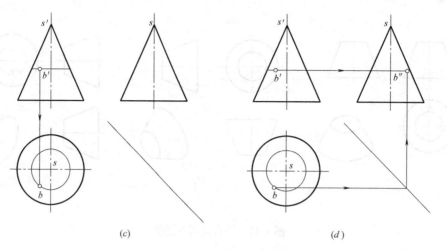

图 4.19　纬圆法求圆锥面上点的投影（二）

（c）求 B 点的水平投影 b；（d）求 B 点的侧面投影 b″

4.2.3　圆球

圆球由球面所围成。球面由一圆周绕其任一直径为轴旋转而成。

1. 视图分析

如图 4.20 所示，圆球的三个视图均为圆，其直径与圆球直径相等，它们分别是圆球面三个投影的转向轮廓线。但应注意：三个圆的具体意义不同。主视图中的圆是球面上最大正平圆的投影，它是前、后两半个球面投影可见与不可见的分界线（即球面投影的前后转向轮廓线）；俯视图中的圆是球面上最大水平圆的投影，它是上、下两半个球面投影可见与不可见的分界线（即球面投影的上下转向轮廓线）；左视图中的圆是球面上最大侧平圆的投影，它是左、右两半个球面投影可见与不可见的分界线（即球面投影的左右转向轮廓线）。这三个最大圆在另两个视图中的投影，都与圆的相应中心线重合。

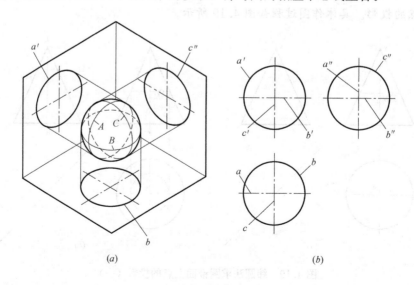

图 4.20　圆球及其三视图

不难分析，圆球三视图的特征是：三个视图都是与球直径相等的圆，它们分别是球面投影的转向轮廓线。

在圆球的三视图中，各视图上应用点画线画出圆的对称中心线。

2. 视图画法

画圆球三视图的步骤如图 4.21 所示。

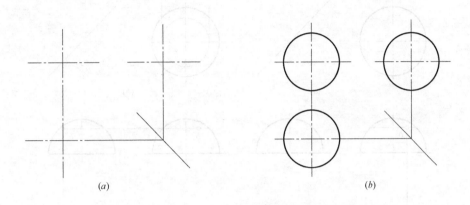

(a)　　　　　　　　　　　　　(b)

图 4.21　圆球三视图的画图步骤

(a) 画对称中心线；(b) 以相同半径画球的各面投影

3. 圆球表面上点的投影

由于球面的三个投影均无积聚性，除位于转向轮廓线上的点，投影可利用从属性直接求出外，球面上的其余点均需利用辅助纬圆法求出其投影。

【例 4.5】　如图 4.22 所示，已知半球面上点 B 的正面投影 b'，求作它的水平投影和侧面投影。

由图 4.22 可知，点 B 为圆球面上的一般点，由于其正面投影 b' 可见，可判断点 B 位于前半个球面上。由于圆球面的各面投影均无积聚性。因此，需利用纬圆来求其上点的投影。

具体作图过程如图 4.23 所示。

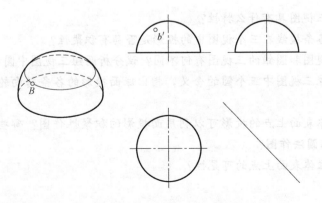

图 4.22　圆球表面上点的投影

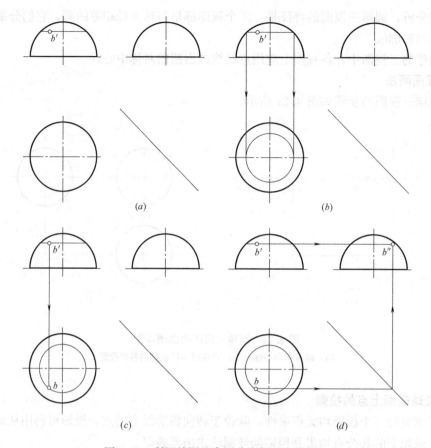

图 4.23　利用纬圆法求圆球表面上点的投影

(a) 过 b'作水平纬圆的正面投影；(b) 作纬圆的水平投影；(c) 求 B 点的水平投影 b；

(d) 求 B 点的侧面投影 b″

思考题

简答题

1. 正棱柱的三视图具有什么特性？

2. 正棱锥的各条棱线在三个视图中的投影是否具有积聚性？

3. 圆柱的三视图和圆锥的三视图有何不同？试分析两组三视图中圆视图的含义？

4. 请分析圆球三视图中三个圆的含义，指出球面投影的各条转向轮廓线在各视图中的投影。

5. 哪些几何体表面上点的投影可以利用面投影的积聚性作图？哪些几何体表面上点的投影可以利用纬圆法作图？

6. 如何判断立体表面上点的可见性？

第5章

截切体和相贯体的视图

【知识目标】

1. 掌握简单截切平面体、截切圆柱体以及截切球体的视图画法；
2. 掌握两圆柱正贯和同轴回转相贯体（轴线垂直于投影面）的视图画法。

【技能目标】

能绘制简单截切体的三视图，能绘制圆柱正交相贯体的三视图。

 章前思考

1. 观察图5.1所示零件，它们分别是如何由圆柱体演化而来的？
2. 绘制图示零件的视图与绘制圆柱体视图有何不同？其主要区别在何处？

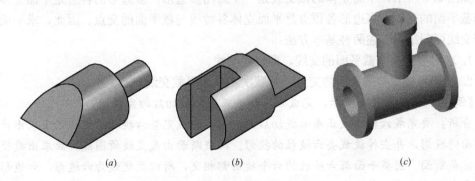

  (a)   (b)   (c)

图 5.1 截切和相贯类典型零件
(a) 触头；(b) 接头；(c) 三通管

  基本几何体在形成机器零件时，因结构的需要往往要截切掉一部分，这种被平面截切后的基本几何体，称为截切体。在工程上，还常常会遇到基本几何体相交后产生的机械形体，通常将由相交立体构成的立体叫做相贯体。熟悉截切体和相贯体的视图画法，是绘制

复杂机械形体视图的基础。

5.1　截切体

几何体被平面截切后，在它的外形上会产生表面交线，这些表面交线称为截交线，如图5.2所示。截交线所围成的封闭平面称为截断面。为了清楚地表达截切体的形状，必须正确画出其上截断面的投影，关键是求出截交线的投影。

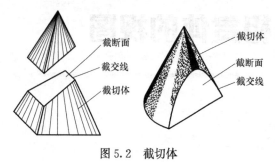

图5.2　截切体

5.1.1　截交线的性质及作图方法

1. 截交线的性质

（1）截交线既在截平面上，又在立体表面上，因此截交线是截平面与立体表面的共有线，截交线上的点为截平面与立体表面的共有点。

（2）由于立体表面是封闭的，因此截交线是封闭的平面图形。

（3）截交线的形状取决于立体的形状以及立体与截平面的相对位置。

2. 截交线的一般作图方法

当截交线的投影为简单曲线（直线、圆）时，可根据投影的对应关系直接求出；当截交线的投影为非简单曲线（如椭圆等）时，可根据截交线的共有性，采用表面取点法求出，即：先求出截交线上一系列点的投影，再将这些点光滑地连接成线。本章主要介绍前一种情况下截交线的作图。

5.1.2　平面立体的截交线

如图5.2所示，平面立体的截交线是一个封闭多边形。多边形的各边是平面立体各表面与截平面的交线，多边形各顶点是平面立体各棱线与截平面的交点。因此，求平面立体的截交线可归结为下述两种基本方法：

1. 求出各棱面与截平面的交线，即得截交线。

2. 求出各棱线与截平面的交点，并顺次相连即得截交线。

【例5.1】　如图5.3所示，完成六棱柱被正垂面截切后的左视图。

分析：要完成六棱柱被正垂面截切后的视图，即在完整六棱柱的视图之上求出产生的截断面的投影，并去掉被截去六棱柱的投影。而截断面由截交线所围成，故求出截交线即可确定截断面。因截平面与六棱柱的六个棱面都相交，所以截交线为六边形，六边形的各个顶点在六棱柱的六条棱线上，用方法2求截交线较为方便。

具体作图步骤如图5.4所示。

【例5.2】　如图5.5所示，完成四棱柱被开槽后的俯视图和左视图。

分析：立体被开槽或切口，实际上是一个完整的立体被多个平面截切后形成的。其视图的绘制方法和立体被一个平面截切后视图的绘制方法相同，只是此时需求出每个截平面截切后产生截交线，以及各截平面之间的交线。

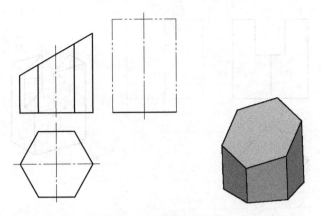

图 5.3　六棱柱被截切

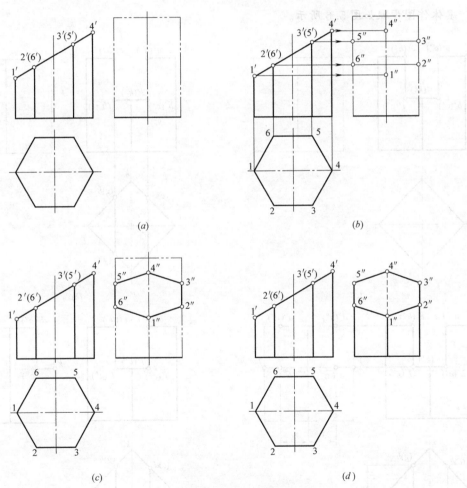

(a)　　　　　　　　　　　　　　(b)

(c)　　　　　　　　　　　　　　(d)

图 5.4　被截切六棱柱的作图过程

　　由图 5.5 可知，四棱柱上开的通槽是由三个特殊位置平面截切形成的。通槽的两侧面为侧平面，其正面和水平投影均积聚为直线段，侧面投影反映实形并重合在一起。通槽的底面是水平面，其正面和侧面投影均积聚成直线段，水平投影反映实形。由于棱柱的前、后两条棱线在切口之上的部分已被截去，故对应部分的侧面投影不存在。

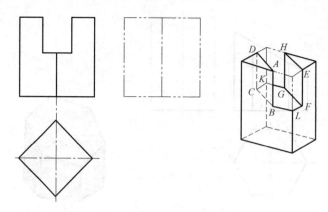

图 5.5　四棱柱被开槽

具体作图步骤如图 5.6 所示。

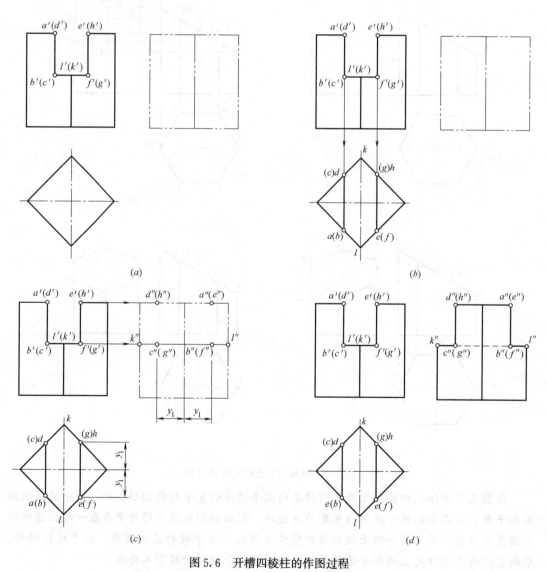

图 5.6　开槽四棱柱的作图过程

【例 5.3】　如图 5.7 所示，完成四棱锥被正垂面截切后的俯视图和左视图。

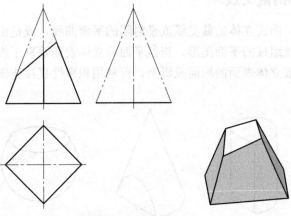

图 5.7　四棱锥被截切

作图过程如图 5.8 所示。

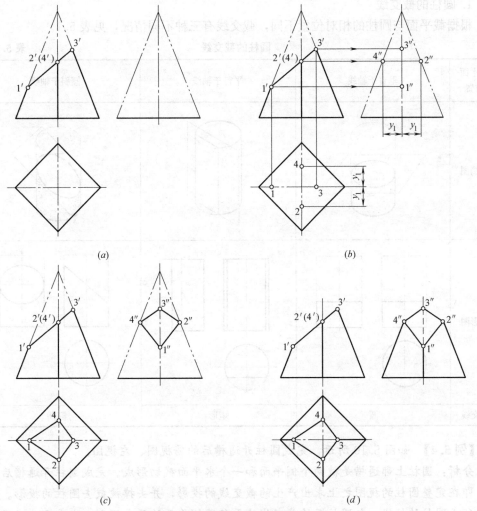

图 5.8　被截切四棱锥的作图过程

5.1.3　曲面立体的截交线

如图 5.9 所示，曲面立体的截交线或是封闭的平面曲线，或是由曲线和直线组成的平面图形，或是由直线组成的平面图形。当截平面或立体表面垂直于投影面时，截交线的投影就积聚在截平面或立体表面的同面投影上，可利用积聚性直接作图。

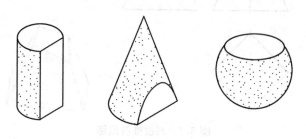

图 5.9　曲面立体的截交线

1. 圆柱的截交线

根据截平面与圆柱的相对位置不同，截交线有三种不同情况，见表 5.1。

圆柱的截交线　　　　　　　　　　　　　　　　表 5.1

截平面位置	垂直于轴线	平行于轴线	倾斜于轴线
轴测图			
投影图			
截交线	圆	矩形	椭圆

【例 5.4】　如图 5.10 所示，完成圆柱开通槽后的俯视图、左视图。

分析：圆柱上部通槽是被两个侧平面和一个水平面截切形成。完成圆柱开通槽后的视图，即在完整圆柱的视图之上求出产生的截交线的投影，并去掉被截去圆柱的投影。侧平面平行于圆柱的轴线，与圆柱面的截交线为平行于侧平面的两个矩形；水平面垂直于圆柱

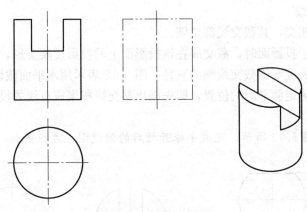

图 5.10   圆柱开通槽

的轴线，与圆柱的截交线为平行于水平面的两段圆弧。可利用截平面和圆柱面投影的积聚性，直接求出截交线的投影。

具体作图过程如图 5.11 所示。

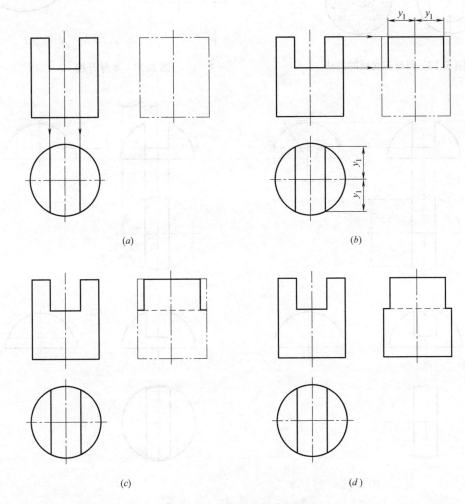

图 5.11   开槽圆柱的作图过程

2. 圆球的截交线

圆球与截平面相交，其截交线都是圆。

当截平面平行于投影面时，截交线在该投影面上的投影反映实形，其余两个投影积聚为直线段，线段的长度等于截交线圆的直径。图 5.12 表示用水平面截切圆球时的截交线。画图时，一般可先确定截平面的位置，即先画出截交线积聚成直线的投影，然后再对应画出为圆的投影。

【例 5.5】 如图 5.13 所示，完成半球开槽后的俯视图、左视图。

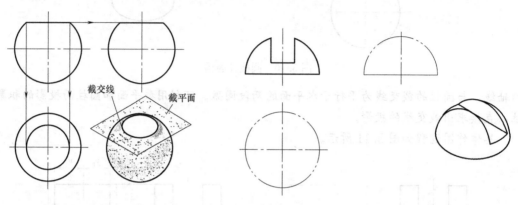

图 5.12　圆球截交线的画法　　　　　　　图 5.13　半球开槽

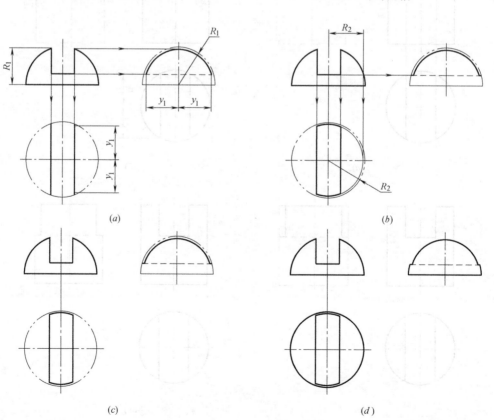

图 5.14　开槽半球的作图过程

分析：半球上部的通槽是由一个水平面和两个侧平面截切而成，水平面截切后截交线为两段水平圆弧，侧平面截切后截交线为两段侧平圆弧。由于截交线的正面投影均积聚成直线段，可利用积聚性投影作图。

具体作图步骤如图 5.14 所示。

5.2　相贯体

两立体相交时，它们的表面所产生的交线称为相贯线。常见的是两回转体表面的相贯线。例如，在图 5.15 所示的三通管和接头上，就均含有两个回转体的相贯线。在绘制相贯体的视图时，不可回避地必需画出其表面上相贯线的投影。由相贯线的概念可知，相贯线是两相交立体表面的共有线，同时属于相贯的两个表面。

(a)　　　　　　　　　*(b)*

图 5.15　相贯体

(a) 三通管；*(b)* 接头

5.2.1　正交圆柱的相贯线

如图 5.16 所示，两圆柱的轴线垂直相交，称为正交。其相贯线为一封闭的马鞍形空间曲线，且左右、前后均对称。由于该相贯线的水平投影与直立圆柱面的水平投影重合，其侧面投影与水平圆柱面的侧面投影（一段圆弧）重合，因此只需求作它的正面投影。

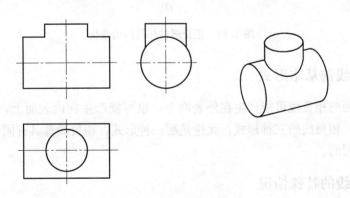

图 5.16　两圆柱正交相贯

相贯线的实际投影为双曲线，工程制图中为方便作图，常采用简化画法，即用圆弧来代替相贯线的投影。具体画法如图 5.17 所示：以相贯两圆柱中大圆柱的半径为圆弧的半径，圆弧的圆心位于小圆柱的轴线上，圆弧凸向大圆柱的轴线方向。

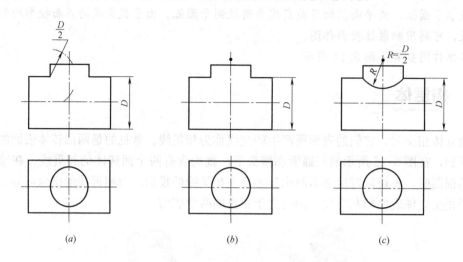

图 5.17 相贯线的简化画法

(a) 定半径；(b) 定圆心；(c) 画圆弧

如图 5.18 所示，随着两正交圆柱的直径发生变化，其相贯线的形状也会发生变化。当两圆柱的直径相等时，相贯线的空间形状为椭圆，其正面投影为两相交直线，如图 5.18 (b) 所示。

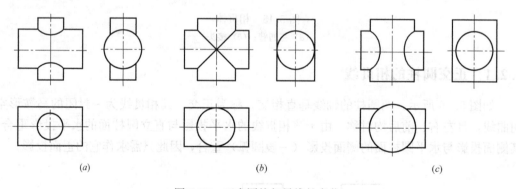

图 5.18 正交圆柱相贯线的变化

5.2.2 相贯线的基本形式

两立体表面的相贯线可能产生在外表面上，也可能产生在内表面上，图 5.19 给出了两圆柱正交时，相贯线的三种形式。无论是哪一种形式，相贯线都具有同样的形状，其作图方法也是相同的。

5.2.3 相贯线的特殊情况

一般情况下，两回转体的相贯线是空间曲线。但是，在一些特殊情况下，也可能是平面曲线或直线。

1. 两同轴回转体的相贯线是垂直于轴线的圆。当轴线平行于某投影面时，相贯线在

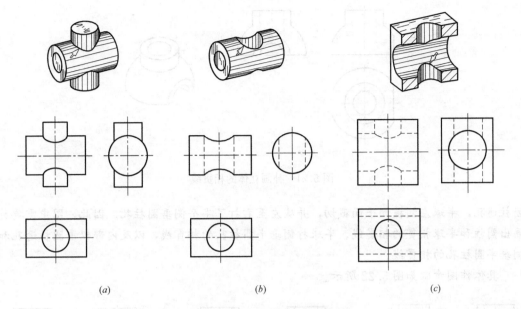

图 5.19　正交圆柱相贯线的三种形式

(a) 柱柱相交；(b) 柱孔相交；(c) 孔孔相交

该投影面上的投影是直线段，在与轴线垂直的投影面上的投影反映交线圆的实形，如图 5.20 (a) 所示。

2. 当轴线平行的两圆柱相交时，其相贯线是平行轴线的两条直线，如图 5.20 (b) 所示。

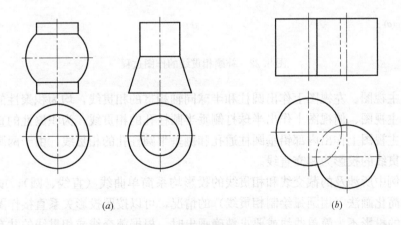

图 5.20　相贯线的特殊情况

(a) 同轴回转体相交；(b) 两圆柱轴线平面

【例 5.6】　补画图 5.21 所示立体的相贯线。

分析：对于涉及多个立体彼此相交的物体，补画相贯线时，首先要进行形体分析，明确参与相交的是什么立体，分析其相对位置和投影特点；然后，应用有关相贯线的作图方法，逐一作出每条相贯线。

图 5.21 所示立体由上部圆柱和下部半球组成，圆柱和半球同轴相贯，圆柱内有铅垂

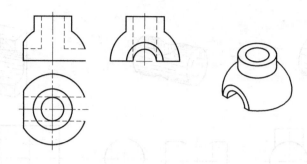

图 5.21 补画立体的相贯线

圆柱通孔，半球左侧被侧平面截切，并从左至右打了半个侧垂圆柱孔。因此，图中需要补画出圆柱和半球相贯的相贯线、半球打侧垂半圆柱孔的相贯线，以及内部铅垂圆柱通孔和侧垂半圆柱孔的相贯线。

具体作图步骤如图 5.22 所示。

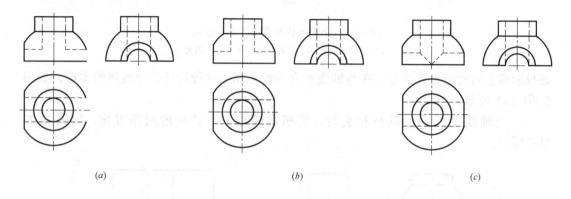

图 5.22 补画相贯线的作图过程

(1) 在主视图、左视图上作出圆柱和半球同轴相贯的相贯线，均为积聚性的直线；

(2) 在主视图、俯视图上作出半球打侧垂半圆柱孔的相贯线，为积聚性的直线；

(3) 在主视图上作出内部铅垂圆柱通孔和侧垂半圆柱孔的相贯线，由于两圆柱孔等径相贯，故相贯线的投影为相交直线。

本章示例中所涉及的截交线和相贯线的投影均系简单曲线（直线、圆），或正交圆柱相贯可采用简化画法（用圆弧绘制相贯线）的情况，可以按照投影关系直接作图。当截交线或相贯线的投影不为简单曲线或要求精确画出时，根据截交线或相贯线的共有性，可利用第 4 章所介绍的表面取点法，先求出线上一系列点的投影，再判断可见性，最后依次连点成为截交线或相贯线的投影。

思考题

简答题

1. 画截切体和相贯体视图的关键分别是什么？

2. 什么是截交线？什么是相贯线？

3. 正交圆柱的相贯线可以用什么代替？如何代替？

4. 曲面立体的相贯线有哪些常见的特殊情况？

5. 当截交线或相贯线的投影为非简单曲线（直线、圆弧）时，如何准确地画出这些交线？

第6章

轴测投影图

【知识目标】

1. 了解轴测投影的基本概念、轴测投影的特性和常用轴测图的种类;
2. 熟悉正等轴测图的画法;
3. 了解圆平面在同一方向上的斜二轴测图的画法。

【技能目标】

1. 能画出简单形体的正等轴测图;
2. 能正确识读立体的正等轴测图。

章前思考

1. 图 6.1 所示为支座零件的两种不同表达方式,你认为哪一种更为直观?
2. 从图 6.1 (b) 中能直接判断三个孔是否为通孔吗? 从图 6.1 (a) 中呢?

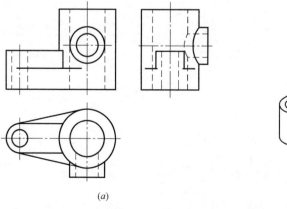

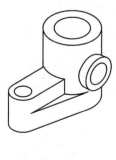

(a)   (b)

图 6.1 支座的三视图和轴测图

(a) 三视图;(b) 轴测图

以三视图为代表的多面正投影图能准确地表达出物体的结构形状，而且作图方便，所以它是工程上常用的图样。但是，这种图样缺乏立体感，具有一定看图能力的人才能看懂。为了帮助看图，工程上常采用轴测图作为正投影图的辅助图样。轴测图通常称为立体图，其直观性强，但不能准确反映物体的真实形状与大小，因而生产中只将其作为一种辅助图样，常用来说明产品的结构和使用方法等。

6.1　轴测投影的基本知识

6.1.1　轴测投影的概念

将物体连同其参考直角坐标系，沿不平行于任一坐标面的方向，用平行投影法将其投射在单一投影面上所得到的图形，称为轴测投影图（简称轴测图）。它能同时反映出物体长、宽、高三个方向的尺度，富有立体感。图 6.2 表明了轴测投影的形成方法。

图 6.2 中，平面 P 称为轴测投影面；空间直角坐标轴 OX、OY、OZ 在轴测投影面上的投影 O_1X_1、O_1Y_1、O_1Z_1 称为轴测投影轴，简称轴测轴；轴测轴之间的夹角 $\angle X_1O_1Y_1$、$\angle X_1O_1Z_1$、$\angle Y_1O_1Z_1$，称为轴间角；空间点 A 在轴测投影面上的投影 A_1 称为轴测投影；由于物体上三个直角坐标轴对轴测投影面倾斜角度不同，所以在轴测图上各条轴线的投影长度也不同。直角坐标轴的轴测投影的单位长度与相应直角坐标轴上的单位长度的比值，称为轴向伸缩系数，分别用 p、q、r 表示。对于常用的轴测图，三条轴的轴向伸缩系数是已知的。这样，就可以在轴测图上按轴向伸缩系数来度量长度。

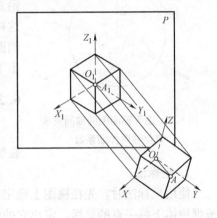

图 6.2　轴测投影的概念

轴测投影有两种基本形成方法：一是将物体倾斜放置，使轴测投影面与物体上的三个坐标面都处于倾斜位置，用正投影的方法得到轴测投影，称为正轴测图，如图 6.2 所示；二是不改变物体和轴测投影面的相对位置，用斜投影方法得到轴测投影，称为斜轴测图。

6.1.2　轴测投影的特性

由于轴测图是用平行投影法得到的，所以它具有平行投影法的投影特性。

1. 平行性

空间互相平行的直线，它们的轴测投影仍互相平行。物体上平行于坐标轴的线段，在轴测图上仍平行于相应的轴测轴。

2. 定比性

物体上平行于坐标轴的线段的轴测投影与原线段实长之比，等于相应的轴向伸缩系数。这样，凡是与坐标轴平行的直线段，就可以在轴测图上沿着轴向作图和度量。所谓

"轴测"，就是指"可沿各轴测轴测量"的意思。

6.1.3　轴测图的分类

根据投射方向不同，轴测图可分为两类：正轴测图和斜轴测图。根据轴向伸缩系数的不同，每类轴测图又可分为等测、二测和三测三种。工程上使用较多的是正轴测图中的正等测和斜轴测图中的斜二测，本章只介绍这两种轴测图的画法。

6.2　正等轴测图的画法

6.2.1　轴间角和轴向伸缩系数

在正投影情况下，当 $p=q=r$ 时，三个坐标轴与轴测投影面的倾角都相等。由几何关系可以证明，其轴间角均为 $120°$，三个轴向伸缩系数均为：$p=q=r\approx0.82$。

实际画图时，为了作图方便，一般将 O_1Z_1 轴取为铅垂位置，各轴向伸缩系数采用简化系数 $p=q=r=1$。这样，沿各轴向的长度均被放大 $1/0.82\approx1.22$ 倍，轴测图也就比实际物体大，但对形状没有影响。图 6.3 给出了轴测轴的画法和各轴向的简化轴向伸缩系数。

图 6.3　正等轴测图的轴间角和简化轴向伸缩系数

6.2.2　平面立体的正等轴测图画法

画平面立体正等轴测图的方法有坐标法、切割法和叠加法。

1. 坐标法

使用坐标法时，先在视图上选定一个合适的直角坐标系 $OXYZ$ 作为度量基准，然后根据物体上每一点的坐标，定出它的轴测投影。

【例 6.1】　绘制图 6.4（a）所示正六棱柱的正等轴测图。

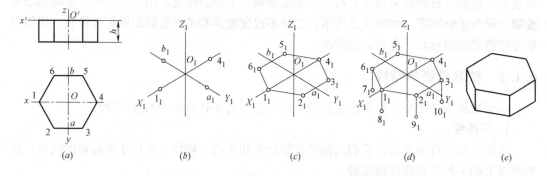

图 6.4　坐标法绘制正等轴测图

作图步骤：将直角坐标系的原点 O 放在顶面中心位置，并确定坐标轴，见图 6.4（a）；再作轴测轴，并在其上采用坐标量取的方法，得到顶面与坐标轴 4 个交点的轴测投

影 1_1、4_1、a_1、b_1，见图 6.4（b）；过 a_1、b_1 分别作 X_1 轴的平行线，并在其上截取 $a_1 2_1 =$ a_2，$a_1 3_1 = a_3$，$b_1 5_1 = b_5$，$b_1 6_1 = b_6$，依次连接 1_1、2_1、3_1、4_1、5_1、6_1，得到六棱柱顶面的轴测投影，见图 6.4（c）；接着从顶面 1_1、2_1、3_1、6_1 点沿 Z_1 向向下量取 h 高度，得到底面上的对应点，见图 6.4（d）；依次连接底面上的各可见点，用粗实线画出物体的可见轮廓，得到六棱柱的轴测投影。

在轴测图中，为了使画出的图形明显起见，通常不画出物体的不可见轮廓，上例中坐标系原点放在正六棱柱顶面有利于沿 Z 轴方向从上向下量取棱柱高度 h，避免画出多余作图线，使作图简化。

2. 切割法

切割法又称方箱法，适用于画由长方体切割而成的立体的轴测图，它是以坐标法为基础，先用坐标法画出完整的长方体，然后按形体分析的方法逐块切去多余的部分。

【例 6.2】 绘制图 6.5（a）中三视图所示垫块的正等轴测图。

首先，根据尺寸画出完整的长方体，见图 6.5（b）；再用切割法分别切去左上角的三棱柱 [见图 6.5（c）]、左前方的三棱柱，见图 6.5（d）；擦去作图线，描深可见部分即得垫块的正等轴测图，见图 6.5（e）。

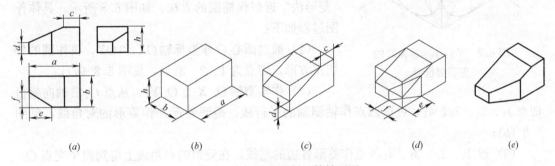

图 6.5　切割法绘制正等轴测图

3. 叠加法

叠加法是先将物体分成几个简单的组成部分，再将各部分的轴测图按照它们之间的相对位置叠加起来，并画出各表面之间的连接关系，最终得到物体轴测图的方法。

【例 6.3】 绘制如图 6.6（a）所示三视图所示立体的正等轴测图。

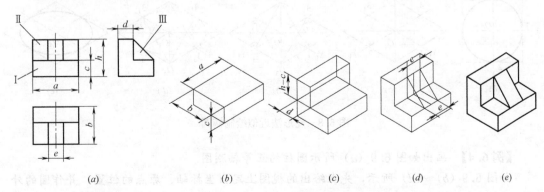

图 6.6　叠加法绘制正等轴测图

先用形体分析法，将物体分解为底板Ⅰ、竖板Ⅱ和筋板Ⅲ三个部分；再分别画出各部分的轴测投影图，擦去作图线，描深后即得物体的正等轴测图。具体过程如图6.6（b）～图6.6（e）所示。

在绘制复杂零件的轴测图时，常常要将两种方法综合使用。

6.2.3 回转体的正等轴测图画法

1. 平行于坐标面的圆的正等轴测图

常见的回转体有圆柱、圆锥、圆球、圆台等。在作回转体的轴测图时，首先要解决圆

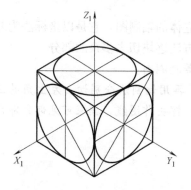

图6.7 平行于坐标面圆的
正等测投影

的轴测图的画法问题。圆的正等轴测图是椭圆，三个坐标面或其平行面上的圆的正等轴测图是大小相等、形状相同的椭圆，只是长短轴方向不同，如图6.7所示。

实际作图时，一般不要求准确地画出椭圆曲线，经常采用"菱形法"近似作图，将椭圆用四段圆弧连接而成。下面以水平面上圆的正等轴测图为例，说明"菱形法"近似作椭圆的方法。如图6.8所示，具体作图过程如下：

（1）通过圆心 O 作坐标轴 OX 和 OY，再作圆的外切正方形，切点为1、2、3、4，见图6.8（a）；

（2）作轴测轴 O_1X_1、O_1Y_1，从点 O_1 沿轴向量得切点 1_1、2_1、3_1、4_1，过这四点作轴测轴的平行线，得到菱形并作菱形的对角线，见图6.8（b）；

（3）过 1_1、2_1、3_1、4_1 各点作菱形各边的垂线，在菱形的对角线上得到四个交点 O_2、O_3、O_4、O_5，这四个点就是代替椭圆弧的四段圆弧的中心，见图6.8（c）；

（4）分别以 O_2、O_3 为圆心，$O_2 1_1$、$O_3 3_1$ 为半径画圆弧 $1_1 2_1$、$3_1 4_1$；再以 O_4、O_5 为圆心，$O_4 1_1$、$O_5 2_1$ 为半径画圆弧 $1_1 4_1$、$2_1 3_1$，即得近似椭圆，见图6.8（d）；

（5）加深四段圆弧，完成全图，见图6.8（e）。

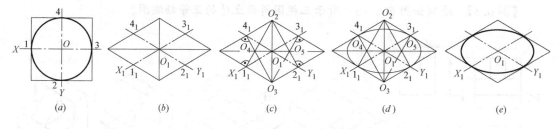

图6.8 菱形法近似绘制椭圆

【例6.4】 画出如图6.9（a）所示圆柱的正等轴测图。

如图6.9（b）～（d）所示，先在给出的视图上定出坐标轴、原点的位置，并作圆的外切正方形；再画轴测轴及圆外切正方形的正等轴测图的菱形，用菱形法画顶面和底面上椭圆；然后，作两椭圆的公切线；最后，擦去多余的作图线，描深后即完成全图。

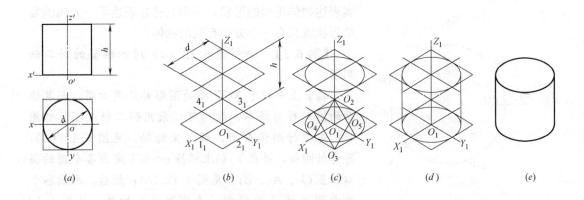

图 6.9　绘制圆柱的正等轴测图

2. 圆角的正等轴测图

在机械零件上经常会遇到由四分之一圆柱面形成的圆角，画图时就需画出由四分之一圆周组成的圆弧，这些圆弧在轴测图上正好为近似椭圆的四段圆弧中的一段。因此，这些圆角的画法可由菱形法画椭圆演变而来。

如图 6.10 所示，根据已知圆角半径 R，找出切点 1_1、2_1、3_1、4_1，过切点作切线的垂线，两垂线的交点即为圆心 O_1、O_2。以此圆心到切点的距离为半径画圆弧，即得圆角的正等轴测图。顶面画好后，将 O_1、O_2 沿 Z 轴向下移动距离 h，即得下底面两圆弧的圆心 O_3、O_4。画弧后描深，即完成全图。

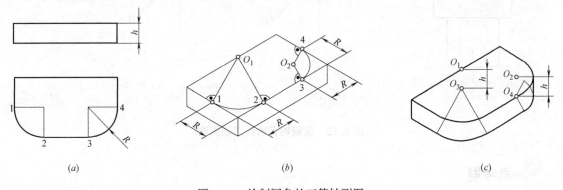

图 6.10　绘制圆角的正等轴测图

6.3　斜二轴测图的画法

最常采用的斜轴测图是使物体的 XOZ 坐标面平行于轴测投影面所得的轴测图。在斜二轴测图中，轴测轴 X_1 和 Z_1 仍为水平方向和铅垂方向，即轴间角 $\angle X_1O_1Z_1=90°$，物体上平行于坐标 XOZ 的平面图形都能反映实形，轴向伸缩系数 $p=r=2q=1$。为了作图简便，通常取轴间角 $\angle X_1O_1Y_1=\angle Y_1O_1Z_1=135°$。图 6.11 给出了轴测轴的画法和各轴向伸缩系数。

平行于 $X_1O_1Z_1$ 面上的圆的斜二测投影还是圆，并且大小不变。由于斜二轴测图能如

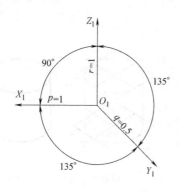

图 6.11 斜二轴测图的轴间角
和轴向伸缩系数

实表达物体正面的形状，因而它适合表达某一方向的复杂形状或只有一个方向有圆的物体。

【例 6.5】 绘制图 6.12（*a*）所示轴套的斜二轴测图。

轴套上平行于 *XOZ* 面的图形都是同心圆，而其他面的图形较为简单，故而可以采用斜二轴测图。作图时，先进行形体分析，确定坐标轴，见图 6.12（*a*）；再作轴测轴，并在 Y_1 轴上根据 $q=0.5$ 定出各个圆的圆心位置 O_1、A_1、B_1，见图 6.12（*b*）；然后，画出各个端面圆及通孔的投影，并作圆的公切线，见图 6.12（*c*）；最后，擦去多余作图线，加深完成全图，见图 6.12（*d*）。

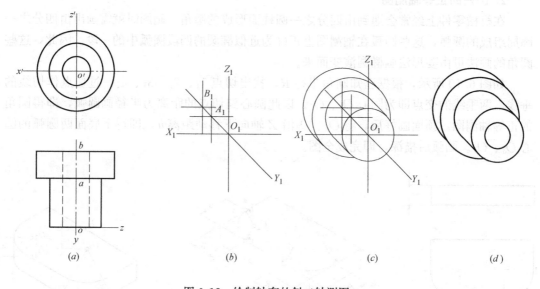

| (*a*) | (*b*) | (*c*) | (*d*) |

图 6.12 绘制轴套的斜二轴测图

思考题

1. 简答题

（1）常用的轴测图主要有哪两种？请从投影方法、轴间角、轴向伸缩系数等方面比较两者的不同。

（2）请说明轴测投影图中"轴测"的含义。

2. 分析题

（1）请从立体感、表达立体的准确性和全面性、绘图的方便性三方面，分析、比较三视图与轴测图的优点和缺点。

（2）分析图 6.7 中椭圆长、短轴方向的规律，在草稿纸上分别徒手示意性地画出轴线沿 *x* 方向和 *y* 方向的圆柱的正等轴测图。

第7章

组合体的视图及尺寸标注

【知识目标】

1. 理解组合体的组合形式和画法，熟悉形体分析法；
2. 掌握组合体三视图的画法；
3. 掌握读组合体视图的方法与步骤；
4. 能识读和标注简单组合体的尺寸。

【技能目标】

能根据组合体绘制其三视图并标注尺寸，能由组合体的三视图想象其空间形状。

章前思考

1. 图 7.1 所示零件分别由哪些基本体组合而成？是通过什么方式组合的？
2. 这些零件的三视图与构成它们的基本体的三视图之间有什么关系？
3. 如何才能完整、清晰地标注出零件的尺寸呢？

(a)

(b)
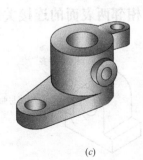
(c)

图 7.1　常见零件

(a) 螺栓毛坯；(b) 阀芯；(c) 支座

工程实际中，任何复杂的机械形体都可以看成是由基本体按一定的方式组合而成，由两个或两个以上的基本体构成的物体称为组合体。本章以基本体为基础，进一步学习组合体的画图和看图方法，以及组合体的尺寸注法。

7.1 　组合体的组合形式和形体分析

7.1.1 　组合体的组合形式

组合体的形状有简有繁，各不相同，但就其组合形式而言，不外乎叠加、切割和综合三种基本形式。

1. 叠加式

由若干个基本体叠加而成，如图 7.2（a）所示。

2. 切割式

在基本体上进行切割、开槽、钻孔后得到的形体，如图 7.2（b）所示。

3. 综合式

既有叠加又有切割而得到的组合体，如图 7.2（c）所示。常见的组合体大部分为综合式组合体。

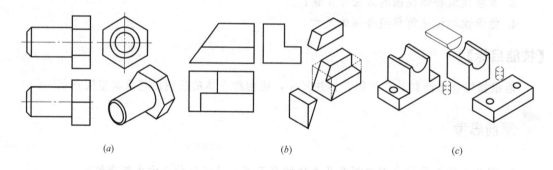

(a) 　　　　　　　　　　(b) 　　　　　　　　　　(c)

图 7.2 　组合体的组成形式

（a）叠加式；（b）切割式；（c）综合式

7.1.2 　相邻两表面的连接关系

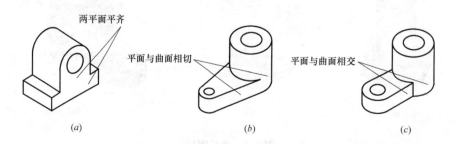

两平面平齐

平面与曲面相切

平面与曲面相交

(a) 　　　　　　　　　　(b) 　　　　　　　　　　(c)

图 7.3 　组合体相邻表面的连接关系

（a）平齐；（b）相切；（c）相交

无论是叠加还是切割，由于各形体之间的相对位置不同，其表面连接关系有如下几种：平齐、相切和相交，如图 7.3 所示。

1. 平齐

两立体表面平齐，实际上就是"共面"，不存在分界的问题，故在视图中没有"分界线"的投影，如图 7.4 所示。

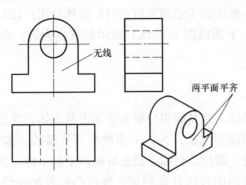

图 7.4　平齐的画法

2. 相切

两立体表面相切时，相切处是光滑过渡的，没有分界线，所以在相切处不画出切线。如图 7.5 所示，底板顶面在主视图、左视图中应画到切线的切点处，但不应画出切线。

3. 相交

两立体表面相交时，其表面的交线就是相贯线，在视图中应画出立体表面的交线，即相贯线的投影，如图 7.6 所示。

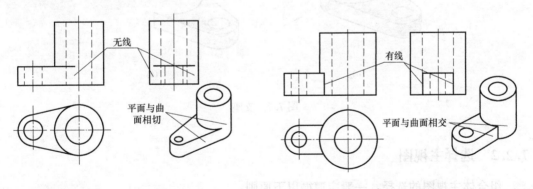

图 7.5　相切的画法　　　　　　　　图 7.6　相交的画法

7.1.3　形体分析法

假想把复杂的物体分解成由若干基本体按不同方式组合而成，进而分析各形体之间的相对位置和连接方式，使得组合体的画图、读图和标注尺寸问题得以简化。这种分析和处理复杂形体的思维方法，称为形体分析法，而这一过程则称为形体分析。

如图 7.2（c）所示的组合体，可看成是由两个基本体叠加而成，上部为切割了一个半圆柱槽的四棱柱，下部为切割了两个小圆柱孔的四棱柱。

7.2 组合体视图的画法

画组合体视图的基本方法是形体分析法，对组合体进行合理地分解后，依次画出各基本体的视图，再根据各基本体之间的组合方式和表面连接关系修正视图，绘制出完整的组合体视图。具体画图时一般按以下步骤进行：(1) 形体分析；(2) 选择主视图；(3) 选比例、定图幅；(4) 绘图。下面以图 7.7 (a) 所示的支座为例，介绍画组合体视图的方法和步骤。

7.2.1 形体分析

根据组合体的结构形状，将其假想分解为若干个基本体，并分析各个基本体之间的组合方式、相对位置及表面连接关系，为下一步画图打好基础。如图 7.7 (b) 所示，支座可以分解为底板、圆柱筒、圆柱凸台和半圆头耳板四个基本体。其中，底板叠加在圆柱筒左侧，其前后表面与圆柱筒的外圆柱面相切；圆柱凸台叠加在圆柱筒前方，与圆柱筒相交；半圆头耳板相交于圆柱筒右侧，其上表面与圆柱筒顶面平齐。

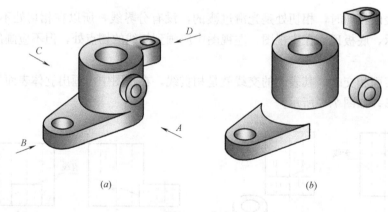

图 7.7 支座

7.2.2 选择主视图

组合体主视图的选择，一般应遵循以下原则：

1. 反映物体的形状特征最明显；
2. 物体处于自然安放位置；
3. 三个视图上的虚线都比较少。

当支座处于自然安放位置时，有 A、B、C、D 四个主视图的投射方向可供选择。从形状特征的角度比较，A 向和 C 向较之 B 向和 D 向反映支座的形状特征更明显；若以 C 向为主视图的投射方向，则视图上虚线较多，显然不如 A 向。因此，选择 A 向作为支座主视图的投射方向。

当主视图的投射方向确定后，俯视图和左视图的投射方向也就随之确定了。

7.2.3　选定比例和图幅

画图前，首先要根据物体的真实大小和复杂程度选定画图的比例，在可能的情况下，尽量选取 1：1 的比例，以便于读图者直接从图上看出物体的真实大小。

确定作图比例之后，再根据图样的大小选取合适幅面的图纸。需要注意的是，选取图幅既要考虑图形的大小，还要给尺寸标注和标题栏等留出足够的空间。

7.2.4　绘图

绘制组合体的三视图一般按照如下步骤进行：

1. 布图

布置好三个视图在图纸上的位置，画出作图基准线。作图基准线一般选物体的对称平面、较大的端面或圆柱的轴线、中心线等。

2. 打底稿

按照形体分析，逐个画出各基本体的三视图，并处理好表面之间的连接关系。画每个基本体的视图时，应将该立体的三个视图同时画出，以便于保证投影关系并提高绘图效率。具体画图时，应先画反映该立体形状特征的那个视图，而后画出其余两个视图。

3. 检查、加深

检查过程中，擦去多余的图线，重点检查各结构之间的分界处。检查无误后即可加深，加深的一般步骤是：先圆后直，先细后粗，先上后下，先左后右。

支座三视图的绘制过程，如图 7.8 所示（为表达清晰计，图中每步所画基本体的视图加粗表示）。

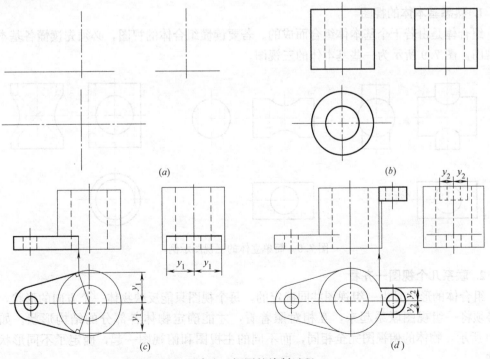

图 7.8　支座三视图的绘制过程（一）

(a) 画作图基准线；*(b)* 画圆柱筒；*(c)* 画底板；*(d)* 画半圆头耳板；

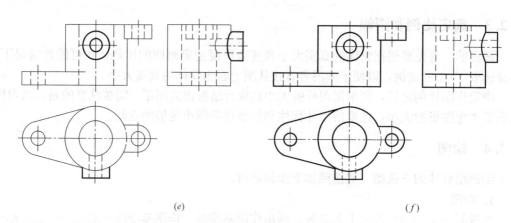

(e)   (f)

图 7.8　支座三视图的绘制过程（二）
(e) 画圆柱凸台；(f) 检查、加深

7.3　读组合体视图

画图是运用正投影规律用若干个视图来表达物体形状的过程。读图则是根据物体的视图，经过投影及空间分析，想象出物体空间形状的过程。可见，读图是画图的逆过程。为了正确、迅速地读懂视图，必须掌握读图的基本要领和基本方法。

7.3.1　读图的基本要领

1. 熟悉基本体的视图

组合体是由若干个基本体组合而成的。若要读懂组合体的视图，必须先读懂各基本体的视图。图 7.9 所示为一些基本体的三视图。

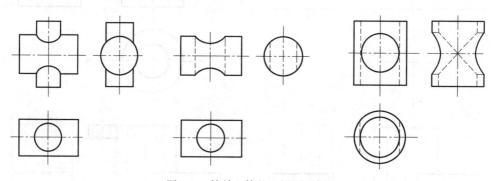

图 7.9　简单立体的三视图示例

2. 联系几个视图一齐看

组合体的形状是由一组视图共同确定的，每个视图只能反映物体一个方向的形状，因此必须将一组视图联系起来，互相对照着看，才能确定物体各部分的结构形状。如图 7.10 所示，物体的俯视图完全相同，而不同的主视图和俯视图一起，确定了不同形状的物体。

如图 7.11 所示，物体的主视图、俯视图完全相同，但也表达了不同形状的物体。

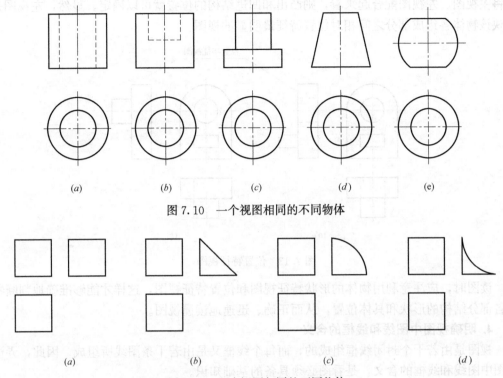

图 7.10　一个视图相同的不同物体

图 7.11　两个视图相同的不同物体

3. 注意利用特征视图

特征视图是指反映物体的形状特征和各组成部分之间的位置特征最明显的视图。

如图 7.12（a）所示底板的三视图，假如只看主视图、左视图两个视图，那么除了底板的长、宽及厚度以外，其他形状不能确定；如果将主视图、俯视图配合起来看，即使不要左视图，也能确定它的形状。显然，俯视图是反映该物体形状特征最明显的视图。用同样的分析方法可知，图 7.12（b）中的主视图、图 7.11 中的左视图，是反映物体形状特征最明显的视图。

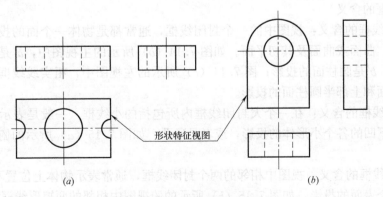

形状特征视图

图 7.12　形状特征视图

图 7.13 中，如果只看主视图、俯视图，物体上凸出和凹进结构的位置不能确定。因为，这两个图可以表示为图 7.13（a）的情况，也可以表示为图 7.13（b）的情况。但如

果将主视图、左视图配合起来看，则凸出和凹进结构的位置就可以确定。显然，左视图是反映该物体各组成部分之间相对位置特征最明显的视图。

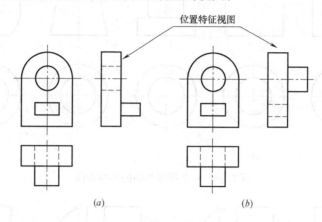

图 7.13　位置特征视图

读图时，应注意利用物体的形状特征视图和位置特征视图，这样才能够准确地判断物体各部分结构的形状和具体位置，从而正确、迅速地读懂视图。

4. 明确视图中图线和线框的含义

视图是由若干个封闭线框组成的，而每个线框又是由若干条图线所组成。因此，弄清视图中图线和线框的含义，是看图必须具备的基础知识。

（1）图线的含义

视图中，图线的含义有以下 3 种：

• 表面有积聚性的投影，如图 7.14（a）所示的主视图中，$1'$ 是圆柱顶面有积聚性的投影；

• 两表面交线的投影，如图 7.14（a）所示的主视图中，$2'$ 是六棱柱两个棱面的交线的投影；

• 回转面转向轮廓线的投影，如图 7.14（a）所示的主视图中，$3'$ 是圆柱面正面投影转向轮廓线的投影。

（2）线框的含义

• 单个线框的含义：视图中的一个封闭线框，通常都是物体一个面的投影，该表面可以是平面、曲面或曲面及其切平面。如图 7.14（b）所示的主视图中，a' 是六棱柱最前棱面的投影；b' 是圆柱面的投影；图 7.14（c）所示的左视图中，粗实线线框是半圆头板下部棱柱侧面和上部半圆柱面的投影。

• 相套线框的含义：在一个大封闭线框内所包括的小线框，一般是表示在大形体基础上上凸或下凹的各个小形体的投影，或者是通孔，如图 7.15（a）所示的俯视图中相套的两圆线框。

• 相邻线框的含义：视图中相邻的两个封闭线框，通常表示物体上位置不同（相交、相错）的两个表面的投影，如图 7.15（b）所示的俯视图中相邻的两矩形线框。

7.3.2　形体分析法读图

读组合体视图的基本方法也是形体分析法。读图时，要以表达组合体形状特征较明显

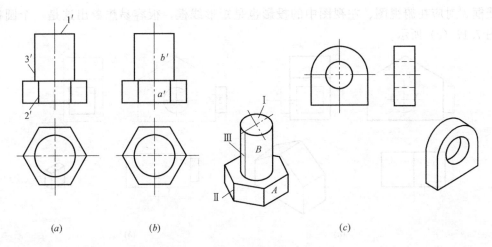

图 7.14　视图中图线和线框的含义

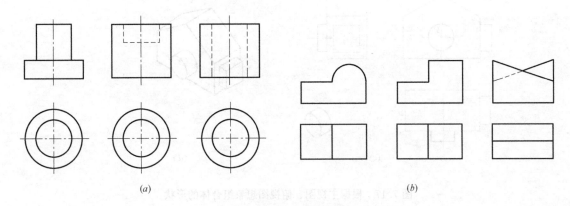

图 7.15　相套线框和相邻线框的含义

的视图（通常是主视图）入手，在视图上按线框将组合体划分为几个部分（即几个基本体）；然后，根据投影关系，找到各线框所表示的部分在其他视图中的投影；接着，读懂每一部分所表示的基本体的形状；最后，再根据投影关系，分析出各基本体的相对位置，综合想象出整个组合体的结构形状。现以图 7.16 所示的组合体三视图为例，说明运用形体分析法读组合体视图的方法与步骤。

（1）根据视图分线框

在表达组合体形状特征较明显的主视图中划分线框，将组合体划分为 3 个封闭线框，可以认为该组合体由 3 个基本体组合而成，如图 7.16 所示。

（2）对照投影明形体

根据投影关系，找到主视图中线框 1′在俯、左视图中的投影，可以想象出这是一个五棱柱，如图 7.17（a）所示；主视图中线框 2′对应在俯视图、左视图中的投影分别是一个矩形线框，不难想象出它是一个四棱柱，如图 7.17（b）所示；同样，可以找到主视图

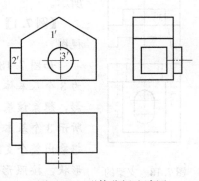

图 7.16　形体分析法读图

中线框 3′ 对应在俯视图、左视图中的投影也是矩形线框，很容易想象出这是一个圆柱，如图 7.17（c）所示。

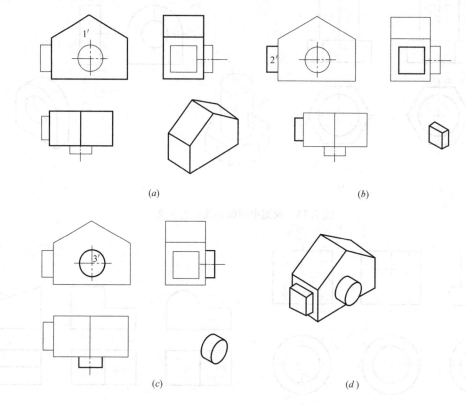

(a)　　　　　　　　　　　　　　(b)

(c)　　　　　　　　　　　　　　(d)

图 7.17　根据主视图、俯视图想象组合体的形状

(a) 想象基本体Ⅰ；(b) 想象基本体Ⅱ；(c) 想象基本体Ⅲ；

(d) 想象组合体整体形状

（3）确定位置想整体

在读懂组合体 3 个基本体的形状的基础上，再根据组合体的三视图所显示的 3 个基本体之间的相对位置和连接关系，将 3 个基本体构成一个整体，就能想象出该组合体的整体形状，如图 7.17（d）所示。

【例 7.1】　如图 7.18 所示，据支架的主视图、俯视图，补画左视图。

如图 7.18 所示，将主视图划分为 3 个封闭线框，即将支架分解为 3 个基本体。对照俯视图，找到每个基本体对应在俯视图中的投影，想象该基本体的形状，如图 7.19（a）～（c）所示。根据图 7.18 所示 3 个基本体的相对位置和连接关系，将 3 个基本体进行组合，想象出整个支架的形状，如图 7.19（d）所示。再由想象出的支架的形状，按照形体分析法，画出其左视图。具体作图过程如图 7.20（a）～（d）所示。

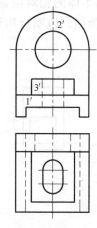

图 7.18　支架的
主视图、俯视图

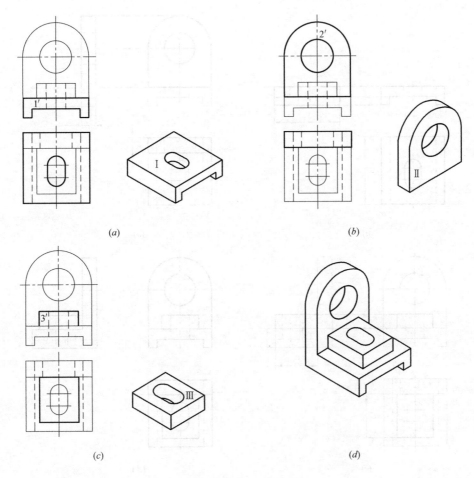

图 7.19 根据主视图、俯视图想象支架的形状

(a) 想象基本体Ⅰ；(b) 想象基本体Ⅱ；(c) 想象基本体Ⅲ；(d) 想象组合体整体形状

7.3.3 线面分析法读图

读形体比较复杂的组合体的视图时，在运用形体分析法的同时，对于不易读懂的部分，常常使用线面分析法来帮助想象和读懂视图。对于以切割为主的组合体，读图时也常常采用线面分析法。

线面分析法是利用线、面的投影特性，通过分析组合体表面的面、线的形状和相对位置得到组合体整体形状的方法。组合体上的面、线的投影规律，仍然符合第 3 章所述面、线的投影规律。现以图 7.21（a）所示的组合体三视图为例，说明运用线面分析法读组合体视图的方法与步骤。

（1）还原基本形体

由于该组合体的三个视图的外形轮廓均为长方形，主视图、左视图上有缺角，可以想象出该组合体是由图 7.21（d）所示长方体被切割掉若干部分所形成。

（2）分析切割过程

如图 7.21（b）所示，由主视图中的缺口入手，分析斜线 a' 的含义。根据投影关系可

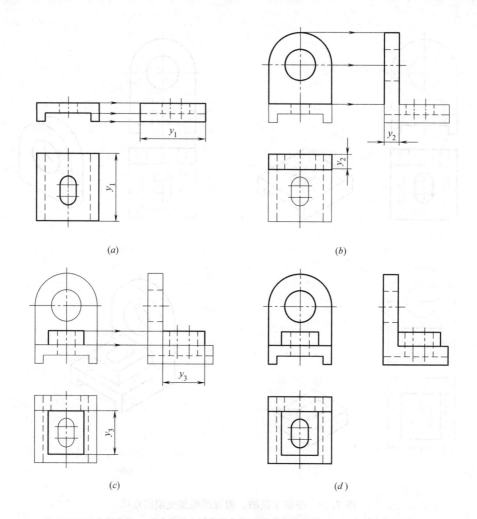

图 7.20　补画支架左视图的步骤

(a) 画出基本体Ⅰ；(b) 画出基本体Ⅱ；(c) 画出基本体Ⅲ；(d) 完成组合体的左视图

找到斜线 a' 对应在俯视图、左视图中的投影，为两个形状类似的线框。根据投影面垂直面的投影特性，可以判断出 A 面是一个正垂面，即该组合体是由长方体首先被一正垂面切割掉左上角，如图 7.21 (e) 所示。

　　如图 7.21 (c) 所示，由左视图中的缺口分析线段 b'' 和 c'' 的含义。根据投影关系可找到 b'' 对应在主视图中的投影为一水平线段，在俯视图中的投影为一矩形线框；c'' 对应在主视图中的投影为一梯形线框，在俯视图中的投影为一水平线段。根据投影面平行面的投影特性，可以判断出 B 面是一个水平面，C 面是一个正平面，即该组合体又由一个水平面和一个正平面切割掉前上角，如图 7.21 (f) 所示。

　　(3) 确定立体形状

　　通过上述线面分析，可以想象出该组合体是一个长方体，左侧被一个正垂面切割掉左上角，再由一个水平面和一个正平面共同切割掉前上角形成，如图 7.21 (g) 所示。

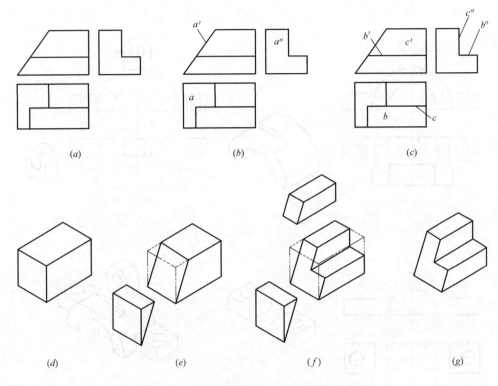

图 7.21 线面分析法读组合体视图的步骤

7.3.4 补视图和补图线

补画第三视图和补画已给视图中所缺的图线是培养读图、画图能力和检验是否读懂视图的一种有效手段。补图或补线时，首先需要根据已知的两个完整视图或三个不完整的视图，想象出立体的空间形状；然后，根据想象的立体形状补画出第三视图或视图上所缺图线，其基本方法是形体分析法和线面分析法。

1. 补视图

【例 7.2】 如图 7.22 所示，已知组合体的主视图、俯视图，补画左视图。

运用形体分析法，可将组合体分解为 3 个基本体，如图 7.21 所示。根据每个基本体在主、俯视图中的投影，可以想象该基本体的形状。对于局部难以想象的地方，尤其是切割形成的结构应采用线面分析法进行分析（如基本体Ⅰ上前方切割出的缺口）。接着，根据 3 个基本体的相对位置和连接关系，将它们进行组合，想象出整个组合体的形状，如图 7.23 所示。最后，由想象出的组合体的形状，按照形体分析法，画出其左视图。具体作图过程如图 7.24 所示。

2. 补图线

【例 7.3】 如图 7.25 所示，补画组合体三视图中所缺的图线。

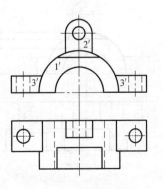

图 7.22 补画组合体的
左视图

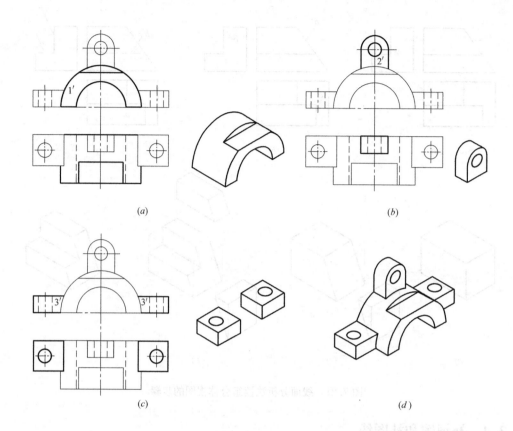

图 7.23　根据主视图、俯视图想象组合体的形状

(a) 想象基本体 I；(b) 想象基本体 II；(c) 想象基本体 III；

(d) 想象组合体整体形状

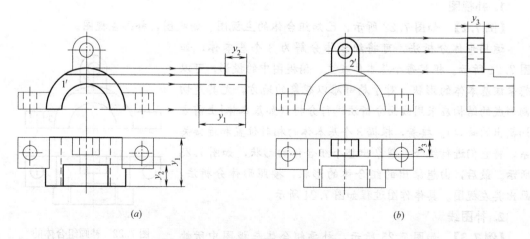

图 7.24　补画组合体左视图的步骤（一）

(a) 画出基本体 I；(b) 画出基本体 II

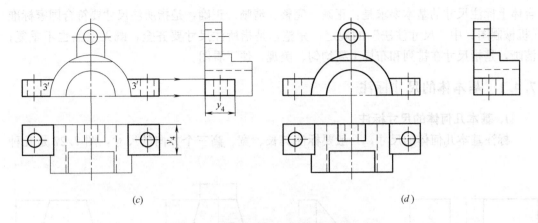

图 7.24　补画组合体左视图的步骤（二）

（c）画出基本体Ⅲ；（d）完成组合体的左视图

　　由已知三视图的三个外形轮廓，可分析知该组合体是由一个长方体被切割形成。利用线面分析法逐步分析组合体被切割形成的过程，想象出组合体的形状。再由想象出的组合体的形状，按照切割过程逐步画出三视图中所缺少的图线。

　　想象和作图过程如下：

　　（1）由图 7.25 中左视图上的圆弧可以想象出，长方体的前上角被切割掉 1/4 圆柱。由此，在主视图、俯视图上补画出因切角而产生的交线的投影，如图 7.26（a）所示。

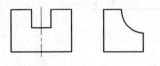

　　（2）由图 7.25 中主视图上的凹口可知，长方体上部中间挖了一个正垂的矩形槽。由此，在俯视图、左视图上补画出因开槽而产生的图线，如图 7.26（b）所示。

　　（3）按照想象出的组合体的形状对照校核补全图线的三视图，作图结果如图 7.26（c）所示。

图 7.25　补画三视图
中所缺图线

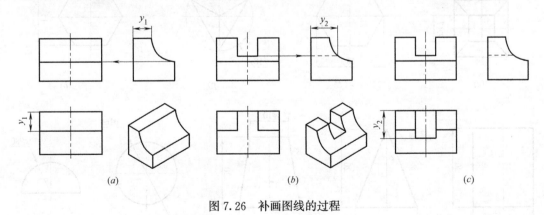

图 7.26　补画图线的过程

7.4　组合体的尺寸标注

　　组合体的视图只表达其结构形状，它的大小必须由视图上所标注的尺寸来确定。在组合体上标注尺寸的基本要求是：正确、完整、清晰。正确，是指所注尺寸要符合国家标准《机械制图》中"尺寸注法"的规定；完整，是指所注尺寸要齐全，既无遗漏也不重复；清晰，是指尺寸在排列和布局上要均匀、美观，便于看图。

7.4.1 基本体的尺寸标注

1. 基本几何体的尺寸标注

标注基本几何体的尺寸，一般要标注其长、宽、高三个方向的尺寸，图 7.27 是几种

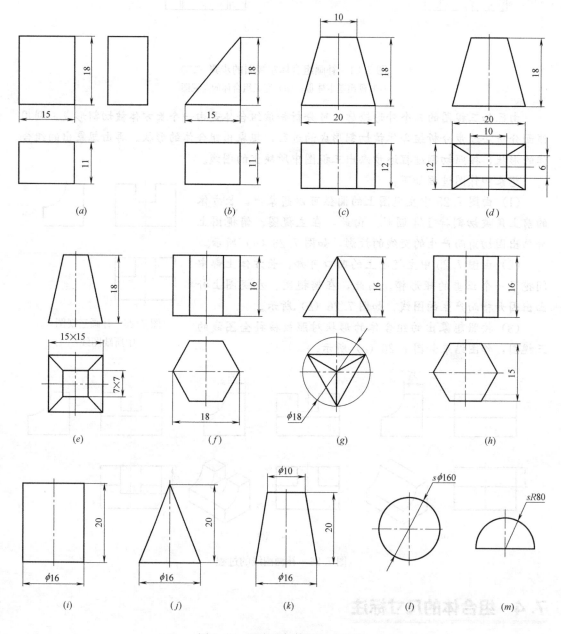

图 7.27 基本几何体的尺寸标注

常见基本几何体的尺寸标注示例。对于回转体来说，通常只要标注出径向尺寸（直径尺寸数字前需加注符号"ϕ"）和轴向尺寸。当完整地标注了回转体的尺寸后，一个视图即可确定其形状。

2. 截切体的尺寸标注

被截切的基本几何体，除了标注基本几何体的定形尺寸外，还应注出确定截平面位置的定位尺寸，如图 7.28 所示。注意不要在截交线上标注尺寸，因为当基本几何体的形状及其与截平面的相对位置确定后，截交线就随之确定了。

图中加上括号的尺寸为参考尺寸。

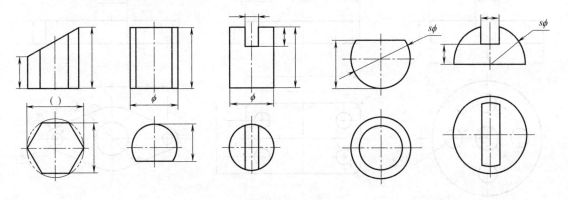

图 7.28　截切体的尺寸标注

3. 相贯体的尺寸标注

相贯体的尺寸，除了注出两相交基本几何体的定形尺寸外，还应注出确定它们之间相对位置的定位尺寸，如图 7.29 所示。注意不要在相贯线上标注尺寸，因为当基本几何体的形状及其相对位置确定后，相贯线也随之确定了。

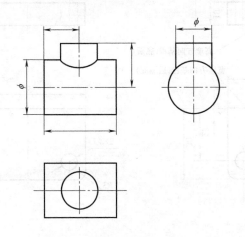

图 7.29　相贯体的尺寸标注

4. 常见形体的尺寸标注

常见形体的尺寸标注方法具有一定的形式和规律，如图 7.30 所示。

7.4.2 组合体的尺寸分析

1. 尺寸基准

尺寸基准是尺寸标注的起点。在标注组合体中各基本体的定位尺寸时，必须首先确定其长、宽、高三个方向的尺寸基准。通常选择组合体的对称平面、较大的端面、底面，以及主要回转体的轴线等作为尺寸基准。如图 7.31（a）所示，组合体长、宽、高三个方向的尺寸基准，分别选左右对称面、底板后端面和底板底面。

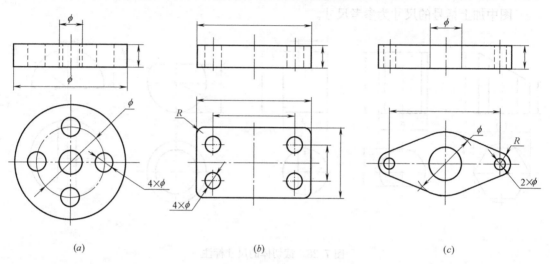

(a)　　　　(b)　　　　(c)

图 7.30　常见形体的尺寸标注

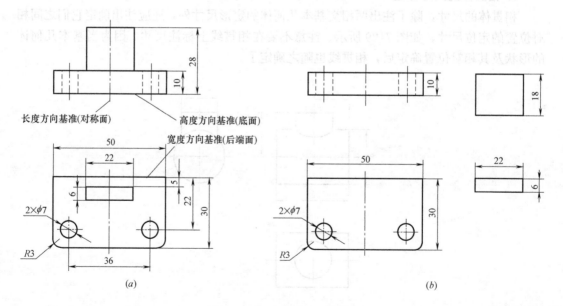

(a)　　　　(b)

图 7.31　组合体的尺寸分析

2. 尺寸种类

• **定形尺寸**　确定各基本体的形状和大小的尺寸。如图 7.31（b）所示，底板的定形尺寸为：50、30、10、2×ϕ7 和 R3；立板的定形尺寸为：22、6、18。

　　• 定位尺寸　确定各基本体之间相对位置的尺寸。注意在确定组合体中各基本体之间的定位尺寸前，应首先检查基本体本身的各细部结构之间是否还需要补充定位尺寸，如图 7.31（a）中底板上两个圆柱孔的定位尺寸：36 和 22。底板和立板之间的定位尺寸为：宽度方向的定位尺寸 5（因立板和底板有共同的左右对称面，长度方向可不必标出定位尺寸；立板的底面即底板的顶面，故高度方向也不必标出定位尺寸），如图 7.31（a）所示。

　　• 总体尺寸　组合体的总长、总宽和总高尺寸。如图 7.31（a）中的尺寸：50、30 和 28。注意标注总体尺寸后，组合体的某个方向可能会出现重复尺寸，此时应减去这个方向的一个定形尺寸。如图 7.31（a）中标注了总高尺寸 28 后，应同时去掉立板的高度尺寸 18。当组合体的一端为回转面时，总体尺寸一般不直接注出，如图 7.30（c）中的总长尺寸。

7.4.3　组合体尺寸标注的方法和步骤

　　为使组合体尺寸标注得完整，基本方法是形体分析法。即用形体分析法假想将组合体分解成若干个基本体，分别注出各基本体的定形尺寸及确定这些基本体之间相对位置的定位尺寸，最后根据组合体的结构特点注出其总体尺寸（总长、总宽、总高尺寸）。

　　以图 7.32 所示支架为例，说明组合体尺寸标注的方法和步骤。

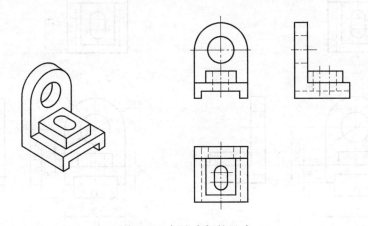

图 7.32　标注支架的尺寸

　　（1）形体分析，确定尺寸基准。

　　如图所示，支架可看成由 3 个基本体组成，即底板、立板和凸台。根据尺寸基准选择的一般方法，确定其长、宽、高三个方向的尺寸基准，分别为左右对称面、底板后端面和底板底面，如图 7.33（a）所示。

　　（2）逐个标注各基本体的尺寸。

　　各基本体的尺寸包括其定形尺寸和定位尺寸。

　　标注底板的尺寸，如图 7.33（b）所示。底板的定形尺寸有长 20、宽 21 和高 6，其底部的矩形通槽应按截切体的尺寸注法，标注出截面的定位尺寸 15 和 3。底板不需要标注定位尺寸。

　　标注立板的尺寸，如图 7.33（c）所示。由于立板的长度与底板长度相同，故不需标注，其宽度尺寸为 5，高度尺寸用其上圆柱面的尺寸 R10 和圆柱孔的定位尺寸 18 代替。立板上的圆柱孔需标出定形尺寸 ϕ10。立板的定位尺寸为尺寸 18。

标注凸台的尺寸，如图 7.33（d）所示。凸台的定形尺寸有长 12、宽 14 和高 4，及其上长圆形孔的定形尺寸 R3 和 4。定位尺寸为尺寸 10。

（3）标注总体尺寸，检查全部尺寸。

支架的总长和总宽尺寸，即底板的长度和宽度尺寸 20、21；其总高尺寸用尺寸 R5 和 18 代替。

最后，对已标注的所有尺寸，按照正确、完整、清晰的要求检查、修正，完成尺寸标注。

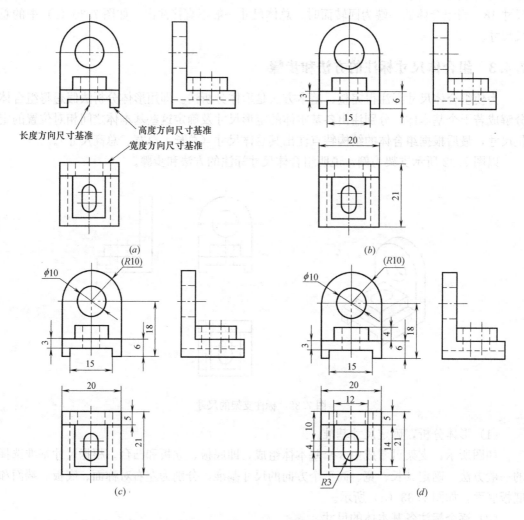

图 7.33　支架尺寸的标注步骤
（a）确定尺寸基准；（b）标注底板尺寸；（c）标注立板尺寸；（d）标注凸台尺寸

7.4.4　组合体尺寸标注的注意事项

为使标注的尺寸清晰，应注意以下事项：

（1）尺寸应尽量标注在反映形体特征最明显的视图上，并避免在虚线上标注尺寸。

（2）同一立体的尺寸，应尽量集中标注，便于读图时查找。

（3）对称的尺寸，一般应按对称要求标注。

（4）平行并列的尺寸，应使小尺寸在内、大尺寸在外，避免尺寸线和尺寸界线相交。

（5）圆的直径尺寸一般标注在投影为非圆的视图上，圆弧的半径尺寸则应标注在投影为圆的视图上。

（6）尺寸尽量标注在视图外部，配置在两个视图之间。

思考题

简答题

1. 组合体有哪几种组合形式？

2. 组合体上相邻表面的连接关系有哪些？在视图上的画法有何区别？

3. 画组合体视图的基本方法是什么？

4. 读组合体视图时，何时该用线面分析法？

5. 标注组合体的尺寸时要注出哪几类尺寸？应按什么步骤进行标注？

第8章

组合体的构型设计

【知识目标】

1. 明确组合体构型设计的原则；
2. 初步掌握组合体构型设计的方法；
3. 熟悉组合体构型设计的训练形式。

【技能目标】

能根据给定的视图等条件进行简单组合体的构型设计。

1. 由一个视图能够确定立体的形状吗？
2. 两个视图能够唯一确定立体的形状吗？
3. 三个视图一定能够唯一确定立体的形状吗？

根据已知条件构思组合体的形状并表达成图的过程，称为组合体的构型设计。

组合体的构型设计是工程产品设计的基础。其与工程设计的区别在于，工程设计除包含构型设计外，还需考虑其他众多的设计要素，如功能、材料、结构、经济等，使其成为完整、合理、科学的设计活动。

在掌握组合体画图与读图的基础上，进行组合体构型设计的训练，可以把空间想象、形体构思和视图表达三者结合起来，不仅能促进画图、读图能力的提高，还能进一步提高空间想象能力和形体设计能力，发挥构思者的创造性，为今后的工程设计及创新打下基础。

本章主要介绍组合体构型设计的原则，组合体构型设计的方法，以及组合体构型设计的训练等。

8.1 组合体构型设计的原则

1. 以几何构型为主

组合体构型设计的目的，主要是培养利用基本几何体构成组合体的方法及视图的画法。一方面，要求所设计的组合体应尽可能体现工程产品或零部件的结构形状和功能，以培养观察、分析及综合能力；另一方面又不强调必须工程化，所设计的组合体允许完全凭自己的想象，以更有利于开拓思维，培养创造力和想象力。

实践中应多观察实物或轴测图，增加组合体表象的储备，如一些常见的基本体（圆柱、圆锥、棱柱、棱锥等）和简单体（U 形板、V 形板、菱形板、各类底板等）的实物形状以及它们的特征视图，如图 8.1 所示。

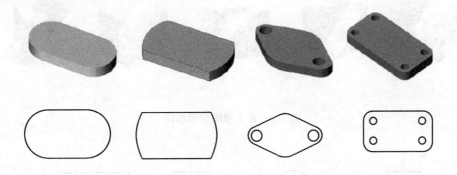

图 8.1 典型基本体的特征视图及三维模型

2. 把握形体的基本形成规则

掌握形体分析法、线面分析法以及形体、组合方式的联想方法。如组合体各组成形体形状（平曲、凹凸、正斜、虚实、相对位置等）的任一因素发生变化，就将引起构型的变化，这些变化的组合就是千变万化的构型结果。

如图 8.2 (a) 所示，根据主视图的外形轮廓，假定组合体的原形是一块长方板，板的前面有 3 个彼此不同的可见表面（主视图上是三个封闭线框）。这 3 个表面的凹凸、正斜、平曲，可构成多种不同形状的组合体。分析中间的线框，通过凹与凸、正与斜、平与曲的联想，可构思出如图 8.2 (b) 所示的组合体；用同样的方法对两侧的两个线框进行分析、联想、对比，可以构思出更多不同形状的组合体，如图 8.2 (c) 所示；如果用同样的方法，对组合体的正面、背面也进行正斜、平曲的联想，构思出的组合体将会更多，如图 8.2 (d) 所示。

3. 构型应能构成实体并便于成型

构型设计是产品设计的基础训练过程，所以设计出的形体应满足产品的现实实用性特征。

(1) 两个形体组合时，不能出现点连接的情况，如图 8.3 (a)、(b) 所示。线连接的情况如图 8.3 (c)、(d) 所示，以及面连接的情况，如图 8.3 (e) 所示。因为点、线、面无法将两个形体连接成为一个实体。

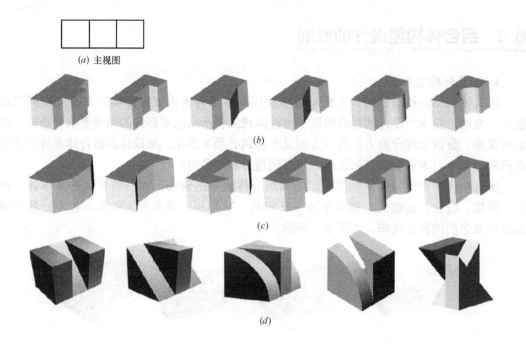

(a) 主视图

(b)

(c)

(d)

图 8.2 由主视图构想形体

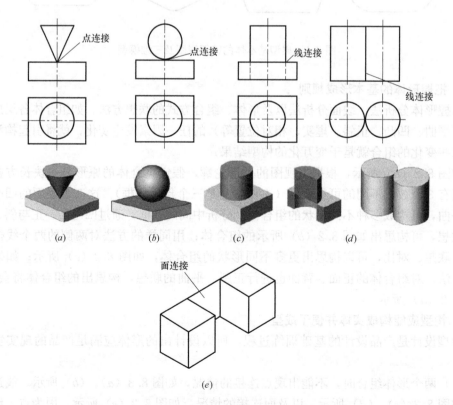

图 8.3 点、线、面连接的非实体立体

(a) 点连接；(b) 点连接；(c) 线连接；(d) 线连接；(e) 面连接

（2）构型应简洁、和谐、美观，一般使用平面立体和回转体来构型。无特殊需要时，尽量不要采用不规则曲面造型，以便于绘图、读图及制造。

（3）封闭的内腔不便于成形，一般不要使用。如图 8.4 所示。

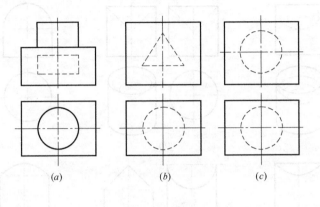

图 8.4　空腔形体

4. 体现造型艺术法则

造型中统一与均衡、对比与调和、比例与尺度、韵律与节奏、重复与变化、性格与风格、色彩与色调等美学艺术法则，应体现在构型设计中。对称的形态在视觉上有自然、安定、均匀、协调、整齐、典雅、庄重、完美的朴素美感，符合人们的视觉习惯。机械产品中，对称的结构可以给人稳定与平衡的感觉。非对称形体应注意形体分布，以获得力学和视觉上的稳定与平衡。通过均衡，使形态各部分之间在距离长短、分量轻重、体量大小上都不完全相同，产品形态的局部变化给人以视觉上的平衡感；通过节奏和韵律，则表现产品形态的连续交错和有规律的排列组合特点。

8.2　组合体构型设计的方法

1. 叠加式设计

给定几个基本体，通过相异的叠加而构成不同的组合体，称为叠加式设计。图 8.5 所示为给定俯视图，通过不同基本体及不同叠加方式而构思出的不同的组合体。

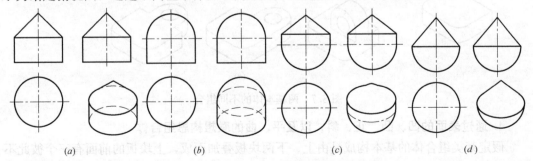

图 8.5　叠加式设计

（a）圆柱、圆锥；（b）圆柱、球；（c）球、圆柱、圆锥；（d）球、圆锥

2. 切割式设计

给定一基本体，经不同的切割或穿孔而构成不同组合体的方法，称为切割式设计。图 8.6 所示为一圆柱体经不同的切割而形成的组合体。

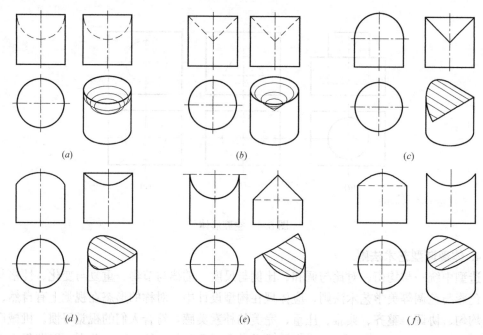

图 8.6　切割式设计

3. 组合式设计

给定若干基本体经过叠加、切割（包括穿孔）等方法而构成组合体，称为组合式设计。图 8.7 所示为给定两个基本体［图 8.7（a）］，经过不同的组合式设计而构成七个不同的组合体［图 8.7（b）］。

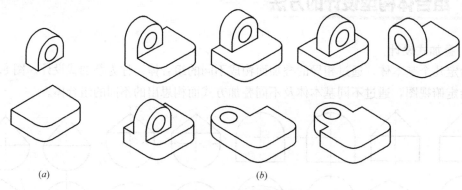

图 8.7　两基本体的不同组合

4. 通过表面的凹、凸、正、斜，以及平、曲的联想构思组合体

假定某类组合体的基本构成是由上、下两块板叠加而成，上块板的前面有三个彼此不同的可见表面。则这三个表面的凹凸、正斜、平曲，可构成多种不同形状的组合体，其中的部分组合体如图 8.8 所示。

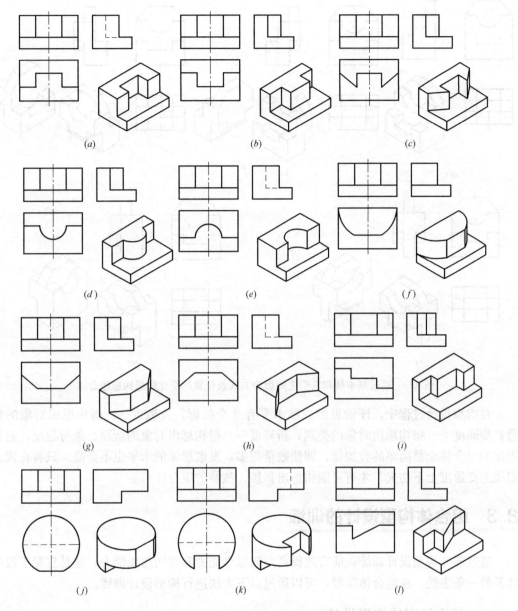

图 8.8　通过表面的凹凸、正斜、平曲的联想构思组合体

5. 通过基本体和它们之间组合方式及位置与数量的变化联想构思组合体

图 8.9 所示为给定主视图和俯视图，通过基本体和它们之间组合方式及相对位置的变化，联想构思出不同组合体的示例。

从根本上来说，构型设计可归结为创造一个占有三维空间的立体，即用一个新颖的恰当的形体去描述一定的构思意图。所谓构型，实际上是把单一形体进行组合产生新的整体形象。研究构型就须寻求其构成的规律和方法，以及形体之间应以何种方式和关系来构成形体。因此，设计者将如何适宜、创造性地将多个单一形体，按一定的形体构成关系组合起来，构成形状独特且美观的形体，是构型的核心。

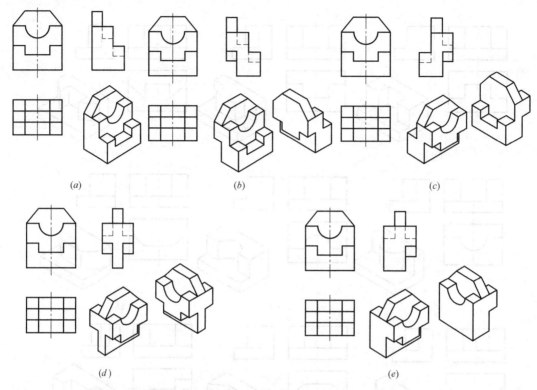

图 8.9　通过基本体和它们之间组合方式及位置的变化联想构思组合体

在构型设计过程中，评价思维发散水平有 3 个指标：发散度——指构思出对象的数量；变通度——指构思出对象的类别；新异度——指构思出对象的新颖、独特程度。若构思出的组合体全是简单的叠加体，即使数量很多，发散思维的水平也不会高。只有在提高思维的变通度上下功夫，才有可能构想出新颖、独特的组合体来。

8.3　组合体构型设计的训练

通过形体构型设计训练，能有效提高空间思维能力和空间想象能力，这是贯穿于教学体系的一条主线。在组合体阶段，可以通过以下方法进行构型设计训练。

8.3.1　基于视图的构型设计

即根据给定的视图，构思出与其符合投影关系的不同结构的组合体。由不充分的条件构思出多种组合体是思维发散的结果。要提高发散思维能力，不仅要熟悉有关组合体方面的各种知识，还要自觉运用联想的方法。依据视图数量的不同，基于视图的构型设计又可分为三种情况。

1. 基于单一视图的构型设计

例如，图 8.10 所示为根据给出的俯视图，构思不同组合体的示例。注意到俯视图的图形特点是两个同心圆，属于 7.3.1 节中所述的"线框相套"视图特征，故而可以利用内线框相对于外线框"凸、通、凹"构型规律的思路去构思形体。图 8.5、图 8.6 及图 8.8

亦属于此类构型设计。

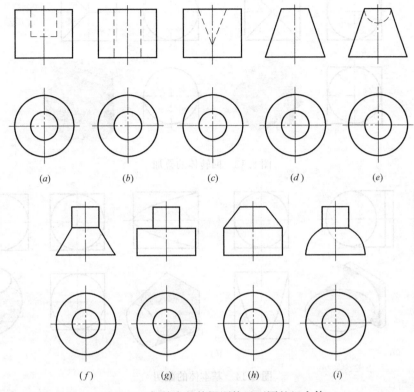

图 8.10　据给定的俯视图构思不同的组合体

又如图 8.11 所示，要求根据所给的主视图，构思不同形状的组合体，并画出其俯视图和左视图。

可通过基本体和它们之间组合方式的联想，构思出不同组合体。具体可以是：

（1）作为两基本体的简单叠加或挖切构思组合体，如图 8.12 所示。

图 8.11　主视图

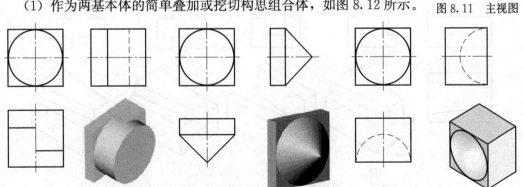

图 8.12　基本体的叠加或切割

（2）作为两个回转体叠加（侧表面相交）构思组合体，如图 8.13 所示。

（3）作为基本体的截切构思组合体，如图 8.14 所示。

满足所给主视图要求的组合体远不止以上这些，读者还可仿此自行联想，构思出更多

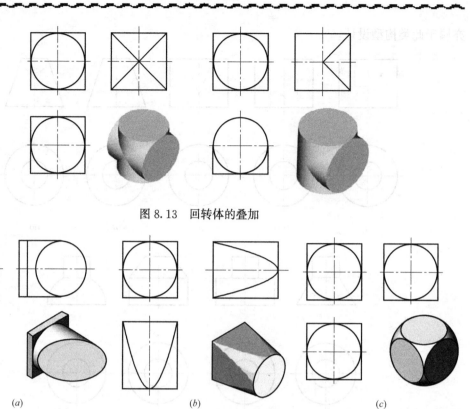

图 8.13　回转体的叠加

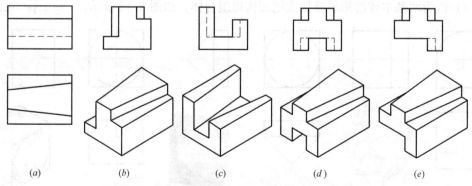

(a)　　　　　　　　　　　(b)　　　　　　　　　　　(c)

图 8.14　基本体的截切

的组合体。

理论上来说，由单一视图可构思出的立体有无穷多。

2. 基于两个视图的构型设计

图 8.15 所示为根据给定的主视图和俯视图，构思出不同组合体的示例。图 8.5 亦为此类构型设计的实例。

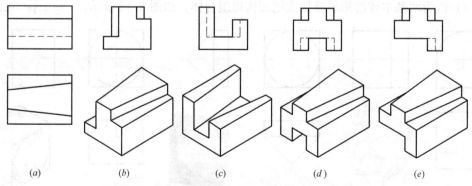

(a)　　　　　(b)　　　　　(c)　　　　　(d)　　　　　(e)

图 8.15　据给定主视图、俯视图构思不同的组合体

3. 基于三个视图的构型设计

图 8.16 所示为根据给定的主视图、俯视图和左视图，构思出不同组合体的示例。

由不充分的条件构思出多种组合体，是思维发散的结果。要提高发散思维能力，不仅要熟悉有关组合体方面的各种知识，还要自觉运用联想的方法。

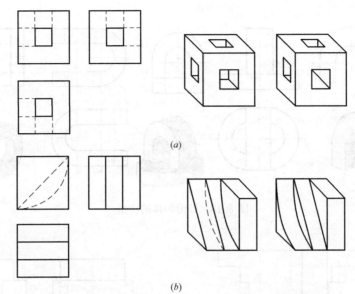

(a)

(b)

图 8.16　据给定的主视图、俯视图、左视图构思不同的组合体

8.3.2　基于形体外形轮廓的构型设计

通过给定形体的外形轮廓进行构型设计。图 8.17 所示，系根据给出的三视图的外形轮廓［图 8-17（*a*）］所进行的构型设计［图 8-17（*b*）、（*c*）］。

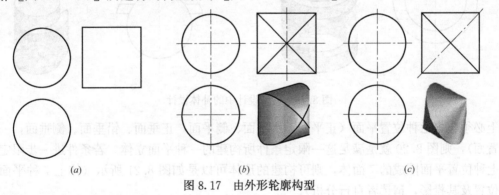

(a)　　　　　　　　*(b)*　　　　　　　*(c)*

图 8.17　由外形轮廓构型

8.3.3　基于基本形体组合的构型设计

通过给定的几个形状、大小相同的基本形体进行构型设计。如图 8.18 所示，用给定的 4 个形状相同的 U 形形体，采用叠砌、相贯等形式构造出组合体。

8.3.4　构造补体的构型设计

通过求某一已知组合体的补体，进行构型设计。如图 8.19 所示，根据给出的已知形体，设计出另一形体，使其与已知形体组合成完整的圆柱体。

8.3.5　基于几何或拓扑约束的构型设计

根据语言描述的几何或拓扑约束要求，进行构型设计。例如，要求构建一平面立体，

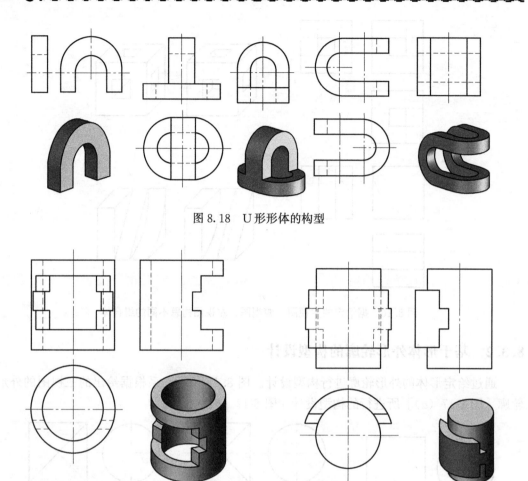

图 8.18　U 形形体的构型

图 8.19　构型设计中的补体设计

其上必须包含七种位置平面（正平面、水平面、侧平面，正垂面、铅垂面、侧垂面，一般位置面），则图 8.20 就是满足这一限定条件所构建的一种平面立体。若条件进一步限定为由七种位置平面围成的 7 面体，则可构建的形体可以是如图 8.21 所示（体上 7 种平面所处位置及其投影，请读者自行分析）。

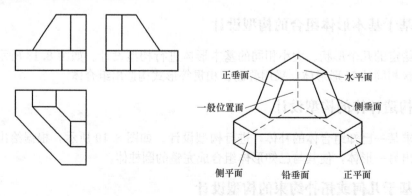

图 8.20　包含七种位置平面的平面立体

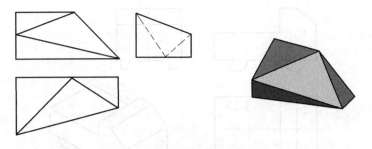

图 8.21　由七种位置平面所围七面体的一种构型设计

8.3.6　等体积变换构型设计

给定一个基本形体（如平面立体中的长方体或曲面立体中的圆柱），要求经过平面或曲面的切割分解后，不丢弃任何一部分，根据构型的基本要求，再重新构型出一个组合形体的方法，称为等体积变换法。图 8.22 所示为基于一长方体的等体积变换构型设计。

图 8.22　长方体的等体积变换构型设计

8.3.7　基于日常用品的构型设计

一些简单的日常用品也可作为构型设计的素材。如图 8.23 所示的类汽车、手电筒的设计，就是分别模拟其外形构思而成的组合体。

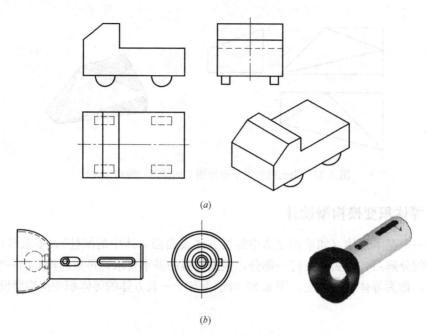

(a)

(b)

图 8.23 模仿日常用品的构型设计

(a) 类汽车形体；(b) 类手电筒形体

构型题

1. 据图 8.24 所示主视图、俯视图构思 3 种平面立体，并画出其对应的左视图。请估计一下，其所能构思平面立体的数量是个位数、两位数，还是三位数？

2. 据图 8.25 所给三个视图的外形轮廓构思两种立体，并分别画出其对应的三视图。

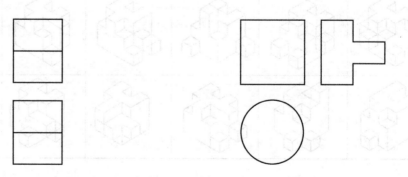

图 8.24 基于两个视图的构型设计　　　图 8.25 基于三个视图外轮廓的构型设计

第9章

机件常用表达方法

【知识目标】

1. 熟悉基本视图的形成、名称和配置关系以及向视图、局部视图和斜视图的画法与标注；

2. 理解剖视的概念，掌握画剖视图的方法与标注，掌握与基本投影面平行的单一剖切面的全剖视图、半剖视图和局部剖视图的画法与标注；

3. 能识读断面图的画法与标注；

4. 能识读局部放大图和常用图形的简化画法。

【技能目标】

能根据模型或视图绘制机件的剖视图，能识读较简单机件的剖视图等表达方法。

章前思考

1. 根据图9.1（a）所示三视图，你能否准确判断出正立方体上挖切掉的是7个角还是8个角？为什么？

2. 图9.1（b）所示压紧杆上左侧斜杆的端部是什么形状？图示三视图是否已将这一形状准确地表达出来？你觉得这样的三视图方便绘图吗？

3. 你认为图9.1（c）所示三视图表达零件的内、外形状是否清晰？绘图是否方便？

在生产实际中，机件的结构形状多种多样，其复杂程度也不尽相同，仅采用前面介绍的三视图往往不能准确、完整、清晰地表达其内外形状。因此，国家标准《技术制图》和《机械制图》规定了机件的各种表达方法。在绘制机件图样时，应首先考虑看图方便，再根据机件的结构特点，选用适当的表达方法。

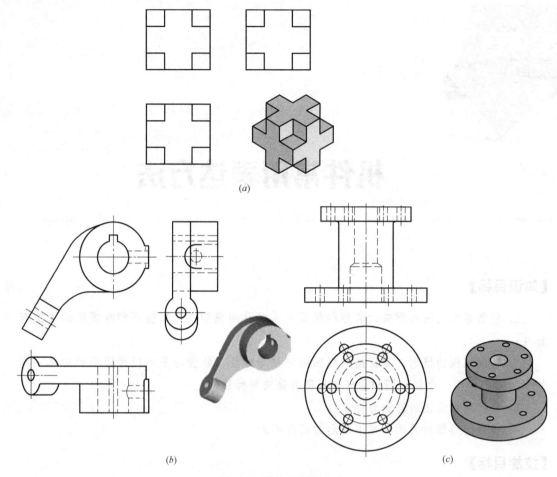

图 9.1　零件的视图表达

9.1　视图

视图是采用正投影方法所绘制的机件的图形，主要用于表达机件的外部形状。所以，在视图中一般只画出机件的可见部分，必要时才用虚线表达其不可见部分。视图有基本视图、向视图、局部视图和斜视图四种。

9.1.1　基本视图

1. 基本视图的形成与展开

机件向基本投影面投射所得的视图，称为基本视图。

在原有三个投影面的基础上，再对应增设三个投影面，成一个正六面体，如图 9.2 (a) 所示。六面体的六个面，称为基本投影面。将机件置于正六面体内，分别向基本投影面投射，所得视图称为基本视图，如图 9.2 (a) 所示。

不难发现，基本视图共有六个，除前述主视图、俯视图、左视图外，还有：

· 右视图——由右向左投射所得的视图；

- 仰视图——由下向上投射所得的视图；
- 后视图——由后向前投射所得的视图。

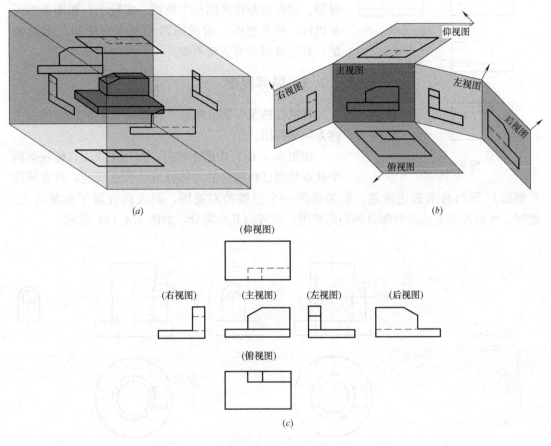

图 9.2　基本视图
(a) 形成；(b) 展开；(c) 配置

六个基本投影面展开时，规定正立投影面保持不动，其余各投影面按图 9.2（b）所示的箭头方向旋转展开，使其与正立投影面处于同一个平面。

2. 基本视图的配置关系

投影面展开后，六个基本视图的配置如图 9.2（c）所示。此时，一律不标注视图的名称。

六个基本视图间仍保持"长对正、高平齐、宽相等"的投影关系。

9.1.2　向视图

为了合理利用图纸，基本视图可不按规定位置配置。可以自由配置的基本视图，称为向视图。

为了便于读图，要对向视图进行标注。具体方法为：在向视图的上方用大写拉丁字母标出视图的名称；在相应视图的附近用箭头指明投射方向，并标注相同的字母，如图 9.3所示。

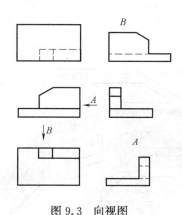

图 9.3 向视图

实际应用时，不必六个视图都画出，在明确表达机件形状的前提下，视图数量越少越好。一般优先考虑主视图、俯视图和左视图三个视图。实际上，如图 9.2 所示机件，用主视图、俯视图两个基本视图即可表达清楚，其他视图均可省略不画。

9.1.3 局部视图

将机件的某一部分向基本投影面投射，所得的视图称为局部视图。

如图 9.4（a）中所示机件，采用主视图、俯视图两个基本视图已将机件的大部分形状表达清楚，只有圆筒左侧的 U 形凸台未表达清楚。如果再用一个完整的左视图，则大部分属于重复表达。此时，可只画出表达凸台部分的局部视图，而省略其余部分，如图 9.4（b）所示。

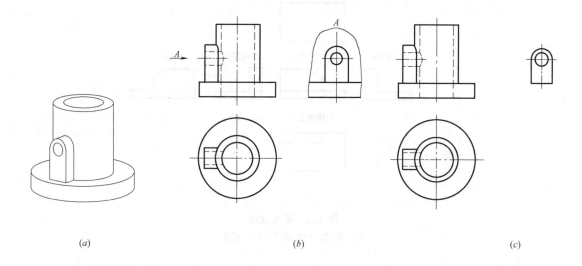

(a)　　　　　　　　　　　　　(b)　　　　　　　　　　　　　(c)

图 9.4 局部视图

画局部视图时应注意：

• 局部视图的断裂边界用波浪线表示，如图 9.4（b）所示。波浪线相当于机件的断裂线，因此只能画在机件的实体部分，不应超出机件的轮廓线或通过孔、槽等空心结构；为使图形清晰，波浪线也不应与轮廓线重合。

当所表示的局部结构完整且图形的外轮廓线封闭时，波浪线可省略不画。如图 9.4（c）所示。

• 局部视图的标注方法与向视图相同，如图 9.4（b）所示。当局部视图按照投影关系配置且中间又无其他图形隔开时，标注可以省略，如图 9.4（c）所示。

• 对称机件的视图，可只画一半或四分之一，并在对称中心线的两端画两条与其垂直的平行细实线，如图 9.5 所示。

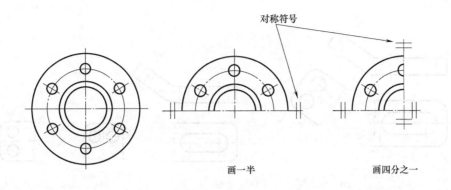

图 9.5 对称时的局部视图

9.1.4 斜视图

将机件向不平行于任何基本投影面的平面投射，所得的视图称为斜视图。

如图 9.6 所示机件具有倾斜结构，所以在基本视图中不能反映该结构的真实形状，给画图及读图带来不便。为了清楚表达机件上的倾斜结构，增设一个平行于倾斜结构的新投影面。将倾斜结构向新投影面投射，可得到反映其实形的视图，即斜视图。

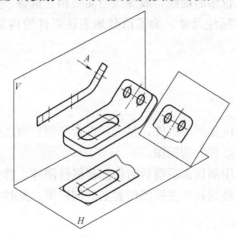

图 9.6 斜视图的形成

画斜视图时应注意：

• 斜视图主要为表达机件上的倾斜结构，因此画出倾斜结构的真形后，就可以用波浪线将其与机件的其他部分断开，如图 9.7（a）所示。

• 斜视图必须标注，标注方法与向视图的标注方法相同，其字母一律水平书写，如图 9.7（a）所示。

• 斜视图一般按照投影关系配置，如图 9.7（a）所示；也可平移到其他位置。必要时，允许将斜视图旋转配置，即将其主要中心线或主要轮廓线旋转至水平或垂直位置，如图 9.7（b）所示。此时，必须标注旋转符号，旋转符号为半径等于字体高度的半圆形，表示斜视图的字母应靠近箭头一端。

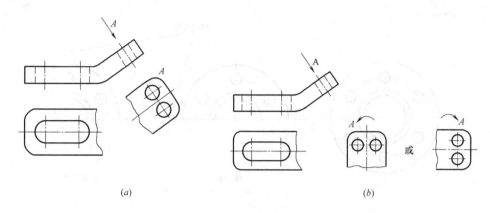

图 9.7 斜视图的画法与标注
(a) 按投影关系配置；(b) 旋转配置

9.2 剖视图

用视图表达机件时，机件的内部结构不可见，需要用虚线表示。如果机件的内部形状比较复杂，视图上会出现较多的虚线，或虚线与实线相互重叠、交叉等现象，这样既不便于看图，也不便于画图和标注尺寸。为了清楚地表达机件的内部结构，常采用剖视图的画法。

9.2.1 剖视图的概念

1. 剖视图的形成

假想用剖切面在适当位置剖开机件，移去观察者和剖切面之间的部分，将剩余部分向投影面投射，所得到的图形称为剖视图。

如图 9.8 所示，假想用剖切面沿前后对称面将机件剖开，移去前半部分，将剩余部分向正立投影面投射，即可得到处于主视图位置上的剖视图。此时，原主视图中表达内部孔的虚线变为实线。

2. 剖面符号

剖切面与机件的接触部分，要画出与材料相应的剖面符号。材料不同，剖面符号的画法也不同。

国家标准中规定了不同材料的剖面符号，如表 9.1 所示。常用的是金属材料的剖面符号（又称剖面线），如图 9.8 (c) 所示。剖面线用与水平方向成 45° 的细实线画出，间隔应均匀，向右或向左倾斜均可。同一机件，剖面线的倾斜方向和间隔应一致。

3. 剖视图的配置

剖视图一般按基本视图的配置形式配置，如图 9.8 (c) 所示，也可配置在有利于图面布局的其他位置。

4. 剖视图的标注

为了便于读图，剖视图一般应进行标注。剖视图的完整标注包括三部分（如图 9.9 所示）：

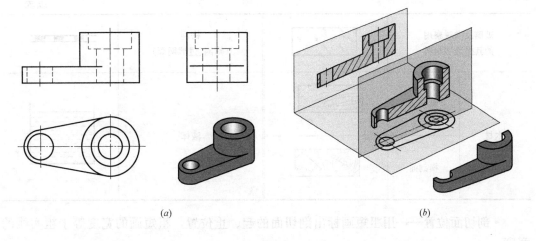

(a) 　　　　　　　　　　　　　　　　(b)

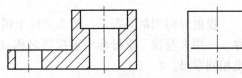

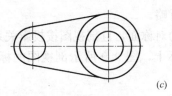

(c)

图 9.8　剖视图的形成

材料的剖面符号　　　　　　　　　　　　　表 9.1

金属材料 （已有规定剖面符号者除外）		胶合板 （不分层数）	
绕圈绕组元件		基础周围的混凝土	
转子、电枢、变压器和 电抗器等的迭钢片		混凝土	
非金属材料 （已有规定剖面符号者除外）		钢筋混凝土	
型砂、填砂、粉末冶 金、砂轮、陶瓷刀片、 硬质合金刀片等		砖	

续表

玻璃及供观察用的其他透明材料			格网 （筛网、过滤网等）	
木材	纵剖面		液体	
	横剖面			

• 剖切面位置——用粗短画标出剖切面的起、止位置，粗短画的宽度等于粗实线的宽度；

• 投射方向——投射方向用箭头表示，箭头应位于粗短画的外侧，与粗短画垂直；

• 剖视图名称——用大写拉丁字母标出剖视图名称（例如"A—A"），并在剖切位置的起、止处，标出相同字母。

在下列情况下，剖视图的标注可以简化或省略：

• 当剖视图按投影关系配置，中间没有别的图形隔开时，可以省略箭头，如图 9.9 所示剖视图，标注的箭头可以省略；

• 当剖切平面通过机件的对称面，且剖视图按投影关系配置，中间没有别的图形隔开时，标注可以全部省略。实际上，图 9.9 所示剖视图的标注就可以全部省略，结果如图 9.8（c）所示。

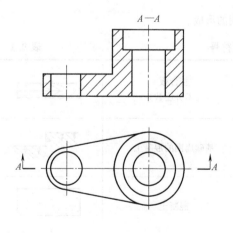

图 9.9　剖视图的标注

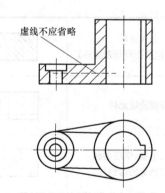

图 9.10　剖视图中虚线的省略

5. 画剖视图的注意事项

• 剖切是一种假想，并非真的将机件切去一部分，因此，其他未取剖视的视图仍应完整画出。

• 剖视图及其他视图中已经表达清楚的结构，其虚线省略不画；但当结构形状没有表达清楚时，允许在剖视图和其他视图上画出少量必要的虚线。

如图 9.8 中就省略了全部的虚线；而图 9.10 中的虚线则不能省略。在其他视图上，虚线的省略也按同样的原则处理。

·剖切面后面的可见轮廓线要全部画出。

如图 9.11 所示，剖切面之后，阶梯孔台阶面的投影、孔壁交线及机件外部的凸台等可见结构的投影应在剖视图中画出。

·国家标准规定，肋板纵向剖切时不画剖面符号，用粗实线将它和邻接部分分开，如图 9.12 所示。

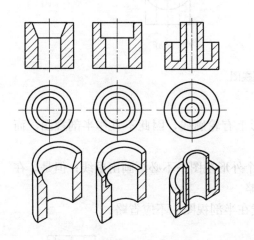

图 9.11　剖切面后的可见结构

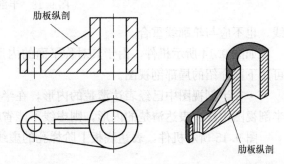

图 9.12　肋板剖切时的规定画法

9.2.2　剖视图的种类

按剖切范围的大小，剖视图分为：全剖视图、半剖视图和局部剖视图。

1. 全剖视图

用剖切面完全剖开机件所得的剖视图，称为全剖视图。如前述剖视图实际上均系全剖视图。全剖视图主要应用于机件的外形比较简单或已经表达清楚，而内形需要表达的场合。

2. 半剖视图

当机件具有对称平面时，在垂直于对称平面的投影面上投射所得的图形，以对称中心线为界，一半画成视图以表达外形，另一半画成剖视图以表达内部结构，这种剖视图称为半剖视图。

图 9.13（a）所示机件，主视图如果采用全剖视图，则凸台及其上圆孔的形状和位置就不能清楚表达。此时，可根据机件左右对称的结构特点，将主视图画成半剖视图，如图 9.13（b）所示。这样，既表达了内部通孔的结构，又表达了外部凸台和圆孔的形状。

半剖视图适用于内、外形状同时需要表达的对称机件。

画半剖视图时应注意：

·只有对称（或基本对称）的机件，才可以采用半剖视图。

·半剖视图中，半个外形视图和半个剖视图的分界线必须为点画线，不能为其他图

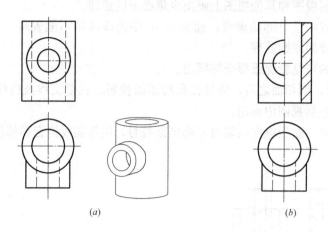

图 9.13　半剖视图

线，也不应与轮廓线重合。

　　如图 9.14 所示机件，由于其对称平面的内形上有轮廓线，因此不宜作半剖视图，而可用下面介绍的局部剖视图。

　　•在半剖视图中已经表达清楚的内形，在半个外形视图中不必再画出虚线；但是，在半剖视图中没有表达清楚的内形，则虚线不能省略。

　　图 9.15 所示机件，表达底板上阶梯孔的虚线在半剖视图中不应省略。

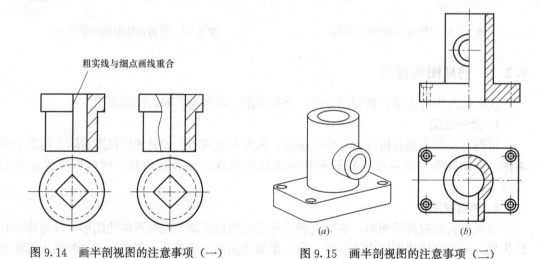

粗实线与细点画线重合

图 9.14　画半剖视图的注意事项（一）　　　　图 9.15　画半剖视图的注意事项（二）

　　•半剖视图的标注方法及省略条件均和全剖视图相同。

3. 局部剖视图

　　用剖切面局部地剖开机件并用波浪线等表示剖切范围，所得的剖视图称为局部剖视图。如图 9.15 所示机件，底板上的阶梯孔可以采用局部剖视图来表达，如图 9.16 (a) 所示。局部剖视图适用于不宜采用全剖视图及半剖视图表达的机件。如图 9.16 (b) 所示机件左、右不对称，不能采用半剖视图，而可采用局部剖视图表达。如图 9.16 (c) 所示的三个机件虽左、右对称但均不能采用半剖视图，而可采用局部剖视图表达。图 9.16

(*d*) 所示机件内、外形已基本表达清楚，只有局部的孔、槽等结构需要表达，也适合采用局部剖视图。

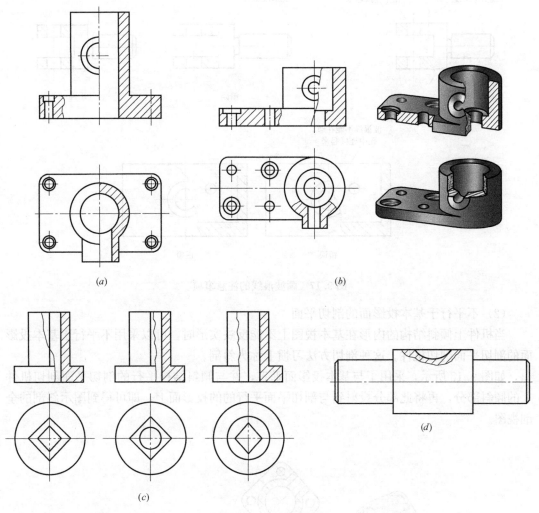

图 9.16　局部剖视图

在局部剖视图中，画波浪线的注意事项如图 9.17 所示。

局部剖视图的标注和全剖视图相同，但由于局部剖视图的剖切位置明显，一般不需要标注。

9.2.3　剖切面的种类

根据机件结构的特点和表达需要，可选用不同数量和位置的剖切面来剖切机件，国家标准规定了三种剖切平面：单一剖切平面、几个平行的剖切平面和几个相交的剖切平面。

1. 单一剖切平面

（1）平行于基本投影面的剖切平面

前面介绍的全剖视图、半剖视图及局部剖视图，都是用平行于某一基本投影面的剖切平面剖开机件后得到的剖视图，这是最常用的剖切方法。

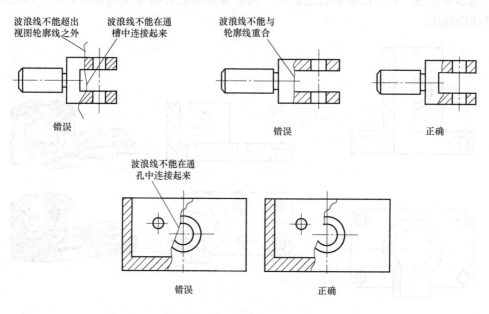

图 9.17   画波浪线的注意事项

（2）不平行于基本投影面的剖切平面

当机件上倾斜结构的内形在基本视图上不能反映实形时，可以采用不平行于基本投影面的剖切平面剖切机件。这种剖切方法习惯上称为斜剖。

如图 9.18 所示，采用了与基本投影面垂直，并与倾斜结构平行的剖切平面剖切机件上的倾斜部分，再将此部分投射到与剖切平面平行的的投影面上，即可得到图示斜剖的全剖视图。

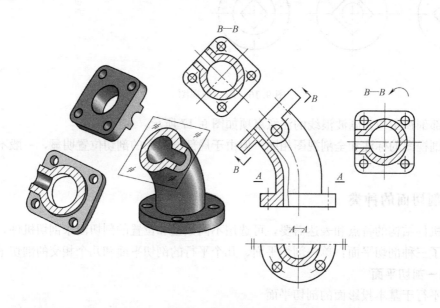

图 9.18   不平行于基本投影面的剖切平面剖切

采用斜剖视图时应注意：

• 剖视图最好按投影关系配置，如图 9.18 上部的剖视图 B—B。必要时，可平移配置；在不致引起误解的情况下，也可旋转配置，如图 9.18 右部的剖视图 B—B。

• 斜剖视图必须标注，标注方法如图 9.18 所示。

2. 几个平行的剖切平面

如图 9.19 所示，采用单一剖切平面剖切机件，不能同时表达出机件上三个不同形状孔的内形。此时，可采用几个相互平行的剖切平面剖切机件。这种剖切方法，习惯上称为阶梯剖。

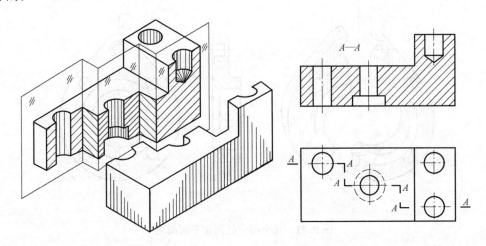

图 9.19 几个相互平行的剖切平面剖切时的注意事项

采用这种剖切方式时，不应在剖视图中画出剖切平面转折处的分界线；避免剖切平面的转折处与轮廓线重合；并避免在剖视图中出现不完整的结构要素，如图 9.20 所示。

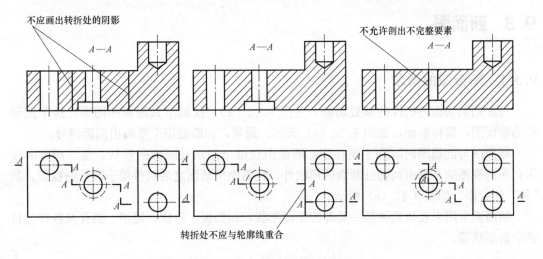

图 9.20 几个平行的剖切平面剖切

采用几个平行剖切平面剖切时必须标注。即在剖切平面的起、止及转折处，用粗短画表示剖切面的位置，并标注相同的拉丁字母；在起、止符号的外侧画出箭头，表明投射方向；在相应的剖视图上用相应字母标出剖视图名称。当剖视图按投影关系配置，中间又无其他图形隔开时，可以省略箭头，如图9.19所示。

3. 几个相交的剖切平面

如图9.21所示，采用单一剖切平面或几个相互平行的剖切平面剖切机件，不能同时表达出机件上三个不同孔的内形。此时，采用几个相交的剖切平面剖切机件。这种剖切方法，习惯上称为旋转剖。

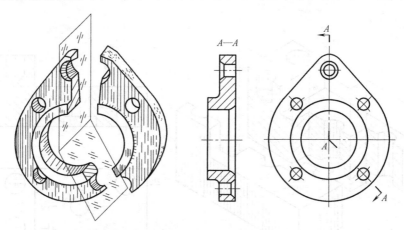

图9.21　几个相交的剖切平面剖切

画剖视图时，应先将机件上被倾斜剖切面剖切到的部分旋转到与选定的基本投影面平行后，再进行投射，即"先旋转再投射"。

采用几个相交平面剖切时必须标注，标注方法和用几个平行剖切平面剖切时标注相同，如图9.21所示。

9.3　断面图

9.3.1　断面图的概念

假想用剖切面将机件的某处切断，见图9.22（*a*），仅画出其断面的图形，这个图形称为断面图，简称断面，如图9.22（*b*）所示。通常，在断面图上要画出剖面符号。

断面图与剖视图的区别主要在于：断面图仅画出剖切处断面的形状，是"面"的投影；而剖视图除了画出剖切处断面的形状外，还需画出断面之后机件留下部分的投影，是"体"的投影，如图9.22（*c*）所示。

断面图常用来表达机件某一局部的断面形状，如肋板、轮辐、键槽、销孔及各种型材的断面形状等。

9.3.2　断面图的分类

根据配置位置的不同，断面图可分为移出断面图和重合断面图两种。

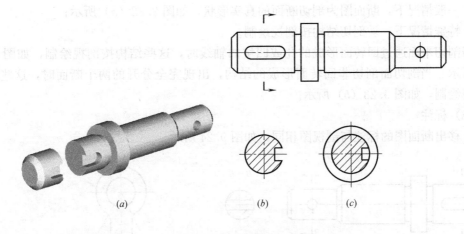

图 9.22 断面图的概念

(a) 立体图；(b) 断面图；(c) 剖视图

1. 移出断面图

配置在视图之外的断面图，称为移出断面图。

(1) 配置

移出断面图可以配置在剖切位置的延长线上 [如图 9.22 (b) 中的断面图和图 9.24 (a) 中的 A—A，以及图 9.25 (b) 中的两个断面图]、基本视图位置 [如图 9.23 (a) 和图 9.23 (b) 中的 A—A 以及图 9.24 (a) 中的 B—B 断面图均画在了左视图位置] 或其他位置 [如图 9.25 (a) 中的 B—B]。

(2) 画法

移出断面图的轮廓线用粗实线绘制。

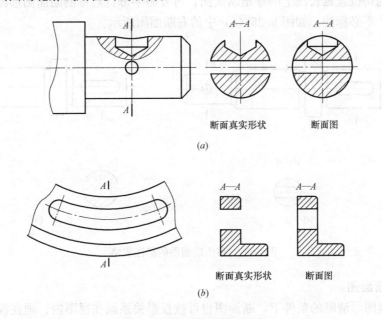

(a)

断面真实形状　　　断面图

(b)

断面真实形状　　　断面图

图 9.23 移出断面图的画法

• 一般情况下，断面图为剖切断面的真实形状，如图 9.22 (a) 所示；

• 特殊情况下，被剖切结构按剖视绘制。

当剖切平面通过回转面形成的孔或凹坑的轴线时，这些结构按剖视绘制，如图 9.23 (a) 所示。当剖切面剖切非回转面形成的结构，出现完全分开的两个断面时，这些结构按剖视绘制，如图 9.23 (b) 所示。

（3）标注

• 移出断面图的标注与剖视图相同，如图 9.24 所示。

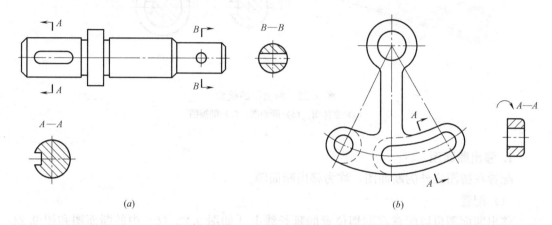

图 9.24 移出断面图的标注

• 已经清楚了的标注内容可以省略。

在基本视图位置上配置的移出断面图和对称移出断面图，可省略箭头，如图 9.25 (a) 所示。

配置在剖切位置延长线上的移出断面图，可省略字母；对称的断面图形配置在剖切位置延长线上，不必标注，如图 9.25 (b) 中的右断面图所示。

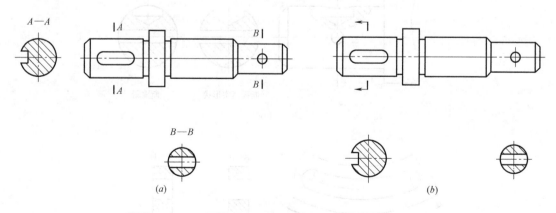

图 9.25 移出断面图的标注省略

2. 重合断面图

在不影响图形清晰的条件下，断面图也可按投影关系画在视图内。画在视图内的断面图，称为重合断面图，如图 9.26 所示。

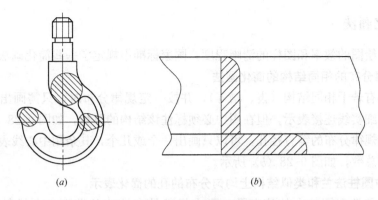

图 9.26　重合断面图

为与视图中的轮廓线相区分，重合断面图的轮廓线用细实线绘制。

当视图中的轮廓线与重合断面图的图形重叠时，视图中的轮廓线仍应连续画出，不可间断，如图 9.26（b）所示。

重合断面图一般不需标注。

9.4　局部放大图和简化画法

9.4.1　局部放大图

将机件的部分结构，用大于原图形所采用的比例画出的图形，称为局部放大图。如图 9.27 所示。局部放大图主要用于机件上较小结构的表达和尺寸标注。

局部放大图可以画成视图、剖视图和断面图等形式，与被放大部位的表达形式无关。图形所用的放大比例应根据结构需要而定，与原图比例无关。

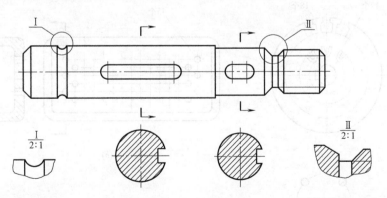

图 9.27　局部放大图

绘制局部放大图时，应用细实线圆圈出被放大的部位，并尽量配置在被放大部位的附近。在局部放大图的上方标出放大的比例。当机件上有几处需要被放大时，必须用罗马数字依次标明被放大部位，并在局部放大图的上方标出相应的罗马数字及所采用比例，如图 9.27 所示。

9.4.2　简化画法

为了提高绘图的效率和图样的清晰程度，国家标准中规定了一些简化画法。

1. 按规律分布的相同结构的简化画法

当机件具有若干相同结构（齿、槽等），并按一定规律分布时，只需画出几个完整的结构，其余用细实线连接表示，但在图中必须标注该结构的总数，如图 9.28（a）所示。

机件中按规律分布的等直径孔，可以只画出一个或几个，其余用中心线表示其中心位置并注明孔的总数，如图 9.28（b）所示。

2. 机件中圆柱法兰和类似结构上均匀分布的孔的简化表示

圆柱法兰和类似零件上的均布孔，可由机件外向该法兰端面方向投射画出，如图 9.28（c）所示。

3. 滚花画法

网状物、编织物或机件的滚花部分，可在轮廓线附近用粗实线示意画出，并在零件图上或技术要求中注明这些结构的具体要求，如图 9.28（d）所示。

4. 平面的表示法

当回转体零件上的平面在图形中不能充分表达时，可用平面符号（两条相交的细实线）表达这些平面，如图 9.28（e）所示。

5. 较长机件的折断画法

较长的机件（轴、杆、型材、连杆等）沿长度方向的形状一致或按一定规律变化时，可断开后缩短绘制，但尺寸仍按实际长度标注，如图 9.28（f）所示。

6. 斜度不大结构的画法

机件上斜度不大的结构，如在一个图形中已表达清楚，则在其他图形中可按小端画出，如图 9.28（g）所示。

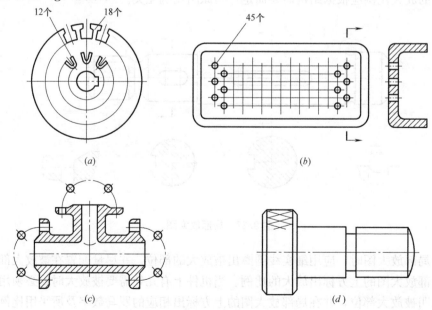

图 9.28　简化画法（一）

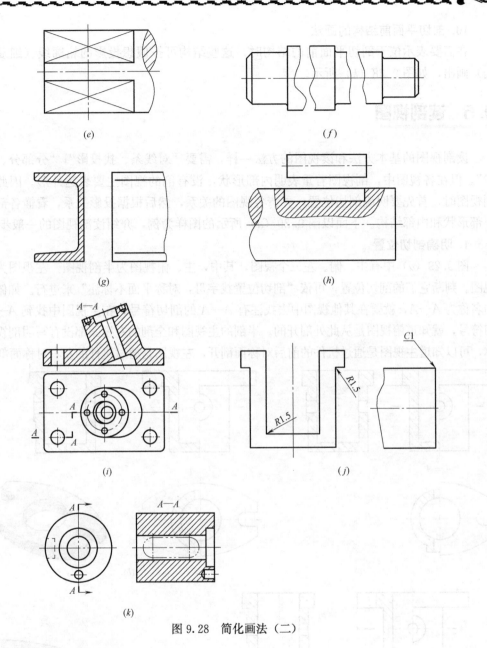

图 9.28　简化画法（二）

7. 较小结构的简化画法

机件上较小结构（如截交线、相贯线）在一个图形中已表达清楚时，其他图形可简化画出，如图 9.28（h）所示。

8. 圆、圆弧

与投影面倾斜角度小于或等于 30°的圆或圆弧，其投影可以用圆或圆弧来代替真实投影的椭圆，各圆的中心按投影决定，如图 9.28（i）所示。

9. 小倒角和小圆角的简化画法

在不致引起误解时，零件图中的小圆角、锐边的小倒圆或 45°小倒角允许省略不画，但必须注明尺寸或在技术要求中加以说明，如图 9.28（j）所示。

10. 剖切平面前结构的画法

在需要表示位于剖切平面前的结构时，这些结构可按假想投影的轮廓线（细双点画线）画出，如图 9.28（k）所示。

9.5　读剖视图

读剖视图的基本方法和读视图的方法一样，需要"对线条、找投影"，"分部分、想形状"。但在各视图中，剖视图着重表明内部形状，没有剖的视图主要表达外形。因此，读剖视图时，首先要明确剖切位置，弄清各视图的关系，然后根据投影关系，看懂各部分的外部形状和内部结构。下面以图 9.29（a）所示的图样为例，介绍读剖视图的一般步骤。

1. 明确剖切位置

图 9.29（a）中有主、俯、左三个视图，其中，主、俯视图为半剖视图，左视图为全剖视图。判断它们的剖切位置，可依"剖切位置找字母，对称平面不标注"来进行。如俯视图的名称为 A—A，就要在其他视图中去找注有 A—A 的剖切符号，在主视图中找到 A—A 剖切符号，就知道俯视图是从此处剖开的。半剖的主视图和全剖的左视图都没有写明剖视图名称，可以知道主视图是通过机件的前后对称面剖开，左视图是通过机件的左右对称面剖开。

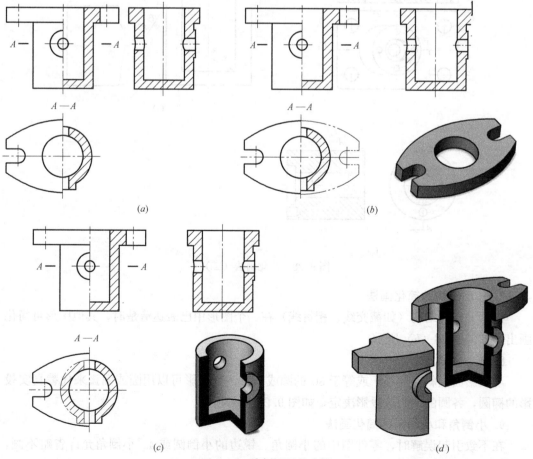

图 9.29　读剖视图的步骤

2. 看懂外形

按照"形体分析法"，将主视图分为上下两部分。首先，看上部分结构的形状。主、俯视图是半剖视图，可以知道机件左右对称，因此由俯视图的左半边，可以推想出整个外形。具体看图时，先从主视图中最大的线框入手，根据"长对正"，找到对应俯视图中的投影。对照主、俯视图中的投影，可以看出它是一块主体为椭圆的平板，左右两端切平；再从视图右端对照局部投影，可知平板两端开有 U 形的通槽，如图 9.29（b）所示。接着，看下部分结构的形状，方法同上。可知机件下部结构为圆柱，前端有圆柱凸台，如图 9.29（c）所示。

3. 看懂内形

分析剖视图中画剖面线的部分，想象机件内部形状。首先对照主、俯视图中的投影，可知机件内部从上向下打出一个圆柱孔，圆柱孔没有打通；再与左视图中的投影对照，根据"高平齐、宽相等"的投影关系，可知机件前端凸台上有圆柱通孔，后部也有相同大小的圆柱通孔，如图 9.29（c）所示。

结合以上分析，就可以读懂剖视图，想象出机件的内外形状，如图 9.29（d）所示。

思考题

1. 简答题

（1）基本视图与三视图有什么关系？表达机件时，六个基本视图必须全部画出吗？

（2）向视图和基本视图有何关系？向视图如何进行标注？

（3）什么是局部视图？什么是斜视图？二者之间有什么相同之处和不同之处？

（4）表达机件的外形可考虑哪些视图？

（5）剖视图是如何形成的？需标注哪三项内容？采用剖视图的目的是什么？

（6）剖视图分为哪三种？各用于什么场合？

（7）机件具备哪些特点才能够采用半剖视图？半剖视图中，半个视图和半个剖视图的分界线只能是什么图线？

（8）半剖视图和局部剖视图应如何进行标注？

（9）断面图和剖视图有什么区别？

（10）画移出断面图时，什么情况下被剖切结构要按剖视绘制？

2. 表达题

（1）请用适当的基本视图或向视图明确表达出图 9.1（a）所示立体挖切掉的是 7 个角。

（2）请用适当的局部视图和斜视图重新表达图 9.1（b）所示立体，要求图中不能出现椭圆及椭圆弧。

（3）请用采用全剖视图的主视图及采用半剖视图的俯视图重新表达图 9.1（c）所示立体，要求图中不得出现虚线。

（4）在图 9.9 中的 A—A 及图 9.18 中的 A—A 和 B—B 剖切，若均需绘制移出断面图，则对应的图形又各是怎样的呢？

第10章

常用机械机构

【知识目标】

1. 熟悉机构运动的简图表达方式；
2. 明确机构具有确定运动的条件；
3. 初步掌握平面四杆机构、凸轮机构、螺旋机构的分类及其运动转换方式；
4. 熟悉间歇运动机构的运动特点，清楚常用间歇运动机构的运动转换方式。

【技能目标】

1. 能正确识读简单的机构运动简图；
2. 能根据机构运动简图大致确定机构的种类；
3. 能简述常用机构所能实现的运动转换方式。

章前思考

1. 如何能够简捷而又准确地反映机械的运动呢？
2. 设计机械时，如何保证其能够运动而又不"随便乱动"呢？
3. 通过什么途径能够使得机械可以实现其预期的运动呢？
4. 如何实现机械运动的规律性"时动、时停"呢？

尽管机器的种类繁多，其构造、性能和用途也各不相同，但都是由种类有限的机构，如连杆机构、凸轮机构以及其他的一些常用机构所组成。本章将概略介绍常用机构的工作原理及其主要应用。

10.1 概述

在分析现有机构和设计新的机构时，首先要了解它的工作原理，分析其运动规律和特性。为使研究问题得以简化和讨论方便，通常用规定的符号表示各构件及其联接，而忽略一些不影响运动关系的构件的截面尺寸等因素。例如，从机械运动的原理来看，图 10.1 (a) 所示内燃机就可用图 10.1 (b) 所示的机构运动简图来表示。下面介绍运动副和机构运动简图的概念和表达方法，以便正确识读机构的工作原理图和机构运动简图。

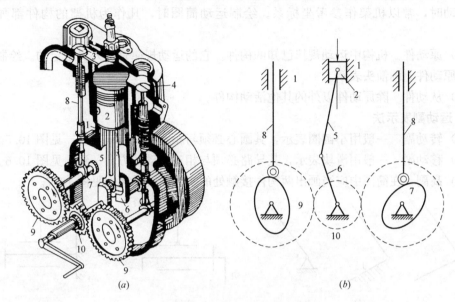

图 10.1　内燃机及其机构运动简图

10.1.1　运动副及其分类

使两构件直接接触又能保持一定形式的相对运动的联接，称为运动副。

销轴和孔组成的运动副，只能做相对转动，称为转动副，如图 10.2 所示；滑块和导轨组成的运动副，只能做相对移动，称为移动副，如图 10.3 所示。

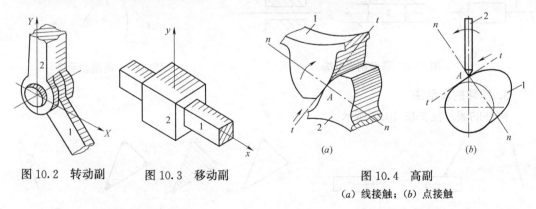

图 10.2　转动副　　图 10.3　移动副　　图 10.4　高副
(a) 线接触；(b) 点接触

转动副和移动副的构件之间都为面接触，称为低副。相互啮合的轮齿、凸轮和推杆等组成具有相对运动的联接，也是运动副；其接触特性是线接触或点接触，称为高副，如图 10.4 所示。机构都是通过运动副限制或约束构件的自由运动，从而实现我们所预期的运动。

10.1.2 构件及运动副的表示方法

1. 构件的分类

（1）机架　机构中固定的构件称为机架。它是用来支承活动构件的，在研究机构各构件的运动时，常以机架作参考坐标系。绘制运动简图时，凡作为机架的构件都画上阴影线。

（2）原动件　机构中运动规律已知的构件。它的运动规律是由外界给定的。绘制简图时，在原动件上画箭头表示。

（3）从动件　除原动件以外的其他活动构件。

2. 运动副表示法

（1）转动副　一般用小圆圈表示，其圆心必须与相对回转轴线重合，见图 10.5。

（2）移动副　一般用滑块表示，其导路必须与相对移动的方向一致，见图 10.6。

（3）高副　在简图中应当画出两构件接触处的实际曲线轮廓，见图 10.7。

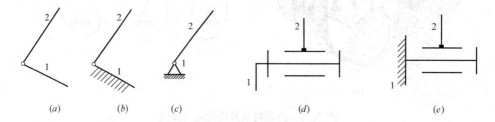

图 10.5　转动副表示法

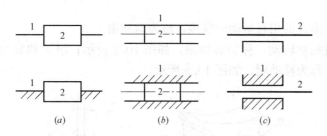

图 10.6　移动副表示法

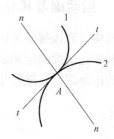

图 10.7　高副表示法

3. 构件的表示法

构件的表示法如图 10.8 所示。

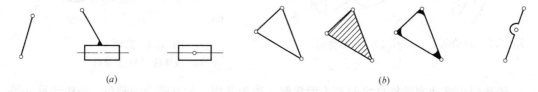

图 10.8　构件的表示法

（a）具有两个运动副元素的构件；（b）具有三个转动副元素的构件

国家标准规定的用于机构运动简图的图示符号见表 10.1。

部分机构运动简图的图示符号（摘自 GB/T 4460—2013）　　　表 10.1

名称	代表符号	名称	代表符号
杆的固定联接		链传动	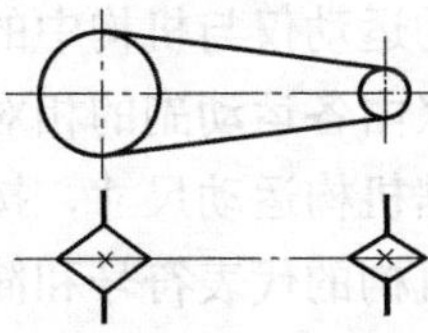
零件与轴的固定		外啮合圆柱齿轮机构	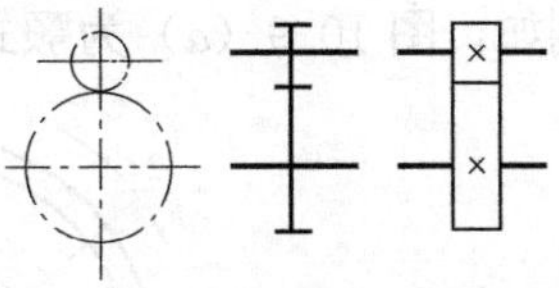
轴承 — 向心轴承	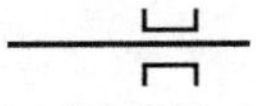 普通轴承 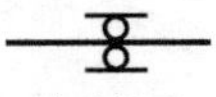　　滚动轴承		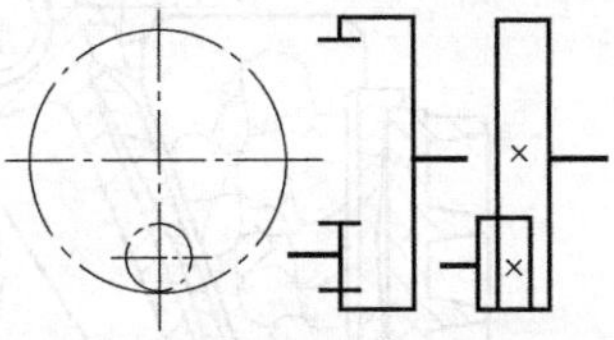
轴承 — 推力轴承	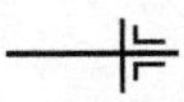 单向推力 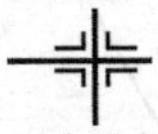　双向推力 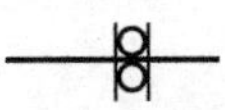　　推力滚动轴承	内啮合圆柱齿轮机构	
轴承 — 向心推力轴承	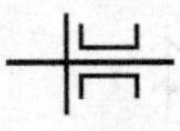 单向向心推力 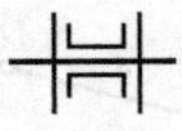　双向向心推力 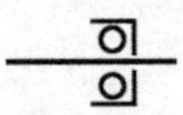　　向心推力滚动轴承	齿轮齿条传动	
联轴器	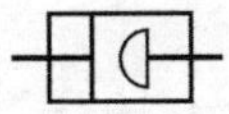 可移式联轴器 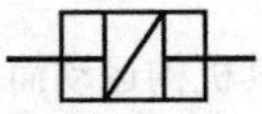　　弹性联轴器	圆锥齿轮机构	
离合器	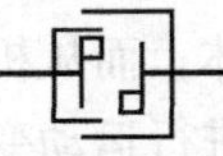 啮合式 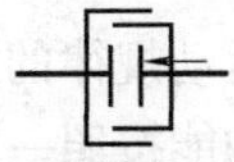　　摩擦式	蜗杆蜗轮传动	
制动器		棘轮机构	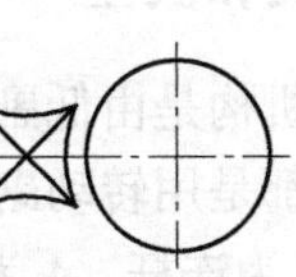 （外啮合）
在支架上的电动机	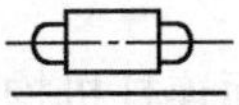 		
带传动	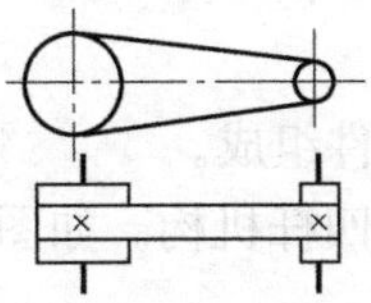	槽轮机构	（外啮合）

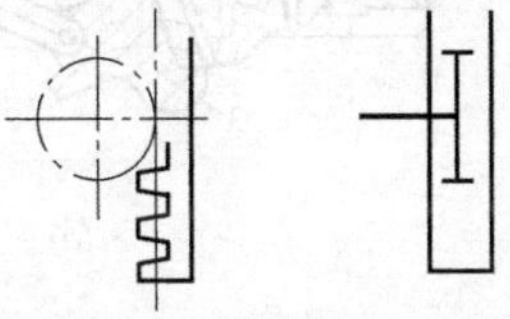

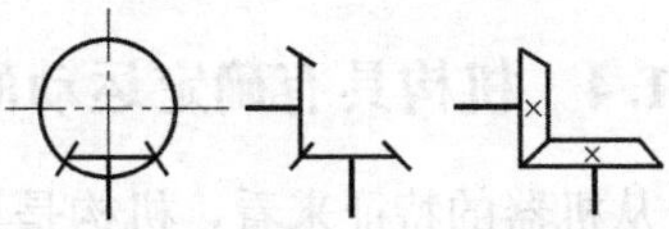

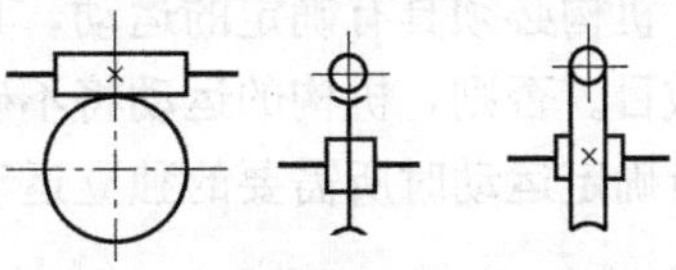

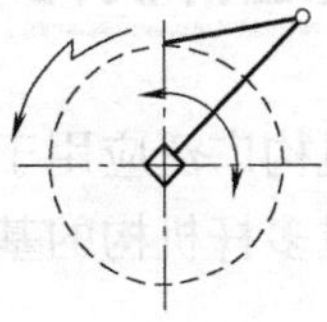

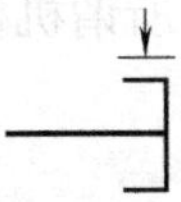

10.1.3 机构运动简图

机构的运动仅与机构中的运动副的结构情况（如转动副、移动副或高副等）和机构的运动尺寸（由各运动副的相对位置确定的尺寸）有关，而与构件的外形尺寸等因素无关。因此，根据机构运动尺寸，按一定的比例定出各运动副的位置，再用规定的运动副代表符号及常用机构的代表符号和简单的线条或几何图形将机构运动情况表示出来，这种图形称为机构运动简图。

例如，图 10.9（*a*）为颚式破碎机，其运动简图如图 10.9（*b*）所示。

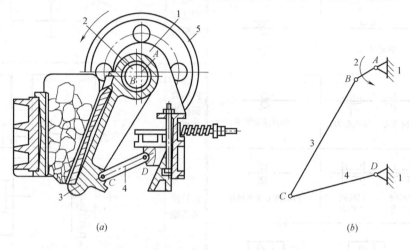

图 10.9 颚式破碎机及其机构运动简图

10.1.4 机构具有确定运动的条件

从机器的特征来看，机构是具有确定相对运动规律的构件组合体；而从机构的组成来看，机构是具有固定构件的运动链。为了使机构能按照一定的要求进行运动变换和力的传递，机构必须具有确定的运动，其运动条件是：机构的原动件的数目应等于机构的自由度的数目。否则，机构的运动将不确定或没有运动的可能性。所谓机构的自由度，是指机构具有确定运动时所需要的独立运动参数的数目。

10.2 平面连杆机构

平面连杆机构广泛应用于各种机械和仪器中。最简单的平面连杆机构是由四个构件组成，而且是组成多杆机构的基础。

10.2.1 组成和类型

平面连杆机构是由低副（转动副和移动副）联接构件组成。

构件之间都是用转动副联接的四杆机构，称为铰链四杆机构。如图 10.10 所示，1 和 3 为连架杆，2 为连杆，4 为机架。

机构中能作整周回转的连架杆，称为曲柄；仅能在小于 360°的某一角度范围内摆动的连架杆，称为摇杆。

在铰链四杆机构中，机架和连杆总是存在的，根据两个连架杆的运动形式（能作整周转动，还是只能往复摆动），将铰链四杆机构分为三种基本形式：曲柄摇杆机构、双曲柄机构和双摇杆机构。

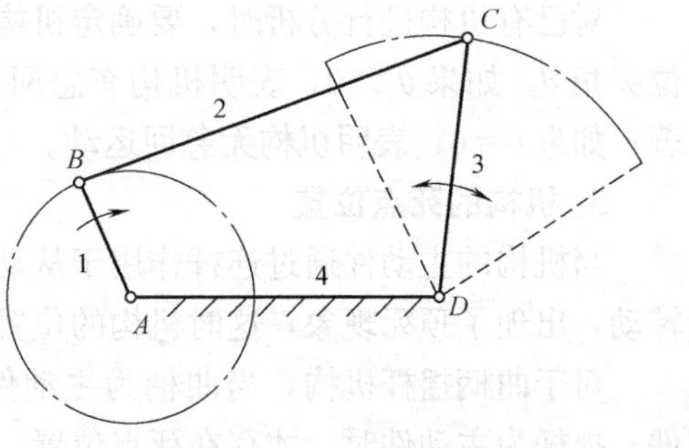

图 10.10 铰链四杆机构

10.2.2 曲柄存在条件及运动特性

1. 曲柄存在的条件

在铰链四杆机构中，曲柄是否存在，取决于四个构件的相对尺寸和机架的选择。

铰链四杆机构曲柄存在的条件是：最短杆和最长杆的长度之和，小于或等于其他两杆长度之和（杆长条件）；连架杆和机架中必有一杆为最短杆。

如果机构的尺寸满足上述条件，则机构必有曲柄。此时，若连架杆为最短杆，则机构为曲柄摇杆机构；若机架为最短杆，则机构为双曲柄机构；否则，机构没有曲柄，即为双摇杆机构。

杆长条件是铰链四杆机构存在曲柄的必要条件。因为当机构满足杆长条件时，最短杆与它相邻的杆可以作整周回转。此时不难理解，若与最短杆相邻接的构件为机架，该机构必为曲柄摇杆机构；若以最短杆为机架，则必为双曲柄机构；而若以最短杆相对杆为机架，则必为双摇杆机构。如果不满足杆长条件，此时无论取哪一个杆为机架，机构都是双摇杆机构。

2. 急回特性

当连杆机构的主动件（曲柄）作等速回转，从动件（摇杆）作往复摆动时，从动件（摇杆）空回行程（摆回）的平均速度大于从动件（摇杆）工作行程的（摆出）的平均速度，这种运动性质称为急回特性。

机构之所以存在急回特性，是由于曲柄的极位夹角 $\theta > 0$。极位夹角是指机构的从动摇杆处于左、右两个极限位置时主动曲柄在相应两位置所夹的锐角，如图 10.11（b）所示。

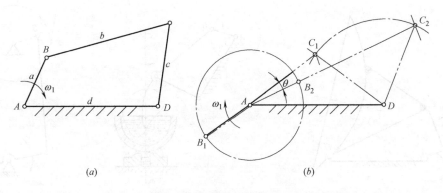

图 10.11 铰链四杆机构的极位夹角和死点位置

(a) 铰链四杆机构；(b) 极位夹角和死点位置

对已有机构进行分析时，要确定机构是否有急回运动，其关键是确定机构是否存在极位夹角 θ。如果 $\theta > 0$，表明机构有急回运动，并且 θ 角越大，表明机构的急回运动越显著；如果 $\theta = 0$，表明机构无急回运动。

3. 机构的死点位置

当机构的主动件通过连杆作用于从动件上的力恰好通过其回转中心，而不能使从动件转动，出现了顶死现象，这时机构的位置称为死点位置，如图 10.11 (b) 所示。

对于曲柄摇杆机构，当曲柄为主动件时，显然不存在死点位置；只有当曲柄为从动件，摇杆为主动件时，才存在死点位置。机构的两个极限位置就是机构的两个死点位置，因为这时连杆与从动件曲柄共线，连杆对从动曲柄的作用力通过曲柄的转动中心，从动曲柄不能转动。

需注意的是：机构的死点位置只限于机构的两个极限位置，稍有偏离就不再是死点。必须克服死点机构才能正常运转。克服死点可借助惯性或采取机构错位排列的方法。工程中，也有利用死点来工作的场合。

10.2.3 四杆机构的应用

1. 曲柄摇杆机构

两个连架杆中，一个是曲柄，一个是摇杆的铰链四杆机构，称为曲柄摇杆机构。如图 10.12 (a)、(b) 中，1 为曲柄，3 为摇杆。

当曲柄作主动件时，可以将曲柄的连续转动转化为摇杆的往复摆动。如图 10.12 (a) 所示的雷达天线俯仰机构和如图 10.12 (b) 所示的容器搅拌机构，当曲柄 AB 转动时，通过连杆 BC 带动摇杆 CD 往复摆动，从而调整天线俯仰角的大小如图 10.12 (a) 所示；或是利用连杆 BC 延长部分上 E 点的轨迹，实现对液体的搅拌，如图 10.12 (b) 所示。

在铰链四杆机构中，摇杆也可以作主动件。图 10.12 (c) 所示的缝纫机踏板机构，当踏板（摇杆）CD 作往复摆动时，通过连杆 BC 使曲柄 AB 作连续整周转动，再通过皮带传动驱动缝纫机头的机构工作。

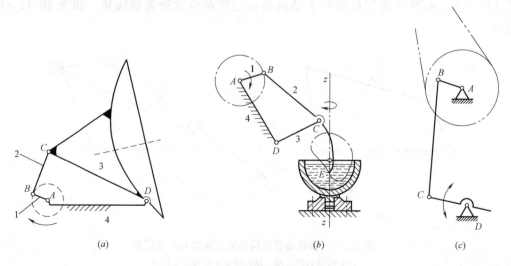

(a)   (b)   (c)

图 10.12 曲柄摇杆机构及其实例

在曲柄摇杆机构中，若摇杆为主动件，曲柄为从动件，则当机构处于曲柄与连杆共线位置时，机构处于死点位置。对于机构来说，应当设法避免或通过死点位置。例如，在缝纫机的踏板机构中，利用与曲轴固连的大皮带轮的惯性，冲过死点位置；如果在缝纫过程中停车在死点位置，需要继续缝纫时，可以借助手按照正确方向转动小皮带轮，通过皮带给曲轴施加驱动力矩，通过死点位置。

有些机构在工作时，需要利用死点位置实现某些功能。例如，图 10.13 所示的连杆式夹具，当工件被夹紧后，连杆 BC 与从动件 CD 共线，机构处于死点位置。尽管夹紧驱动力 F 被拆除，由于工件在被加工时通过连杆 BC 给予从动件 CD 的驱动力矩通过它的转动中心 D，因此从动件不会转动，夹具卡死不动。

图 10.14 所示为钢材步进输送机中的驱动机构。曲柄 AB 通过连杆 BC 驱动摇杆 CD 运动。E 点与传动杆相联使其作水平的往复运动推动钢材前进。设计中利用了急回运动的特点，使回程速度较高，以提高生产率。

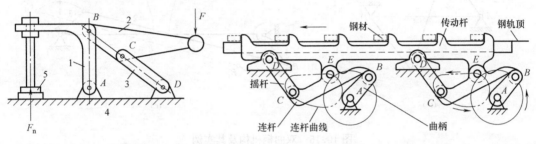

图 10.13　连杆式夹具　　　　　　　　图 10.14　步进输送机

2. 双曲柄机构

两个连架杆都是曲柄的铰链四杆机构，称为双曲柄机构。

图 10.15 (a) 所示的惯性筛传动机构就是由一个双曲柄机构 ABCD 添加了一个连杆 CE 和滑块 E 所组成的。当主动曲柄 AB 转动时，通过连杆 BC、从动曲柄 CD 和连杆 CE，带动滑块 E（筛）作水平往复移动。

在双曲柄机构中，如果两个曲柄的长度相等，机架与连杆的长度也相等，则为平行四边形机构，如图 10.15 (b) 所示。例如，图 10.15 (c) 所示的天平机构中的 ABCD 就是一个平行四边形机构（机构的两相对构件相互平行），主动曲柄 AB 与从动曲柄 CD 作同速同向转动，连杆 BC 则作平移运动（与机架 AD 平行），使天平盘 1 与 2 始终保持水平位置。

图 10.15 (d) 所示的平行双曲柄机构中，机架 AD 与连杆 BC 不平行，曲柄 AB 与 CD 作反向转动，这是一个反平行四边形机构。如图 10.15 (e) 所示应用于公交车车门启闭机构时，可以保证分别与曲柄 AB 和 CD 固定联接的两扇车门同时开启或关闭。

3. 双摇杆机构

两个连架杆都是摇杆的铰链四杆机构，称为双摇杆机构。主动摇杆摆动时，另一摇杆随之摆动。

图 10.16 (a) 所示的可逆式坐椅 ABCD 是一个双摇杆机构，由于摇杆 AB 与摇杆 CD 的随同摆动，可以变更坐椅垫背 BC 的方向。

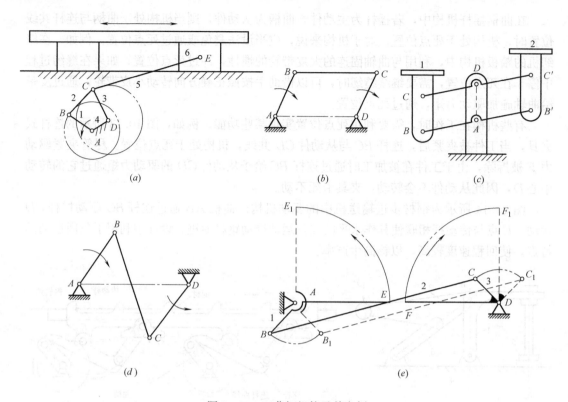

图 10.15 双曲柄机构及其实例

(a) 惯性筛传动机构；(b) 平行四边形机构；(c) 天平机构；

(d) 反平行四边形机构；(e) 公交车车门启闭机构

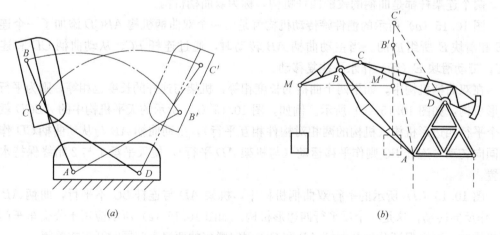

图 10.16 双摇杆机构及其实例

图 10.16 (b) 所示的鹤式起重机中 ABCD 也是一个双摇杆机构，当主动摇杆 AB 摆动时，从动摇杆 CD 也随着摆动，从而使连杆 CB 延长线上的重物悬挂点 M 作近似水平直线运动。

当机构处于双摇杆机构的两个极限位置时，由于此时连杆和摇杆共线，处于死点位置，可能出现"顶死"现象，并且该位置的运动不确定。

　　图 10.17 所示飞机后起落架的双摇杆机构，摇杆 3 摆动到 AB 或 AB′ 的位置，从而使与轮子 1 固接的另一摇杆摆动到 CD 或 C′D 的位置，实现起落架的放下与收回。

　　图 10.18 所示为轮式车辆转向的双摇杆机构，其中的摇杆 AB＝CD（也称为等腰梯形机构），以保证车辆转弯时，两个前轮在车轴水平面内均绕瞬时回转中心 P 转动。

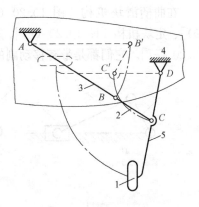

图 10.17　飞机前起落架机构

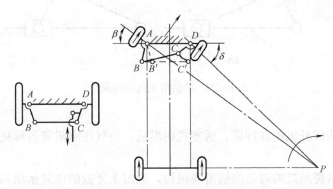

图 10.18　轮式车辆转向机构

10.2.4　具有移动副的四杆机构

　　铰链四杆机构是平面四杆机构的基本形式，它可以演化成其他形式。

1. 铰链四杆机构的演化

　　图 10.19（a）所示曲柄摇杆机构 ABCD 中，铰链点 C 的轨迹是以 D 为圆心 CD 长为半径的圆弧，若在机架 4 上装设一相同轨迹的弧形导槽，而把摇杆 3 做成滑块形式置于槽中滑动，如图 10.19（b）所示，滑块 3 与机架 4 形成的移动副取代了回转副 D，连杆上点 C 的运动规律不变。假设导槽的曲率半径增至无穷大，则 C 点的轨迹变为直线，曲柄摇杆机构便演化为图 10.19（c）所示的曲柄滑块机构。

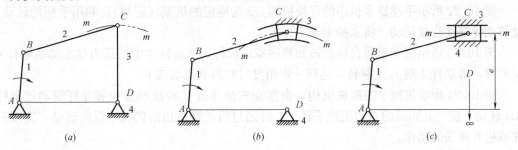

图 10.19　曲柄滑块机构

在曲柄滑块机构 [图 10.20 (*a*)] 的基础上，也可以演化出摇块机构 [图 10.20 (*b*)]、定块机构 [图 10.20 (*c*)]、转动导杆机构 [图 10.20 (*d*)] 和摆动导杆机构 [图 10.20 (*e*)]。它们都是带有移动副的平面四杆机构。

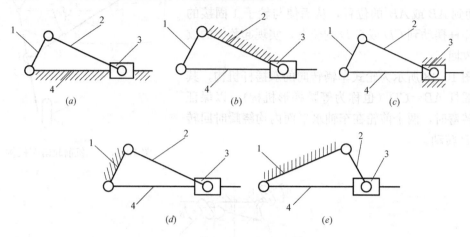

图 10.20   曲柄滑块机构的演化

2. 应用

带有移动副的四杆机构在冲床、活塞式内燃机、空气压缩机等各种机械中得到了广泛应用。

图 10.21 所示搓丝机的对心曲柄滑块机构，通过上牙板的往复运动和静止的下牙板加工出工件螺纹。

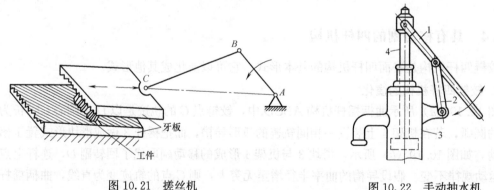

图 10.21   搓丝机   图 10.22   手动抽水机

图 10.22 所示手动抽水机中的定块机构，3 为固定的机架（定块），利用手柄的转动，使移动导杆 4 往复运动，将水抽上来。

图 10.23 所示汽车车厢自动翻转卸料的摇块机构，当油缸 3 中的压力油推动活塞杆 4 运动时，带动杆 1 绕 B 点翻转，达到一定角度时物料就自动卸下。

图 10.24 所示机械手的摇块机构，由摆动式液压缸 C 构成的摇块和导杆驱动连架杆 AB 转动。使与其固接的右边机械手转动，并通过齿轮带左边的机械手反向转动，实现夹住或松开压铁的动作。

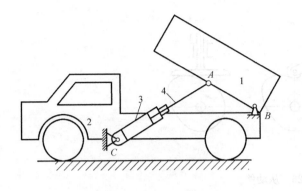

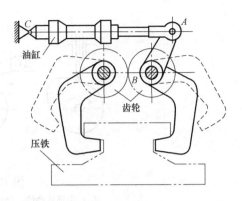

图 10.23　汽车车厢自动翻转卸料机构　　　　　　图 10.24　机械手

10.3　凸轮机构

凸轮机构是机械中一种常用机构，能实现复杂的运动要求，广泛用于各种自动化和半自动化机械装置中。

10.3.1　凸轮机构的组成及分类

凸轮是一个具有曲线轮廓或凹槽的构件。凸轮机构一般是由凸轮、从动件和机架三个构件组成的高副机构。凸轮通常作连续等速转动，从动件根据使用要求设计使它获得一定的运动规律。

由于凸轮的形状和从动件的结构形式、运动方式不同，所以凸轮机构有不同的类型。

1. 按凸轮的形状

按凸轮的形状，可分为盘形凸轮［图 10.25（a）］、移动凸轮［图 10.25（b）］和圆柱凸轮［图 10.25（c）］等。其中，盘形凸轮应用最为广泛。

盘形凸轮：凸轮为绕固定轴线转动且有变化直径的盘形构件。

移动凸轮：凸轮相对机架作直线移动。

圆柱凸轮：凸轮是圆柱体，可以看成是将移动凸轮卷成一圆柱体。从动件均可做成移动或摆动的形式。

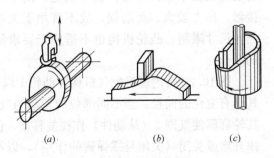

图 10.25　凸轮的形状
（a）盘形凸轮；（b）移动凸轮；（c）圆柱凸轮

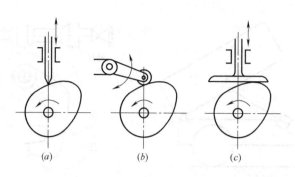

图 10.26　从动件

(*a*) 尖顶从动件；(*b*) 滚子从动件；(*c*) 平底从动件

2. 按从动件运动方式

按从动件的运动方式，可分为移动从动件 ［图 10.26 (*a*)、(*c*)］和摆动从动件 ［图 10.26 (*b*)］。

3. 按从动件端部形状

按从动件的形式，可分为尖顶从动件 ［图 10.26 (*a*)］、滚子从动件 ［图 10.26 (*b*)］和平底从动件 ［图 10.26 (*c*)］等。

尖端从动件：这种从动件的结构最简单，但容易磨损，用于作用力很小、速度较低的场合。

滚子从动件：这种从动件耐磨损，可以承受较大的载荷，故应用广泛。

平底从动件：这种从动件的平底与凸轮接触处易形成油膜，能减少磨损、效率高，多用于高速凸轮机构中，只适用于外凸的凸轮轮廓。

以上三种从动件都可以相对机架作往复直线移动或作往复摆动。为了使凸轮始终与从动件保持接触，可以利用重力、弹簧力或依靠凸轮上的凹槽来实现。

10.3.2　凸轮机构的特点及应用

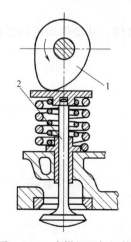

凸轮机构是机械中的一种常用机构，由于其结构简单、体积较小、易于设计，只需确定适当的凸轮轮廓，就可使从动件得到预期的运动规律，因此广泛应用于各种机器、仪器和控制装置中，尤其在自动化和半自动化机械中应用非常广泛。但是，由于凸轮与从动件是高副接触，压力较大、易磨损，故不宜用于大功率传动；又由于受凸轮尺寸限制，凸轮机构也不适用于要求从动件工作行程较大的场合。

图 10.27 为内燃机配气机构。凸轮 1 以等角速度回转，由于其具有变化的向径，当不同部位的轮廓与气阀上端平面接触时，其轮廓驱使气阀 2（从动件）作往复移动，使其按预定的运动规律开启或关闭（关闭是靠弹簧的作用），以控制燃气进入或排出废气。

图 10.27　内燃机配气机构

图 10.28 所示为绕线机的凸轮机构。当绕线轴 3 快速转动

时，经蜗杆传动带动凸轮 1 缓慢地转动，
通过凸轮轮廓与尖顶 A 之间的作用，驱
使从动件 2 往复摆动，从而使线均匀地
缠绕在绕线轴上。

图 10.29 所示为应用于仿形加工的
凸轮机构。凸轮 1 固定在机架上，当刀
架 3 在丝杠作用下（图中未画出）从右
向左匀速水平运动的同时，凸轮 1 通过
滚子 2 驱使从动件 3（刀架）以一定的规
律作竖直往复运动。两个运动的合成，
就可以驱动与刀架固联在一起的车刀，
在工件的表面加工出与凸轮形状一致的
外形轮廓。

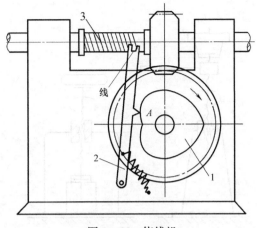

图 10.28　绕线机

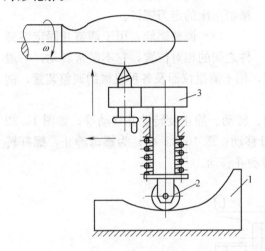

图 10.29　仿形加工凸轮机构

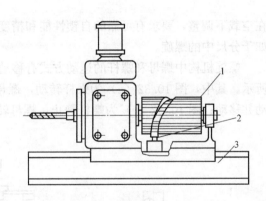

图 10.30　驱动动力头机构

图 10.30 所示为驱动动力头在机架上移动的凸轮机构。圆柱凸轮 1 与动力头连接在一
起，它们可以在机架 3 上作往复移动。滚子 2 的轴固定在机架 3 上，滚子 2 放在圆柱凸轮
的凹槽中。凸轮转动时，由于滚子 2 的轴是固定在机架上的，故凸轮转动时带动动力头在
机架 3 上作往复移动，以实现对工件的钻削。动力头的快速引进—等速进给—快速退回—
静止等动作，均取决于凸轮上凹槽的曲线形状。

10.4　螺旋机构

由螺旋副联接相邻构件而成的机构，称为螺旋机构。在机械中，有时需要将转动转变
为直线移动，或在满足一定条件的情况下将直线移动转变为转动，螺旋机构是实现这种转
变经常采用的一种传动。例如机床进给机构中采用螺旋机构实现刀具或工作台的直线进
给，又如螺旋压力机和螺旋千斤顶（图 10.31）的工作部分的直线运动都是利用螺旋机构

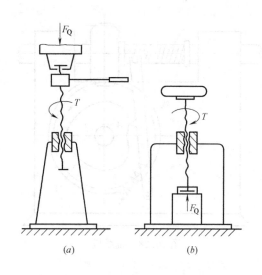

图 10.31　螺旋机构机械

(a) 千斤顶；(b) 压力机

来实现的。

螺旋机构由螺杆、螺母组成。按其用途可分为：

(1) 传力螺旋：以传递动力为主，一般要求用较小的转矩转动螺杆（或螺母），而使螺母（或螺杆）产生轴向运动和较大的轴向推力，例如螺旋千斤顶等。这种传力螺旋主要是承受很大的轴向力，通常为间歇性工作，每次工作时间较短，工作速度不高，而且需要自锁。

(2) 传导螺旋：以传递运动为主，要求能在较长的时间内连续工作，工作速度较高，因此，要求较高的传动精度，例如精密车床的走刀螺杆。

(3) 调整螺旋：用于调整并固定零部件之间的相对位置，它不经常转动，一般在空载下调整，要求有可靠的自锁性能和精度，用于测量仪器及各种机械的调整装置，例如千分尺中的螺旋。

螺旋机构中螺母和螺杆的运动方式有移动、转动、静止及转动并移动等，如图 10.32 所示。其中，图 10.32 (a) 为螺杆转动，螺母移动；图 10.32 (b) 为螺母静止，螺杆转动并移动；图 10.32 (c) 为螺杆静止，螺母转动并移动。

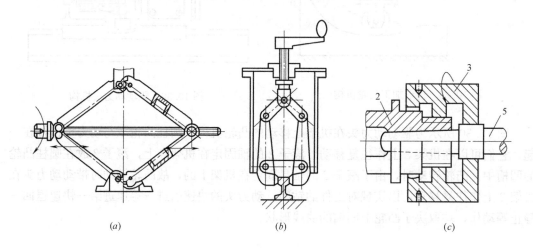

图 10.32　螺旋机构中螺母和螺杆的运动方式

螺旋机构的特点是结构简单，制造方便，运动准确性高，降速比大，可传递很大的轴向力，工作平稳、无噪声，有自锁作用，但效率低，磨损较严重。

螺旋机构在机械、仪器仪表、工装夹具、测量工具等方面有着广泛的应用。如螺旋压力机、车床刀架和滑板的移动，台钳，螺旋测微器等等。

10.5　间歇运动机构

有许多机械常常需要某些机构的原动件在作连续运动时，从动件产生周期性时动时停的间歇运动，这种机构称为间歇运动机构。常用类型有：棘轮机构、槽轮机构、不完全齿轮机构等。

10.5.1　棘轮机构

1. 棘轮机构的组成及工作原理

棘轮机构由棘爪、棘轮和机架所组成。工作时，棘爪往复摆动或移动，带动棘轮向一个方向转动。

如图 10.33（a）所示为外啮合棘轮机构。棘轮 2 固联在轴 4 上，原动杆 1 空套在轴 4 上。当原动杆 1 顺时针方向摆动时，与其相联的驱动棘爪 3 便借助弹簧或自重插入棘轮的齿槽内，使棘轮随着转过一定的角度。当原动杆 1 逆时针摆动时，驱动棘爪 3 在棘轮的齿背上滑过，制动棘爪 5 起着阻止棘轮逆时针方向转动的作用。此时，棘轮静止不动。所以，当原动杆 1 作连续的往复摆动时，棘轮 2 作单向的步进运动。图 10.33（b）所示为内啮合棘轮机构。图 10.33（c）所示为棘条的单向步进运动机构。

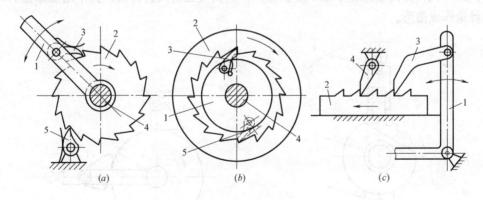

图 10.33　棘轮机构

2. 棘轮机构的类型及特点及应用

根据棘轮的运动情况，常见的棘轮机构可分为：

（1）单动式棘轮机构

其特点是摇杆向一个方向摆动时，棘轮沿同方向转过某一角度，而摇杆反方向摆动时，棘轮停止不动。如图 10.33 所示。

（2）双动式棘轮机构

其特点是摇杆往复摆动时都能使棘轮沿同一方向作步进运动。这种机构的棘爪 3 可以制成直的［图 10.34（a）］或钩头的［图 10.34（b）］。

（3）可变向棘轮机构

其特点是当棘爪在实线位置时，棘轮沿逆时针方向作步进运动；当棘爪翻到虚线位置时，棘轮将沿顺时针作步进运动，如图 10.35 所示。图 10.36 所示为另一可变向棘轮机构。当棘爪 1 在图示位置时，棘轮 2 将沿逆时针方向转动；若将棘爪提起并绕本身轴线转180°后再插入棘轮齿中，则可实现顺时针方向的转动。若将棘爪提起转 90°后放下，架在壳体顶部的平台上，使轮与爪脱开；则当棘爪往复摆动时，棘轮静止不动。

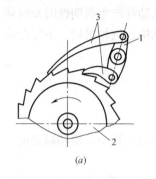
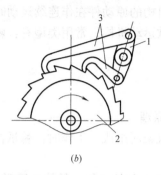
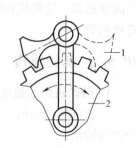

图 10.34　双动式棘轮机构　　　　　　　　　　图 10.35　可变向棘轮机构

（4）摩擦棘轮机构

上述棘轮机构，棘轮的转角都是相邻两齿所夹中心角的倍数。也就是说，棘轮的转角是有级性改变的。如要实现无级性改变，就需要采用无棘齿的棘轮，如图 10.37 所示。这种机构中的棘轮是通过棘爪 1 与棘轮 2 之间的摩擦力来传递运动的。故又称为摩擦式棘轮机构。这种机构在传动过程中很少发生噪声，但其接触面间易打滑。为了增加摩擦力，一般将棘轮作成槽形。

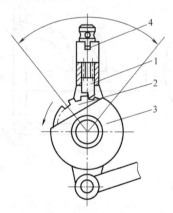
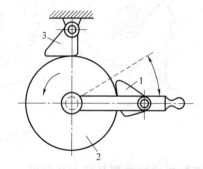

图 10.36　双向棘轮机构　　　　　　　　　　图 10.37　摩擦棘轮机构

3. 棘轮机构的应用

根据棘轮机构的运动特点，棘轮机构常用于低速、要求转角不太大或需要经常改变转角的场合。其功能主要有间歇进给、制动、转位分度和超越离合。单向转动的棘轮机构，由于它只能产生单向运动，故也常作为停止器或制动器应用于提升或牵引机械中。当棘轮的直径无穷大时，成为棘条机构。它可以获得步进的直线运动，常用于千斤顶中。

图 10.38 所示为牛头刨床的示意图。为实现工作台双向间歇进给，由齿轮机构、曲柄摇杆机构和可变向棘轮机构组成了工作台横向进给机构。

图 10.39 所示为带止动棘爪的棘轮机构用于起重机的制动装置的实例，该机构能使被提升的重物停留在任意位置上。

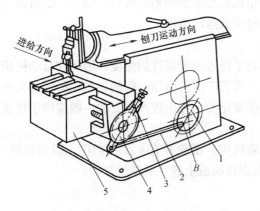

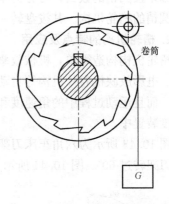

图 10.38 牛头刨床示意图   图 10.39 起重机的制动装置

10.5.2 槽轮机构

槽轮机构是一种间歇运动时间不能调整的间歇运动机构，其传动形式属于啮合传动。

1. 槽轮机构的组成及工作原理

槽轮机构也是一种间歇运动机构。它由槽轮、拨盘和机架组成。按啮合方式，槽轮机构有外啮合（图 10.40）和内啮合（图 10.41）两种类型。

外啮合槽轮机构如图 10.40 所示。它由具有径向槽的槽轮 2，带有圆销 C 的拨盘 1 和机架组成。拨盘 1 作逆时针匀速转动时，驱使槽轮 2 作步进运动。拨盘 1 上的圆销尚未进入槽轮 2 的径向槽时，由于槽轮 2 的内凹锁住弧被拨盘 1 的外凸圆弧卡住，故槽轮 2 静止不动。图中所示位置是当圆销开始进入槽轮 2 的径向槽情况，这时锁住弧被松开，因此槽轮 2 受圆销 C 驱使槽轮沿顺时针转动。当圆销 C 开始脱出槽轮的径向槽时，槽轮的另一内凹锁住弧又被拨盘的外凸圆弧卡住，致使槽轮 2 又静止不动，直到圆销 C 再进入槽轮 2 的另一径向槽时，再重复上述的运动循环。为了防止槽轮在工作过程中位置发生偏移，除上述锁住弧之外，也可以采用其他的专门装置。

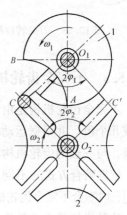

图 10.40 外啮合槽轮机构

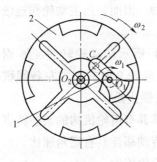

图 10.41 内啮合槽轮机构

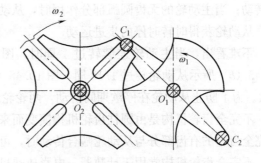

图 10.42 双圆销槽轮机构

如果按圆销的数目，可分为单圆销槽轮机构和多圆销槽轮机构，图 10.42 所示为具有两个圆销的槽轮机构。其拨盘转一周，槽轮间歇运动两次。

2. 槽轮机构的特点及应用

槽轮机构构造简单，机械效率高，并能平稳地改变部件的角度，因此在自动机床转位机构、电影放映机卷片机构等自动机械中，得到广泛的应用。但槽轮机构的转角大小不能调整，而且运动过程中的角速度和角加速度变化大、冲击较严重，故一般应用于转速不高的分度装置中。

图 10.43 所示为六角车床刀架转位槽轮机构。槽轮开有 6 个径向槽，拨盘每转一周，驱使刀架转过 60°。图 10.44 所示为用于电影放映机上卷片的槽轮机构。

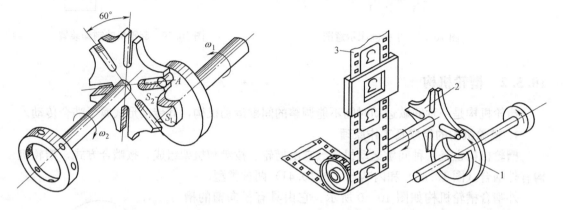

图 10.43 刀架转位槽轮机构 　　　　图 10.44 电影放映机胶片卷片槽轮机构

10.5.3 不完全齿轮机构

不完全齿轮机构是由齿轮机构演变而得的一种间歇运动机构。在主动轮上只做出一个齿或几个齿，并根据运动时间与停歇时间的要求，在从动轮上做出与主动轮轮齿相啮合的轮齿。与一般的齿轮机构相比，其最大的区别在于齿轮的轮齿不布满整个圆周。

依据啮合方式的不同，不完全齿轮机构又可分为外啮合不完全齿轮机构［图 10.45 (*a*)］、内啮合不完全齿轮机构［图 10.45 (*b*)］和不完全齿轮齿条机构［图 10.45 (*c*)］等。

这种机构的主动轮为只有一个齿或几个齿的不完全齿轮，从动轮可以是普通的完整齿轮，也可以由带锁止弧的厚齿彼此相间地组成。当主动轮的有齿部分作用时，从动轮被驱使转动；当主动轮的无齿圆弧部分作用时，从动轮停止不动。因而，当主动轮作连续转动时，从动轮获得时转时停的步进运动。

不难看出，当主动轮连续转过 1 周时，图 10.45 (*a*) 所示从动轮转过 1/6 周，图 10.45 (*b*) 所示从动轮转过 1/18 周，图 10.45 (*c*) 所示从动轮 2 向右和向左各间歇平移 1 次。为了防止从动轮在停歇期间游动，两轮轮缘上各装有锁止弧。

不完全齿轮机构是由圆柱齿轮机构演变而来的，因此其具有齿轮机构的某些特点。当不完全齿轮的有齿部分与从动轮啮合传动时，可以像齿轮传动那样具有定角速比。

不完全齿轮机构常用于计数器、电影放映机和某些进给机构中。

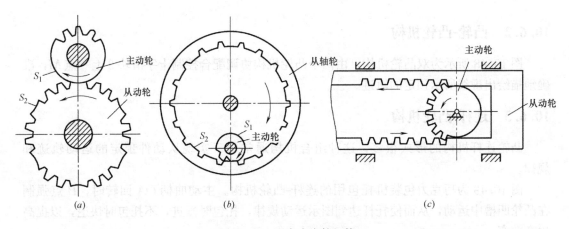

图 10.45　不完全齿轮机构

(*a*) 外啮合；(*b*) 内啮合；(*c*) 齿轮齿条

10.6　组合机构

前述连杆机构、凸轮机构、螺旋机构、齿轮机构和间歇运动机构等，是工程中最常用的几种基本机构。对于比较复杂的运动变换，某种基本机构单独使用，往往难以满足实际生产过程的需要，因此，工程中常把若干种基本机构用一定的方式联接起来，成为组合机构，以便得到单个基本机构所不能具有的运动性能。本节将概略介绍几种组合机构。

10.6.1　连杆-连杆机构

如图 10.46 所示的手动冲床是一个六杆机构。它可以看成是由两个四杆机构组成的。第一个是由原动件（手柄）1、连杆 2、从动摇杆 3 和机架 4 组成的双摇杆机构；第二个是由摇杆 3、小连杆 5、冲杆 6 和机架组成的摇杆滑块机构。前一个四杆机构的输出件被作为第二个四杆机构的输入件。扳动手柄 1，冲杆就上下运动。采用六杆机构，使扳动手柄的力获得两次放大，从而增大了冲杆的作用力。这种增力作用在连杆机构中经常用到。

图 10.47 所示为筛料机主机构的运动简图。这个六杆机构也可看成由两个四杆机构组成。第一个是由原动曲柄 1、连杆 2、从动曲柄 3 和机架 6 组成的双曲柄机构；第二个是由曲柄 3（原动件）、连杆 4、滑块 5（筛子）和机架 6 组成的曲柄滑块机构。

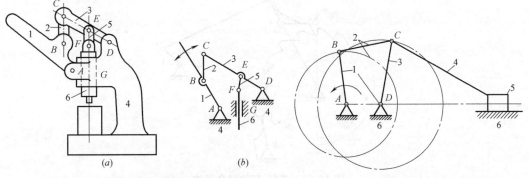

图 10.46　手动冲床中的复合连杆机构　　　　图 10.47　筛料机构的复合连杆机构

10.6.2　凸轮-凸轮机构

图 10.48 所示为双凸轮机构，由两个凸轮机构协调配合控制十字滑块 3 上一点 M，准确地描绘出虚线所示预定的轨迹。

10.6.3　连杆-凸轮机构

凸轮连杆机构的形式很多，这种组合机构通常用于实现从动件预定的运动轨迹和规律。

图 10.49 为巧克力包装机托包用的连杆-凸轮机构。主动曲柄 OA 回转时，B 点强制在凸轮凹槽中运动，从而使托杆达到图示运动规律，托包时慢进，不托包时快退，以提高生产效率。

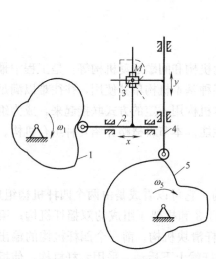

图 10.48　双凸轮机构

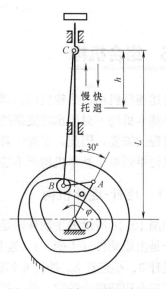

图 10.49　连杆-凸轮组合机构

10.6.4　连杆-棘轮机构

图 10.50 所示为连杆与棘轮两个基本机构组合而成的组合机构。棘轮的单向步进运动

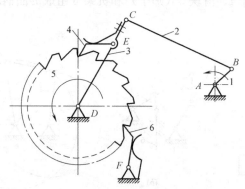

图 10.50　连杆-棘轮组合机构

是由摇杆 3 的摆动通过棘爪 4 推动的，而摇杆的往复摆动又需要由曲柄摇杆机构 ABCD 来完成，从而实现将输入构件（曲柄 1）的等角速度回转运动转换成输出构件（棘轮 5）的步进转动。

思考题

选择题

1. 从运动的角度看，机构运动简图与其相应实际机构（　　）。

A. 没有关联　　　　　B. 部分相同　　　　　C. 完全相同

2. 机构具有确定运动的条件是：机构的（　　）；当机构的（　　）时，机构将不能运动；当机构的（　　）时，机构将"乱动"。

A. 原动件数目＝自由度数目

B. 原动件数目＞自由度数目

C. 原动件数目＜自由度数目

3. 在图 10.51 所示铰链四杆机构中，AB 和 CD 称为（　　），AD 称为（　　），BC 称为（　　）。

A. 连架杆　　　　　B. 连杆　　　　　C. 机架

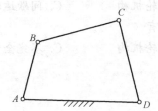

图 10.51　铰链四杆机构

4. 在图 10.51 所示铰链四杆机构中，AB 杆或 CD 杆若能绕铰链 A 或 D 作整周回转运动，则称该杆为（　　）；否则，称该杆为（　　）。

A. 曲柄　　　　　B. 连杆　　　　　C. 摇杆

5. 在图 10.51 所示铰链四杆机构中，若 AB 杆或 CD 杆之一能绕铰链 A 或 D 作整周回转运动，则称机构为（　　）；若 AB 杆和 CD 杆均能绕铰链 A 或 D 作整周回转运动，则称机构为（　　）；若 AB 杆或 CD 杆均不能绕铰链 A 或 D 作整周回转运动，则称机构为（　　）。

A. 双曲柄机构　　　B. 双摇杆机构　　　C. 曲柄摇杆机构

6. 在平面四杆机构中，可实现转动到转动相互转换的机构是（　　），可实现转动到摆动相互转换的机构是（　　），可实现摆动到摆动相互转换的机构是（　　），可实现转动到往复直动相互转换的机构是（　　）。

A. 曲柄滑块机构　　B. 双摇杆机构　　C. 双曲柄机构　　D. 曲柄摇杆机构

7. 在图 10.52 所示各盘形凸轮机构中，可实现凸轮转动到从动件往复直动运动转换的有（　　），可实现凸轮转动到从动件往复摆动运动转换的有（　　）；属于尖顶从动件

的有（　　　），属于平底从动件的有（　　　），属于滚子从动件的是（　　　）；从动件磨损
最小的是（　　　）。

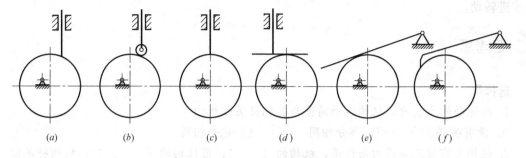

图 10.52　盘形凸轮机构

8. 通常情况下，螺旋机构所实现的运动转换是（　　　）。

A. 将转动转变为转动

B. 将直线移动转变为转动

C. 将转动转变为直线移动

9. 机构的原动件在作连续运动时，从动件产生周期性时动时停的运动，这种机构通
称为（　　　）。

A. 曲柄滑块机构　　　B. 凸轮机构　　　　C. 间歇运动机构　　　D. 螺旋机构

10. 可实现间歇运动的机构有（　　　）。

A. 槽轮机构　　　　　B. 棘轮机构　　　　C. 不完全齿轮机构　D. 以上三种

第11章

机械传动及其图样表达

【知识目标】

1. 熟悉齿轮传动的特点和类型，了解齿轮的结构及各部名称与尺寸关系；
2. 明确齿轮轮齿部分的画法规定；
3. 了解轮系、链传动、带传动及其特点、分类、应用与图样表达。

【技能目标】

能正确识读齿轮、轮系、链传动、带传动的图样表示。

章前思考

1. 在日常生活中，你见过哪些装置上安装有齿轮？你认为它们的作用是什么？齿轮的轮齿结构如果用前面所学的正投影法表达，是否方便？你认为还可以怎样表达该结构呢？

2. 当需要传递距离相对较远的两轴之间的运动时，你见过的都有哪些方式呢？

机械传动是机器设备中不可缺少的重要组成部分，其作用是把原动部分（如电动机、内燃机等）的运动和动力传递给工作部分（如起重机的吊钩、机床的主轴等）。机械传动的形式有许多种，其中齿轮传动、链传动及带传动是应用最广泛的传动形式。

11.1 齿轮传动及其图样表达

齿轮传动是现代机械中应用最广泛的一种机械传动形式，它是通过两个齿轮上的轮齿相互啮合，把运动和动力由一个齿轮直接传递给另一个齿轮，以在机器或部件中传递动力、改变转速和回转方向。齿轮传动的图样表达采用的是规定画法。

11.1.1　齿轮传动的特点和类型

1. 齿轮传动的特点

齿轮传动的特点是：

（1）齿轮传动传递的功率和速度范围大。

（2）能保证传动比恒定不变，传动平稳、准确、可靠，效率高。

（3）结构紧凑，种类繁多，寿命长。

（4）制造和安装精度较高，需要专用机床和刀具加工，成本较高。

2. 齿轮传动的类型

按照一对齿轮轴线的相互位置，可以分为平面齿轮传动和空间齿轮传动两类。

（1）平面齿轮传动（平行轴齿轮传动）

由于两个齿轮的轴线相互平行，所以两轮的相对运动是平面运动。

平面齿轮传动包括直齿圆柱齿轮传动、平行轴斜齿圆柱齿轮传动和人字齿齿轮传动三种，如图 11.1 所示。

图 11.1　平面齿轮传动

根据圆柱齿轮轮齿齿线相对于齿轮母线的方向，又分为直齿（轮齿方向与齿轮母线方向平行）和斜齿两种（轮齿方向与齿轮母线方向倾斜一个角度，称为螺旋角）。人字齿齿轮可以看作是由两个螺旋角大小相等、方向相反的斜齿轮组成的。

根据两个齿轮的啮合方式，又分为外啮合、内啮合和齿轮与齿条啮合三种。

（2）空间齿轮传动（两轴不平行的齿轮传动）

由于两个齿轮的轴线不平行，所以两轮的相对运动是空间运动。它包括相交轴齿轮传动和交错轴齿轮传动两种，如图 11.2 所示。

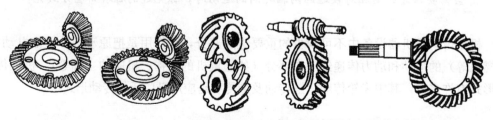

图 11.2　空间齿轮传动

圆锥齿轮传动属于相交轴齿轮传动，它的轮齿分布在圆台体的表面。按照轮齿的方向不同，分为直齿圆锥传动和曲齿圆锥传动两种。

交错轴齿轮传动有交错轴斜齿轮传动（它们的轴线可以在空间交错成任意角度）和蜗杆蜗轮传动（后者轴线一般互相交错垂直）两种。

11.1.2　齿轮的结构及各部分名称与尺寸关系

齿轮的常见结构如图 11.3 所示。它的最外部分为轮缘，其上有轮齿；中间部分为轮毂，轮毂中间有轴孔和键槽；轮缘和轮毂之间通常由辐板或轮辐连接。也有的小齿轮与轴做成整体，称为齿轮轴。

轮齿的齿廓曲线有渐开线、圆弧、摆线、椭圆等。

直齿圆柱齿轮各部分名称和尺寸关系如图 11.4 所示。

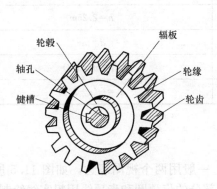

图 11.3　齿轮结构

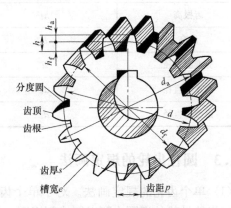

图 11.4　齿轮各部分名称

（1）齿顶圆　通过各轮齿顶部的圆，其直径用 d_a 表示。

（2）齿根圆　通过各轮齿根部的圆，其直径用 d_f 表示。

（3）分度圆　在齿顶圆和齿根圆之间，对于标准齿轮，在此圆上的齿厚 s 与槽宽 e 相等，其直径用 d 表示。

（4）齿高　齿顶圆和齿根圆之间的径向距离，用 h 表示。齿顶圆和分度圆之间的径向距离称齿顶高，用 h_a 表示。分度圆和齿根圆之间的径向距离称齿根高，用 h_f 表示。齿高 $h=h_a+h_f$。

（5）齿距、齿厚、槽宽　在分度圆上相邻两齿对应点之间的弧长称为齿距，用 p 表示。在分度圆上一个轮齿齿廓间的弧长称为齿厚，用 s 表示；相邻两个轮齿齿槽间的弧长称为槽宽，用 e 表示。对于标准齿轮，$s=e$，$p=s+e$。

（6）模数　如果用 z 表示齿轮的齿数，则分度圆的周长就等于齿轮齿数与齿距的乘积。

所以　　　　$zp=\pi d$　$d=zp/\pi$

令　　　　　$m=p/\pi$　　则 $d=mz$

m 称为模数，单位是 mm（毫米）。

模数 m 是设计、制造齿轮的重要参数，其数值已进行了标准化，如表 11.1 所示。

标准模数系列（摘自 GB/T 1357—1993）　　　　　　　　　　　　表 11.1

第一系列	0.1　0.12　0.15　0.2　0.25　0.5　0.4　0.5　0.6　0.8　1　1.25　1.5　2　2.5　3　4　5　6　8 10　12　16　20　25　32　40　50
第二系列	0.35　0.7　0.9　1.75　2.25　2.75　(3.25)　3.5　(3.75)　4.5　5.5　(6.5)　7　9　(11)　14 18　22　28(30)　36　45

当标准直齿圆柱齿轮的齿数 z 和模数 m 确定后，其他各部的几何尺寸可按表 11.2 所列公式计算。

标准直齿圆柱齿轮轮齿部分的尺寸计算 表 11.2

基本几何要素：模数 m；齿数 z		
名称	代号	计算公式
齿顶高	h_a	$h_a = m$
齿根高	h_f	$h_f = 1.25m$
齿高	h	$h = 2.25m$
分度圆直径	d	$d = mz$
齿顶圆直径	d_a	$d_a = m(z+2)$
齿根圆直径	d_f	$d_f = m(z-2.5)$

11.1.3 圆柱齿轮的规定画法

（1）单个齿轮的规定画法。对于单个齿轮，一般用两个视图表达，如图 11.5 所示。平行于齿轮轴线的视图也可以画成剖视图。轮齿部分的齿顶圆和齿顶线用粗实线绘制；分度圆和分度线用细点画线绘制；齿根圆和齿根线用细实线绘制，如图 11.5（a）所示，也可省略不画。在剖视图中，当剖切平面通过齿轮的轴线时，轮齿一律按不剖处理，齿根线用粗实线绘制，如图 11.5（b）所示。若为斜齿或人字齿，可用三条与齿线方向一致的细实线表示齿线的形状，如图 11.5（c）、（d）所示。直齿则不需表示。

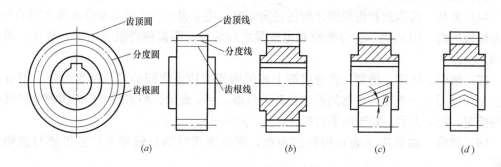

图 11.5 单个齿轮的画法
（a）视图；（b）剖视图；（c）斜齿；（d）人字齿

（2）齿轮啮合的规定画法。啮合齿轮［图 11.6（a）］的图形，常用两个视图表达。一个是垂直于齿轮轴线的视图，另一个则取平行于齿轮轴线的视图或剖视图，如图 11.6（b）～（d）所示。

在垂直于齿轮轴线的视图中，它们的分度圆（啮合时称节圆）成相切关系。啮合区内的齿顶圆有两种画法：一种是将两齿顶圆用粗实线完整画出，如图 11.6（b）所示；另一种是将啮合区内的齿顶圆省略不画，如图 11.6（c）所示。节圆用细点画线绘制。

在平行于齿轮轴线的视图中，啮合区的齿顶线不需画出，节线用粗实线绘制，如图 11.6（d）所示。

在剖视图中，当剖切平面通过两啮合齿轮的轴线时，在啮合区内，主动齿轮的轮齿用粗实线绘制；从动齿轮的轮齿被遮挡的部分用虚线绘制，如图 11.6（b）所示，也可省略不画。

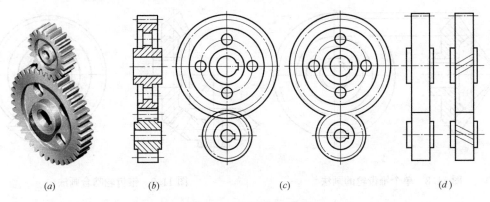

（a）　　　　（b）　　　　（c）　　　　（d）

图 11.6　齿轮啮合画法

除轮齿部分采用规定画法外，齿轮的其他部分仍采用投影画法。

在齿轮的图样中，一般将齿轮的参数表放置在图框的右上角，参数表中列出模数、齿数、齿形角、精度等级和检验项目等。

11.1.4　圆锥齿轮及其规定画法

直齿锥齿轮用于相交两轴间的传动，如图 11.7 所示。由于直齿锥齿轮是在圆锥面上制出轮齿，所以轮齿沿齿宽方向由大端向小端逐渐变小，其模数也随之变化，因此规定以大端的模数来确定各部分的尺寸。

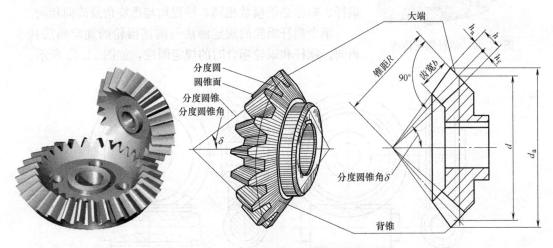

图 11.7　锥齿轮及各部分名称

单个锥齿轮的轮齿画法与圆柱齿轮相同。一般用两个视图表达。平行于轴线的视图常取剖视图；在垂直于齿轮轴线的视图中，规定用粗实线画出大端和小端的顶圆，用细点画线画出大端的分度圆，大、小端齿根圆及小端分度圆均不画出。除轮齿按上述规定画法外，齿轮其余部分均按投影绘制，如图 11.8 所示。

锥齿轮啮合的规定画法。其主视图常用平行于两齿轮轴线的剖视图表达，绘制时两齿轮的轴线与分度圆锥线相交于一点。在垂直于齿轮轴线的视图中只画出外形，一齿轮的大端节线与另一齿轮的大端节圆相切，齿根线和齿根圆省略不画，如图 11.9 所示。

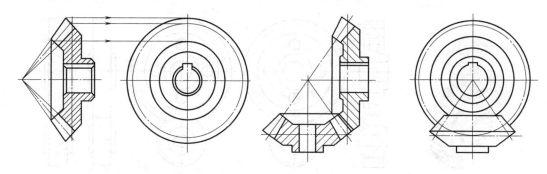

图 11.8　单个锥齿轮的画法　　　　　图 11.9　锥齿轮啮合画法

11.1.5　蜗杆蜗轮及其规定画法

图 11.10　蜗杆蜗轮传动

蜗杆蜗轮传动用于传递两交错轴之间的运动和动力，其轴间角一般为 90°，蜗杆是主动件，蜗轮是从动件，如图 11.10 所示。蜗杆传动可以达到很高的速比，并且结构紧凑、传动平稳，但传动效率比齿轮传动要低。蜗杆上只有一条螺旋线的为单线蜗杆，有两条以上的为多线蜗杆。蜗杆的旋向有左、右之分。为了改善蜗轮与蜗杆轮齿的接触面，通常将蜗轮的轮齿顶部设计成凹圆环面。一对啮合的蜗杆、蜗轮必须模数相同，导程角与螺旋角及旋向相同。

单个蜗杆蜗轮的规定画法与前述齿轮的规定画法基本相同。蜗杆和蜗轮啮合时的规定画法，如图 11.11 所示。

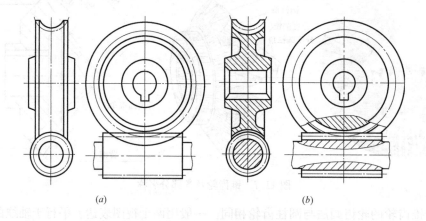

(a)　　　　　　　　　　(b)

图 11.11　蜗杆蜗轮啮合画法
(a) 不剖切；(b) 剖切

11.2　齿轮系

齿轮机构是应用最广的传动机构之一，如果用普通的一对齿轮传动实现大传动比传动，不仅机构外廓尺寸庞大，而且大小齿轮直径相差悬殊，使小齿轮易磨损，大齿轮的工作能力不能充分发挥。为了在一台机器上获得很大的传动比，或是获得不同转速，常常采用一系列的齿轮组成传动机构，这种由齿轮组成的传动系称为齿轮系，简称轮系。采用轮系，可避免上述缺点，而且使结构较为紧凑。

11.2.1　轮系的分类

1. 定轴轮系

轮系中，所有齿轮的几何轴线都是固定的，如图 11.12 所示。

在定轴轮系中，如果各齿轮的轴线均互相平行，则称为平面定轴轮系，如图 11.12 （a）所示；如果轮系中含有相交轴齿轮传动、交错轴齿轮传动，则称为空间定轴轮系，如图 11.12 （b）所示。

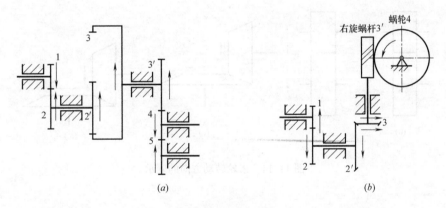

图 11.12　定轴轮系

（a）平面定轴轮系；（b）空间定轴轮系

2. 周转轮系

轮系中，至少有一个齿轮的几何轴线是绕另一个齿轮几何轴线转动的。如图 11.13 所示的轮系，齿轮 1、3 和构件 H 均绕几何轴线 $O—O$ 转动，而齿轮 2 一方面绕自身的几何

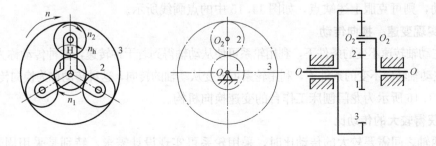

图 11.13　周转轮系

轴线 O_2 转动（自转），同时又随 O_2 一起被构件 H 带着绕固定的几何轴线 O—O 回转（公转），即齿轮 2 作行星运动，故而又称齿轮 2 为行星轮。

11.2.2 轮系的传动比

一对齿轮的传动比是指该两齿轮的角速度（或转速）之比，而轮系的传动比，则是指输入轴和输出轴角速度（或转速）之比。轮系的传动比包括两方面的内容：传动比的数值大小和输入轴、输出轴的相对转动方向。

对于一对互相啮合的定轴齿轮，其传动比大小等于其齿数之反比，其转动方向可通过标注箭头的方法确定出来，如图 9.6 所示。定轴轮系中，从输入轴到输出轴间的运动是通过逐对啮合的齿轮依次传动来实现的，根据一对齿轮传动比的计算，可推出定轴轮系的传动比计算。而对于周转轮系的传动比，则可通过在整个轮系上加上一个与系杆旋转方向相反的大小相同的角速度，将周转轮系转化成定轴轮系进行计算。

定轴轮系各对啮合齿轮的相对转向可以通过标注箭头的方法来确定，如图 11.14 所示。若已知首轮 1 的转向，可用标注箭头的方法来确定其他齿轮的转向。

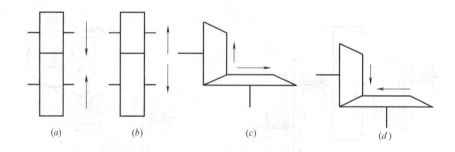

(a) (b) (c) (d)

图 11.14 齿轮转动方向的表示

11.2.3 轮系的应用

在实际机械传动中，轮系的应用非常广泛。主要有：

1. 传递相距较远的两轴之间的运动和动力

当主动轴与从动轴之间的距离较远时，若仅用一对齿轮传动，会使齿轮的外廓尺寸庞大，如图 11.15 中的虚线所示。这样，既浪费材料，又给制造、安装等带来不便。如采用轮系传动，则可克服上述缺点，如图 11.15 中的点画线所示。

2. 实现变速、换向传动

在主动轴转速不变的条件下，利用轮系可使从动轴得到若干种转速，这种传动称为变速传动。在主动轴转向不变的条件下，利用轮系可改变从动轴的转向，这种传动称为换向传动。

图 11.16 所示为龙门刨床工作台的变速换向机构。

3. 获得较大的传动比

当两轴之间需要较大的传动比时，采用轮系可实现设计需求，特别是采用周转轮系，可用较少的齿轮、紧凑的结构得到较大的传动比，如图 11.17 所示轮系。

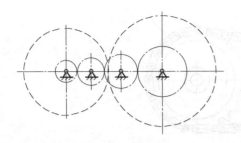

图 11.15 相距较远的两轴传动

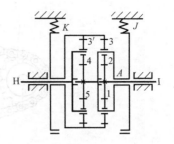

图 11.16 变速、换向传动

4. 实现运动的合成或分解

运动的合成是将两个输入运动合成为一个输出运动。如图 11.18 所示差动轮系。

运动的分解是将一个输入运动分解为两个输出运动。差动轮系既具有运动合成的性能，又具有运动分解的性能。如图 11.19 所示，汽车后桥差速器中的轮系，发动机通过传动轴驱动齿轮 5，齿轮 5 和齿轮 4 组成定轴传动；齿轮 2 为行星轮，转臂 H 与齿轮 4 固联，齿轮 1、3 为中心轮，则转臂 H、行星轮 2、中心轮 1、3 组成差动轮系。

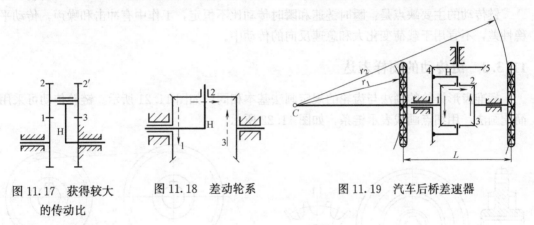

图 11.17 获得较大
的传动比

图 11.18 差动轮系

图 11.19 汽车后桥差速器

11.3 链传动

11.3.1 链传动的工作原理与类型

链传动由主动链轮 1、从动链轮 2 和绕在链轮上的环形链条 3 组成（见图 11.20），依靠链条与链轮轮齿的啮合传递运动和动力。

按用途不同，链可分为传动链、起重链和输送链。传动链主要用于机械传动中，传递运动和动力，应用广泛。起重链和输送链主要用于起重和运输机械。

传动链的类型主要有滚子链和齿形链。齿形链也称无声链，它较滚子链工作平稳、噪声小，承受冲击载荷能力强，但结构较复杂，成本较高。滚子链的产量最多，应用最广。

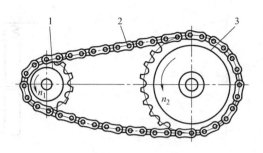

图 11.20　链传动

11.3.2　链传动的特点及应用

链传动是具有中间挠性件的啮合传动。与带传动（见 11.4 节）相比，链传动的主要优点是没有弹性滑动和打滑，能保持准确的平均传动比，传动效率较高，对轴的压力较小，传递功率大，过载能力强，能在低速、重载下较好工作，能适应恶劣环境；与齿轮传动相比，链传动的制造与安装精度要求较低，成本低廉，易于实现较大中心距的传动。

链传动的主要缺点是：瞬时链速和瞬时传动比不恒定，工作中有冲击和噪声，传动平稳性差，不宜用于载荷变化大和急速反向的传动中。

11.3.3　链传动的图样表达

标准齿形链轮的画法与齿轮的规定画法基本相同，如图 11.21 所示。链轮传动可采用简化画法，用细点画线表示链条，如图 11.22 所示。

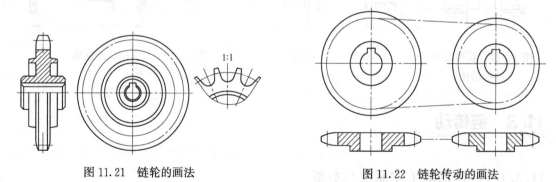

图 11.21　链轮的画法　　　　　　　　　图 11.22　链轮传动的画法

11.4　带传动

11.4.1　带传动的工作原理与类型

1. 带传动的类型

带传动由主动轮 1、从动轮 2 和张紧在两轮上的封闭环形传动带 3 所组成，如图 11.23 所示。

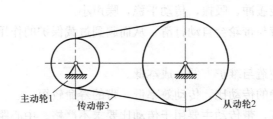

图 11.23　带传动简图

主动轮1　传动带3　从动轮2

除了正常的传递方法外，还可以实现交叉和半交叉传动，如图 11.24、图 11.25 所示。

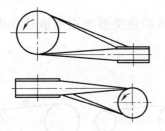

图 11.24　半交叉传动

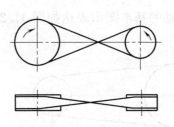

图 11.25　交叉传动

按照传动带的横截面形状不同，可分为平带、V 带、圆带、同步带等多种类型，如图 11.26 所示。由于平带传动结构最简单，带轮也容易制造，多应用于中心距较大的场合；而 V 带传动在一般机械中应用最为广泛。

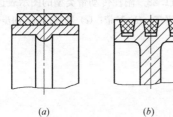
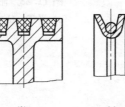
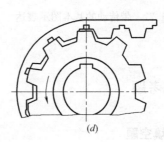

(a)　　　　　(b)　　　　　(c)　　　　　　　(d)

图 11.26　传动带的类型

(a) 平带；(b) V 带；(c) 圆带；(d) 同步带

2. 带传动的工作原理

由图 11.23 所示带传动简图可知，在环形带的张紧作用下，使带与带轮相互压紧。当主动轮转动时，依靠带与带轮接触弧面间的摩擦力，将主动轮的运动和动力传递给从动轮。

带传动属于摩擦传动，所以带传动的工作能力主要取决于摩擦力的大小。带与带轮表面的摩擦系数、预加的张紧力和带与带轮的接触弧长，都是影响带传动能力的因素。其中，增大摩擦系数和增加带与带轮的接触弧长是经常采用的提高带传动能力的办法；而增加过大的预加张紧力，将会加重带的磨损，缩短带的使用寿命。

11.4.2　带传动的特点及应用

由于传动带是挠性件，又是依靠摩擦力来传动，所以带传动具有如下特点：

（1）富有弹性，能缓冲、吸振，传动平稳，噪声小。

（2）当过载时，带与带轮会自动打滑，从而起到过载保护的作用，可防止其他零件的损坏。

（3）结构简单，制造与维护方便，成本低。

（4）不能保证准确的传动比，传动效率低，带的寿命较短。

根据带传动的特点，带传动主要用于传动比要求不严格、中心距较大的场合，以及需要对电动机提供过载保护的场合。

11.4.3 带传动的图样表达

带传动的基本图示表达如图 11.27 所示，附注传动带类型的图示表达如图 11.28 所示。

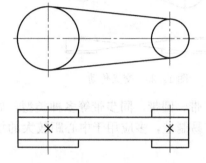

图 11.27 带传动的基本图示表达

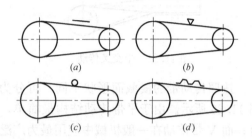

图 11.28 附注传动带类型的图示表达
（a）平带；（b）V 带；（c）圆带；（d）同步带

思考题

1. 填空题

（1）工程图样中，齿轮轮齿部分采用的画法是有别于投影画法的_____；

（2）从运动的角度看，齿轮传动的主要参数有_____和_____；

（3）为了在一台机器上获得很大的传动比，或是获得不同转速，常常采用一系列的齿轮组成传动机构，这种机构称为_____。

（4）在定轴轮系中，每一个齿轮的回转轴线都是_____的。

2. 选择题

（1）在齿轮传动中，实现平行两轴间传动的是（   ），实现相交两轴间传动的是（   ），实现空间交错垂直两轴间传动的是（   ）。

A. 圆柱齿轮　　　　B. 蜗杆蜗轮　　　　C. 圆锥齿轮

（2）一对平行轴外啮合圆柱齿轮传动，两轮转向（   ）；一对平行轴内啮合圆柱齿轮传动，两轮转向（   ）。

A. 相同　　　　　　B. 相反

（3）通常情况下，采用链传动时两轮的转向（   ），采用带传动时两轮的转向可以

（　　）。

A. 相同　　　　　　B. 相反　　　　　　C. 相同或相反

（4）在下述三种传动中，能起过载保护作用的是（　　）。

A. 带传动　　　　　B. 链传动　　　　　C. 齿轮传动

（5）在下述三种传动中，当主动轴匀速转动时，通常情况下从动轴也基本为匀速转动的是（　　）。

A. 带传动　　　　　B. 链传动　　　　　C. 齿轮传动　　　　D. 以上全部

第12章

通用零件及其联接与图样表达

【知识目标】

1. 掌握螺纹的规定画法，了解螺纹参数的标注方法；
2. 熟悉常用螺纹紧固件的种类、标记及其图样表达；
3. 了解键、销的标记以及平键联接、销联接的规定画法；
4. 了解常用滚动轴承的类型、代号及画法；
5. 熟悉弹簧在装配图中的规定画法。

【技能目标】

1. 能识读图样中的螺纹及螺纹紧固件联接；
2. 能识读装配图中的键、销联接；
3. 能识别装配图中的滚动轴承和弹簧画法。

章前思考

1. 日常生活中，你见过哪些装置上有螺纹结构？它们的作用分别是什么？这些结构如果用前面所学的正投影法表达，是否方便？你认为可以怎样表达这些标准的结构呢？
2. 生活中，当你需要使用螺钉、螺母、轴承等大众化的零件时，是否需要自己画出图形送去工厂加工？在购买这些零件时依据的是什么？是谁为我们提供了这样的方便呢？
3. 工程和生活中，你见过哪些把不同部分联接在一起的方式？其中的哪些是可拆卸的？哪些是不可拆卸的？

12.1 概述

一部机器通常都是由成百上千个零件组成的，但这些零件并不是随意罗列在一起的，而是按照一定的要求和方式联接起来，构成一个整体。在这些联接中，有些是可以拆卸的（例如，螺钉和螺栓联接），称为可拆卸联接；有些一旦联接起来则不可再拆卸分开（例如焊接），称为不可拆卸联接。

在所有零件中，常常会遇到一些通用的零（部）件，比如螺栓、螺母、螺钉、垫圈、键、销、滚动轴承等。由于这些零（部）件应用广泛、用量很大，并且种类繁多，为了降低成本，保证互换性，一般情况下，对这些零（部）件都是进行专业化的规模生产。为了便于生产和选用，国家有关部门对其结构和尺寸等进行了标准化、系列化，称为标准件；还有一些广泛使用的零件，比如齿轮、弹簧等，它们的部分结构也进行了标准化，这类零件称为常用件。标准件和常用件的某些结构形状比较复杂（如螺纹、齿轮等），多用专门的设备和刀具进行专业化生产。绘图时，对这些零件的形状和结构，如螺纹的牙型、齿轮的齿廓等，不需要按真实投影画出，只要根据国家标准规定的画法、代号或标记进行绘制和标注。它们的结构和尺寸可以根据标记，查阅相应的国家标准或机械零件手册得出。

本章将介绍通用零件及其联接与图样表达。

12.2　螺纹

12.2.1　螺纹的形成

螺纹是指在圆柱、圆锥等回转面上沿着螺旋线所形成，具有相同轴向断面的连续凸起和沟槽。螺纹在机器设备中应用很普遍，经常用来作为零件之间的联接和传动。加工在圆柱或圆锥外表面上的螺纹，称为外螺纹；加工在圆柱或圆锥内表面的螺纹，称为内螺纹。内、外螺纹总是"成对儿"使用。

形成螺纹的加工方法很多，常见的是在车床上车削螺纹，如图 12.1（a）所示；也可碾压螺纹，如图 12.1（b）所示；对于直径较小的螺孔，可先用钻头钻出光孔，再用丝锥攻螺纹，如图 12.1（c）所示。

12.2.2　螺纹的要素

内、外螺纹联接时，螺纹的下列要素必须一致：

1. 牙型

在通过螺纹轴线的剖面上，螺纹的轮廓形状，称为螺纹的牙型。常见的有三角形、锯齿形、梯形和矩形等，如图 12.2 所示。不同的螺纹牙型，有不同的用途。

2. 公称直径

公称直径是代表螺纹尺寸的直径，指螺纹大径的基本尺寸。

螺纹的直径包括螺纹大径、螺纹小径和螺纹中径，具体含义如图 12.3 所示。

3. 线数

形成螺纹时螺旋线的条数，称为螺纹的线数。

螺纹有单线和多线之分。沿一条螺旋线形成的螺纹，称为单线螺纹；沿两条或两条以上螺旋线形成的螺纹，称为多线螺纹，如图 12.4 所示。

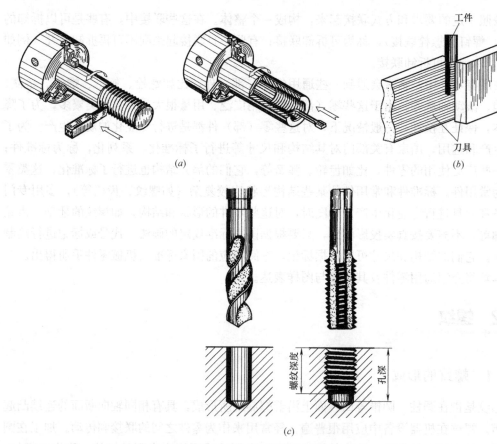

图 12.1　螺纹的加工方法

(*a*) 车削内、外螺纹；(*b*) 碾压螺纹；(*c*) 钻孔及攻内螺纹

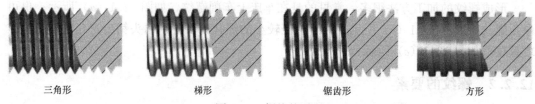

三角形　　　　梯形　　　　锯齿形　　　　方形

图 12.2　螺纹的牙型

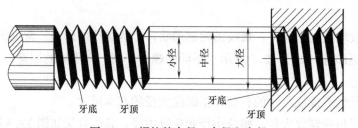

图 12.3　螺纹的大径、中径和小径

4. 螺距和导程

　　螺纹上相邻两牙在中径线上对应两点间的轴向距离，称为螺距，用 p 表示。同一条螺旋线上相邻两牙在中径线上对应两点间的轴向距离，称为导程，用 P_h 表示。

螺距和导程之间存在如下的关系：

导程＝螺距×线数

显然，单线螺纹的螺距等于导程，如图 12.4 所示。

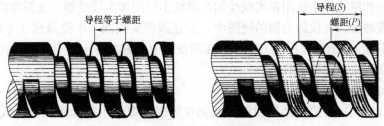

图 12.4　螺纹的线数、螺距和导程

5. 旋向

螺纹的旋向有左旋和右旋之分。旋转方向与前进方向符合右手关系的螺纹，称为右旋螺纹；符合左手关系的螺纹，称为左旋螺纹。旋向的直观判别方法如图 12.5 所示。工程上常用的是右旋螺纹，只有在一些不适于采用右旋螺纹的场合，才使用左旋螺纹。

判断螺纹的旋向，可以将螺纹轴线直立放置，螺纹向右上倾斜的为右旋螺纹，向左上倾斜的为左旋螺纹。

内、外螺纹旋合时，螺纹的五项要素必须完全相同。改变上述五项要素中的任何一项，就会得到不同规格和尺寸的螺纹。为便于设计和加工，国家标准对五项要素中的牙型、公称直径和螺距作了规定。凡是上述三项要素都符合标准的螺纹，称为标准螺纹；仅牙型符合标准的螺纹，称为特殊螺纹；牙型不符合标准的螺纹，称为非标准螺纹。

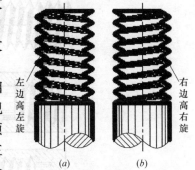

图 12.5　螺纹旋向的直观判别
(a) 左旋螺纹；(b) 右旋螺纹

12.2.3　常用螺纹的种类

螺纹按其用途，可分为两大类：联接螺纹和传动螺纹。

常见的联接螺纹有两种，即普通螺纹和管螺纹。其中，普通螺纹又分为粗牙普通螺纹和细牙普通螺纹；管螺纹又分为螺纹密封的管螺纹和非螺纹密封的管螺纹。

联接螺纹的共同特点是牙型皆为三角形，其中普通螺纹的牙型为等边三角形（牙尖角为 60°），细牙和粗牙的区别是在外径相同的条件下，细牙螺纹比粗牙螺纹螺距小。而管螺纹的牙型为等腰三角形（牙尖角为 55°），公称直径以英寸（1 英寸≈25.4mm）为单位，螺距是以每英寸螺纹长度中有几个牙来表示。

传动螺纹用来传递动力和运动，常用的有梯形螺纹和锯齿形螺纹。梯形螺纹的牙型为等腰梯形，其牙型角为 30°，应用较广；锯齿形螺纹的牙型为不等腰梯形，其工作面的牙型斜角为 3°，非工作面的牙型斜角为 30°，只能传递单向动力。

12.2.4　螺纹的图样表达

螺纹若按真实投影作图比较复杂，根据国家标准的规定，在图样上绘制螺纹时，采用规定画法，而不必画出其真实投影。

1. 外螺纹的规定画法

外螺纹一般用视图来表示。

螺纹大径和螺纹终止线用粗实线绘制，螺纹小径用细实线绘制，在倒角或倒圆部分处的细实线也应画出。在投影为圆的视图中，大径画粗实线圆，小径约 3/4 细实线圆弧，倒角圆省略不画，如图 12.6（a）所示。在剖视图中，螺纹终止线只画出大径和小径之间的部分，剖面线应画到粗实线处。

2. 内螺纹的规定画法

内螺纹（螺孔）一般应画剖视图。画剖视图时，螺纹小径和螺纹终止线用粗实线表示。螺纹大径用细实线表示。在投影为圆的视图中，小径画粗实线圆，大径画约 3/4 细实线圆弧，倒角圆省略不画，如图 12.6（b）所示。

内螺纹未取剖视时，大径、小径和螺纹终止线均画虚线；对于不穿通螺孔，应将钻孔深度和螺纹孔深度分别画出，钻孔的锥顶角应画成 120°，如图 12.6（c）所示。

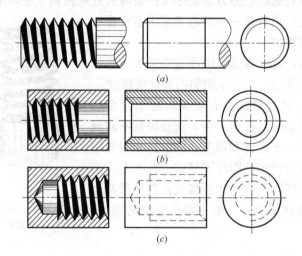

图 12.6　螺纹的规定画法

（a）外螺纹的画法；（b）内螺纹的画法；（c）未剖内螺纹的画法

3. 螺纹联接的规定画法

用剖视图表示内、外螺纹联接时，旋合部分按外螺纹的规定画法绘制，其余部分仍按照单个内、外螺纹各自的规定画法绘制。必须注意，表示大小径的粗实线和细实线应该分别对齐，而与倒角的大小无关，如图 12.7 所示。

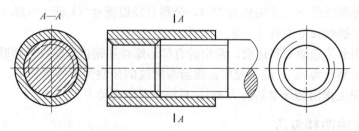

图 12.7　螺纹联接的规定画法

12.2.5　螺纹的标记

由于各种螺纹的画法都是相同的，国家标准规定各种标准螺纹用规定的标记标注，并标注在公称直径上，以区别不同种类的螺纹。各种螺纹的特征代号及标注见表12.1。

螺纹种类特征代号及标注　　　　　　　　　　　表12.1

螺纹名称及其种类特征代号		图例及标记注释	备　　注
粗牙普通螺纹	M	M10-6g-s 短旋合长度代号 外螺纹中径、顶径(大径)公差带代号 公称直径(大径) 特征代号	1. 粗牙普通螺纹不注螺距，因为一个公称直径只有一个对应的螺距。 2. 细牙普通螺纹应注螺距，因为，同一个公称直径，可有几个不同的螺距。 3. 右旋不注，左旋应注"LH"。 4. 旋合长度分 L、N、S 三种，其中，N 为中等旋合长度，不标注；L 为长旋合长度，S 为短旋合长度，需要标注
细牙普通螺纹		M12×1-7H-LH 左旋代号 内螺纹中径和顶径(小径)公差带代号 螺距 公称直径(大径) 特征代号	
55°密封管螺纹	圆锥外螺纹 R₂	R₂3/4 尺寸代号 圆锥外螺纹特征代号	1. 注意:管螺纹的公称直径不是螺纹本身的直径尺寸，而是该螺纹所在管子的公称通径，所以管螺纹的标注采用从大径轮廓线上引出标注的方式。 2. 内、外螺纹均只有一种公差带，不标注
	圆锥内螺纹 Rc	Rc1/2-LH 左旋代号 尺寸代号 圆锥内螺纹特征代号	
	圆柱外螺纹 R₁	R₁1/2-LH 左旋代号 尺寸代号 圆柱外螺纹特征代号	
	圆柱内螺纹 Rp	Rp1/4 尺寸代号 与圆锥外螺纹配合的圆柱内螺纹特征代号	
55°非密封管螺纹	G	G1/2A-LH 左旋代号 公差等级代号 尺寸代号 特征代号	1. 外螺纹公差等级分为 A 级和 B 级两种，内螺纹公差等级只有一种，不标注。 2. Rp 与 G 同为圆柱内螺纹，但不能互换

续表

螺纹名称 及其种类特征代号		图例及标记注释	备　注
梯形螺纹	Tr	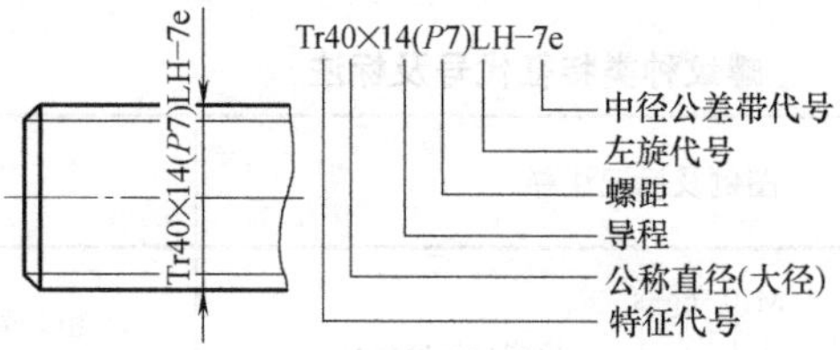 Tr40×14(P7)LH-7e 中径公差带代号 左旋代号 螺距 导程 公称直径(大径) 特征代号	1. 旋合长度分 L（长）、N（中）两种，中等旋合长度不标注。 2. 若图例中的标记改为：Tr40×7-7H 则为单线梯形内螺纹，7H为内螺纹中径公差带代号，中等旋合长度
锯齿形 螺纹	B	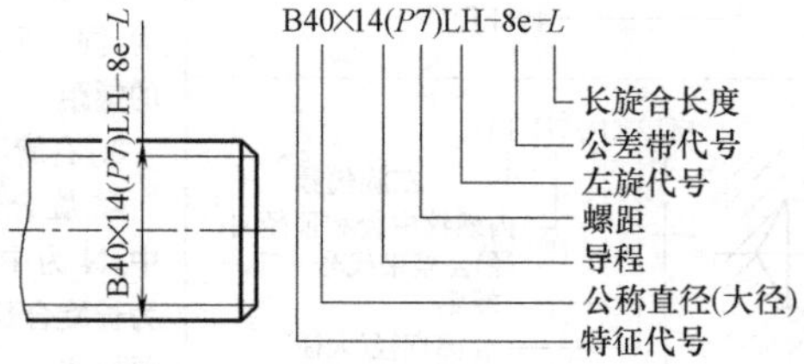 B40×14(P7)LH-8e-L 长旋合长度 公差带代号 左旋代号 螺距 导程 公称直径(大径) 特征代号	若图例中的标记改为：B40×7-7A 则为单线锯齿形内螺纹的标注

12.2.6 螺纹的查表

除从螺纹标记直接读取的螺纹要素外，螺纹的其他要素均可通过查阅相应的国家标准得到。

粗牙普通螺纹的螺距、螺纹小径可由其公称直径查阅附录附表 1 得到，如标记为"M10-6g-s"的粗牙普通螺纹，可由其公称直径 10mm 查得：螺距为 1.5mm，螺纹小径为 8.376mm。

管螺纹的大径、中径、小径及螺距等，可由其尺寸代号查阅附录附表 2 得到，如标记为"G1/2A-LH"的管螺纹，可由其尺寸代号 1/2 查得：螺纹大径为 20.955mm、中径为 112.793mm、小径为 18.631mm、螺距为 1.814mm。

12.3 螺纹紧固件及其联接

通过内、外螺纹的旋合，起联接和紧固作用的零件，称为螺纹紧固件。常用的螺纹紧固件有螺栓、螺柱、螺钉、螺母和垫圈等，如图 12.8 所示。

12.3.1 螺纹紧固件的标记

螺纹紧固件属于标准件，由标准件厂统一生产。一般不需画出它们的零件图，根据设计要求按相应的国家标准进行选取；使用时，按规定标记进行外购即可。根据标记，可从有关标准查到它们的结构形式和各部分的具体尺寸（参看附录附表 3 至附表 8）。

常用螺纹紧固件的标记与图例见表 12.2。

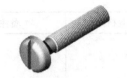

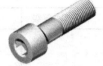

开槽盘头螺钉
内六角圆柱头螺钉
开槽锥端紧定螺钉
六角头螺栓
双头螺柱
1型六角螺母
平垫圈
弹簧垫圈

图 12.8　常用螺纹紧固件

常用螺纹紧固件的标记与图例　　**表 12.2**

名称	图例与标记示例	常用产品等级	规格尺寸	备注
六角头螺栓	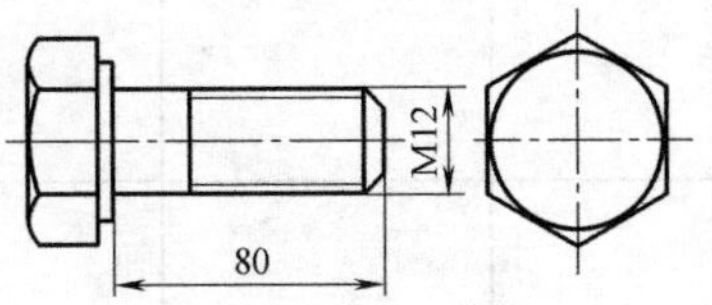M12 80 螺栓　GB/T 5782　M12×80 标记示例的说明：螺纹规格 d=M12、公称长度 l=80mm、性能等级为 8.8 级、表面氧化、A 级的六角头螺栓	A 级和 B 级	螺栓的螺纹大径 d 和公称长度 l	根据螺栓的标记可从其标准中(附录的附表 3)查出螺栓各部分的尺寸
Ⅰ型六角螺母	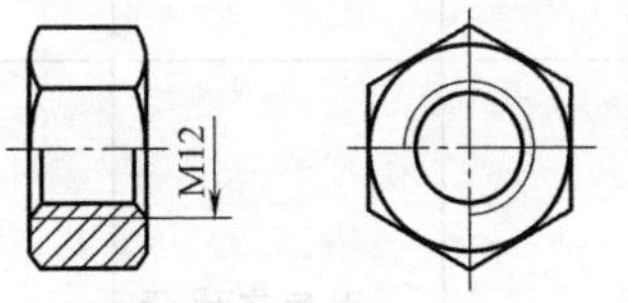M12 螺母　GB/T 6170　M12 标记示例的说明：螺纹规格 D=M12、性能等级为 10 级、不经表面处理、A 级的Ⅰ型六角螺母	Ⅰ型六角螺母 A 级和 B 级	螺纹大径 D	根据螺母的标记可从其标准中(附录的附表 7)查出螺母各部分尺寸
弹簧垫圈	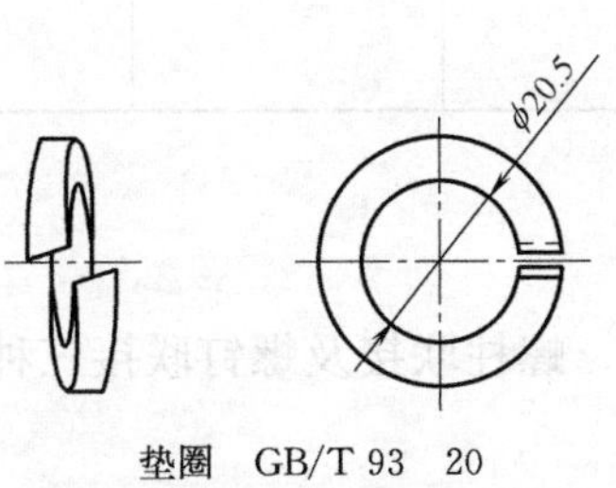φ20.5 垫圈　GB/T 93　20 标注示例的说明：规格 20mm、材料为 65Mn、表面氧化的标准型弹簧垫圈		规格尺寸的含义同平垫圈	根据弹簧垫圈的标记可从附录的附表 8 中查出弹簧垫圈的各部分尺寸

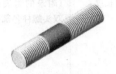

名称	图例与标记示例	常用产品等级	规格尺寸	备注
双头螺柱	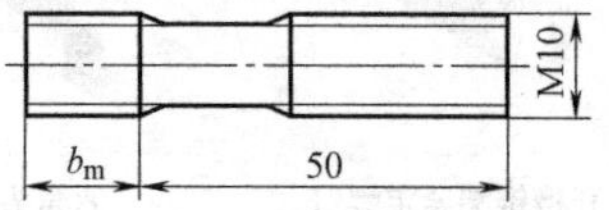 螺柱　GB/T 897　M10×50 标记示例的说明：两端均为粗牙普通螺纹，d＝M10、公称长度 l＝50mm、性能等级为 4.8 级、不经表面处理、B 型、b_m＝d 的双头螺柱。 b_m 见表末的说明		螺纹大径 d 和公称长度 l	根据双头螺柱的标记，就可以从其标准中（附录的附表 6）查出双头螺柱各部分尺寸
开槽圆柱头螺钉	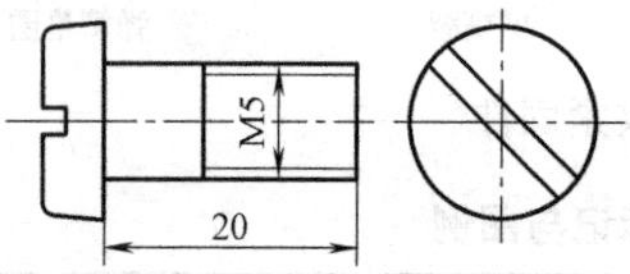 螺钉　GB/T 65　M5×20 标记示例的说明：螺纹规格 d＝M5、公称长度 l＝20mm、性能等级为 4.8 级、不经表面处理的开槽圆柱头螺钉		螺纹大径 d 和公称长度 l	根据螺钉的标记就可从标准中（附录的附表 4）查出螺钉的有关尺寸
开槽锥端紧定螺钉	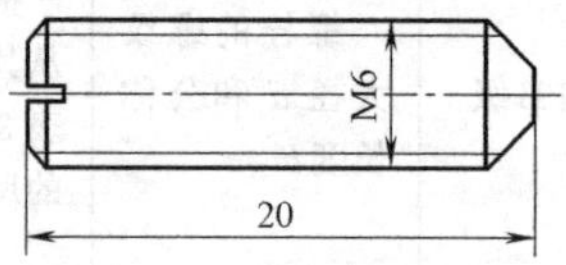 螺钉　GB/T 71　M6×20 标记示例的说明：螺纹规格 d＝M6、公称长度 l＝20mm、性能等级为 14H、表面氧化的开槽锥端紧定螺钉		螺纹大径 d 和公称长度 l	同上，查附录的附表 5
平垫圈	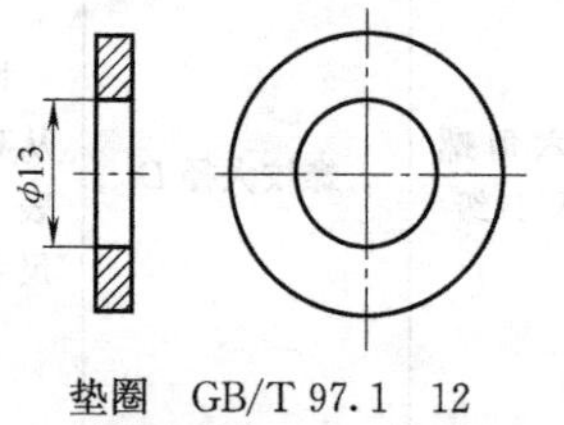 垫圈　GB/T 97.1　12 标注示例的说明：公称尺寸 d＝12mm、性能等级为 140HV 级、不经表面处理的平垫圈	A 级	指与之成套使用的螺栓（或螺柱）的螺纹大径 d	可从附录的附表 8 中查出有关垫圈各部分的尺寸

12.3.2　螺纹紧固件的联接画法

螺纹紧固件的基本联接形式分为：螺栓联接、螺柱联接及螺钉联接三种，如图 12.9 所示。

1. 基本规定

画螺纹紧固件联接图时，应遵守下列基本规定：

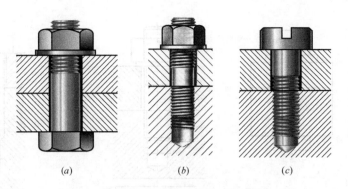

图 12.9　螺纹紧固件的基本联接形式

(*a*) 螺栓联接；(*b*) 螺柱联接；(*c*) 螺钉联接

- 两零件的接触面画一条粗实线；不接触的相邻表面，需画两条线。
- 在剖视图中，相邻两零件的剖面线应有明显的区别（或倾斜方向相反，或倾斜方向相同但间隔不等）；同一个零件在各个视图中的剖面线，方向和间隔均应一致。
- 在剖视图中，若剖切平面通过螺纹紧固件（螺栓、螺钉、螺柱、螺母、垫圈）的轴线，则这些紧固件按不剖绘制。

2. 螺栓联接

螺栓联接适用于联接不太厚又允许钻成通孔的零件。常用的紧固件有螺栓、螺母、垫圈。联接时，先在两个被联接件上钻出通孔（通孔孔径应稍大于螺栓杆的直径 d，约为 $1.1d$），将螺栓穿过被联接件的通孔，在制有螺纹的一端装上垫圈，拧上螺母，即完成了螺栓联接。其联接图如图 12.10 所示。

3. 螺柱联接

当被联接件之一较厚或不适宜用螺钉联接时，常采用螺柱联接。常用的紧固件有螺柱、螺母和垫圈。联接时，先在较薄的零件上钻出通孔（通孔孔径约为 $1.1d$），并在较厚的零件上加工出螺孔，螺柱一端旋入较厚零件的螺孔中，另一端穿过较薄零件上的通孔，套上垫圈，再用螺母拧紧。其联接图如图 12.11 所示。若采用弹簧垫圈，则垫圈的开口处可用粗实线绘制，并与水平线成 60°角。

4. 螺钉联接

螺钉按用途，分为联接螺钉和紧定螺钉两种。

（1）联接螺钉

联接螺钉一般用于受力不大且不经常拆卸的零件联接。联接时，先在较薄的零件上钻出通孔（通孔孔径约为 $1.1d$），并在较厚的零件上加工出螺孔，螺钉穿过较薄零件上的通孔再旋入到较厚零件的螺孔。其联接图如图 12.12 所示，螺钉头部的一字槽在螺钉头端视图中不按投影关系绘图，而画成与水平成 45°角的斜线，如图 12.12 左视图中所示。

（2）紧定螺钉

紧定螺钉用来固定两零件的相对位置，使两零件之间不产生相对运动。如图 12.13 中的轴和轮所示，用一个开槽锥端紧定螺钉旋入轮上的螺孔，并将其尾端压入轴上的凹坑中，以固定轴和轮的相对位置。

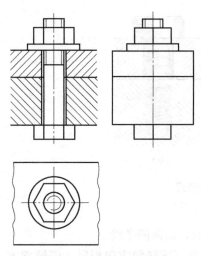

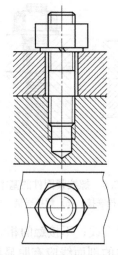

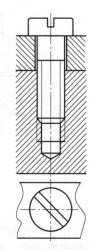

图 12.10　螺栓联接的画法　　　图 12.11　螺柱联接的画法　　　图 12.12　螺钉联接的画法

紧定螺钉

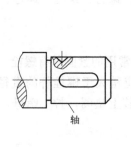

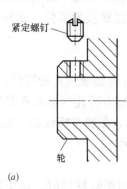

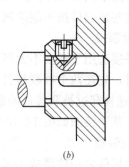

轴

轮

(a)　　　　　　　　　　　　　　　　(b)

图 12.13　紧钉螺钉的联接画法
(a) 联接前；(b) 联接后

12.4　键联接和销联接

12.4.1　键联接

键主要用于联接轴和轴上的转动零件（如齿轮、带轮、链轮等），起传递扭矩的作用，如图 12.14 所示。键是标准件，其结构形式和尺寸可由标准中查取。常用的键有普通平键、半圆键和钩头楔键等，如图 12.15 所示。

1. 平键的形式和标记

普通平键又有 A 型（圆头）、B 型（平头）和 C 型（半圆头）三种，其画法如图 12.16 所示。

键的标记由名称、形式与尺寸、标准编号三部分组成，例如：A 型普通平键，$b=16\mathrm{mm}$、$h=$

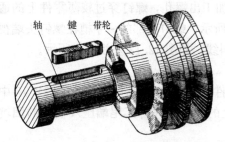

轴　键　带轮

图 12.14　键联接

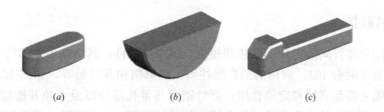

图 12.15　常用键的类型
(*a*) 普通平键；(*b*) 半圆键；(*c*) 钩头楔键

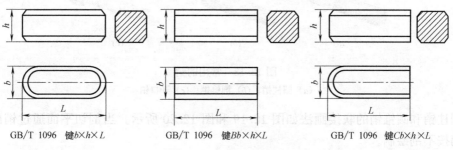

GB/T 1096　键 $b×h×L$　　　　GB/T 1096　键 $Bb×h×L$　　　　GB/T 1096　键 $Cb×h×L$

图 12.16　普通平键的画法

10mm、$L=100$mm，其标记为：

$$\text{GB/T 1096 键}\quad 16×10×100$$

又如：B 型普通平键，$b=16$mm、$h=10$mm、$L=100$mm，其标记为：

$$\text{GB/T 1096 键}\quad \text{B }16×10×100$$

标记时，A 型平键省略 A 字，而 B 型、C 型应写出 B 字或 C 字。

对于键及轮毂和轴上键槽的尺寸，可依据联接轴的直径从相应国家标准中查到（参看附录附表 9）。

2. 平键联接

采用普通平键联接时，先将键嵌入轴上的键槽内，再将轮毂上的键槽对准轴上的键，把轮安装在轴上，从而实现轴或轮转动时的相互传动。

平键联接的画法如图 12.17 所示。剖切平面通过轴和键的轴线或对称面，轴和键均按不剖绘制。注意键的顶面和轮毂上键槽的底面有间隙，应画两条线。

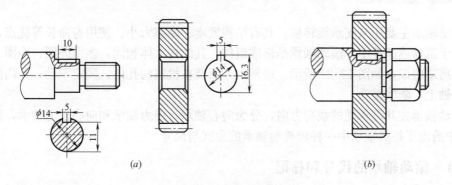

(*a*)　　　　　　　　　　　　　　　　　　　　　　　　　　(*b*)

图 12.17　平键联接的画法
(*a*) 联接前；(*b*) 联接后

12.4.2　销联接

销主要用于零件间的定位、联接和锁定。销是标准件，其结构形式和尺寸可由标准中查得（参看附录附表10）。常用的销有圆柱销、圆锥销和开口销等，如图12.18所示。圆柱销和圆锥销主要起联接和定位作用；开口销常与带孔螺栓以及六角开槽螺母配合使用，将开口销穿过螺母上的槽和螺栓上的孔后，将销的尾部叉开，以防止螺母和螺栓松脱。

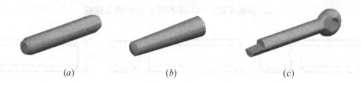

图 12.18　常用的销
(a) 圆柱销；(b) 圆锥销；(c) 开口销

圆柱销和圆锥销的联接画法如图12.19和图12.20所示。当剖切平面通过销的轴线时，销按不剖绘制。

采用圆柱销和圆锥销联接时，其销孔加工一般采用配作（即将被联接的两零件装配后一次钻孔加工），以保证销的装配。

图12.21所示，为带孔螺栓和开槽螺母用开口销锁紧防松的联接图。

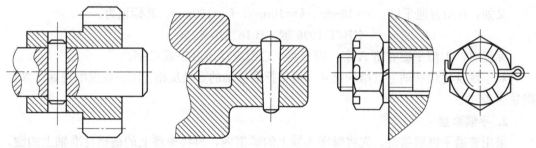

图 12.19　圆柱销的联接画法　图 12.20　圆锥销的联接画法　　图 12.21　用开口销锁紧防松

12.5　滚动轴承

滚动轴承主要用来支承旋转轴，具有结构紧凑、摩擦力小、使用寿命长等优点，被广泛应用于机器或部件中。滚动轴承是标准组件，其结构大体相同，多由外圈、内圈、滚动体及隔离罩组成，如图12.22所示。通常，外圈装在机座的孔内，固定不动；而内圈套在转动的轴上，随轴转动。

滚动轴承按其可承受的载荷方向，分为向心轴承、推力轴承和向心推力轴承，附录附表11中给出了每类轴承中一种较典型轴承的形式与尺寸。

12.5.1　滚动轴承的代号和标记

滚动轴承的规定标记由三部分组成：轴承名称、轴承代号、标准编号。其中，轴承代号由前置代号、基本代号、后置代号组成。无特殊要求时，一般均以基本代号表示。基本

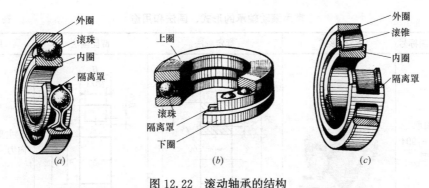

图 12.22　滚动轴承的结构

（a）单列向心球轴承；（b）单向推力球轴承；（c）单列圆锥滚子轴承

代号由轴承类型代号、尺寸系列代号、内径代号构成。

例如：

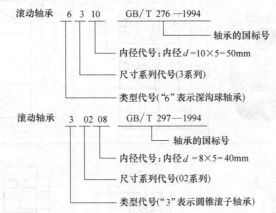

滚动轴承　6　3　10　GB/T 276—1994
　　　　　　　　　　　　　轴承的国标号
　　　　　　　　　　内径代号：内径 $d = 10 \times 5 = 50$mm
　　　　　　　　尺寸系列代号(3系列)
　　　　　　类型代号（"6"表示深沟球轴承）

滚动轴承　3　02　08　GB/T 297—1994
　　　　　　　　　　　　轴承的国标号
　　　　　　　　　内径代号：内径 $d = 8 \times 5 = 40$mm
　　　　　　　尺寸系列代号(02系列)
　　　　　类型代号（"3"表示圆锥滚子轴承）

12.5.2　滚动轴承的画法

在装配图中，滚动轴承是根据其代号，从国家标准中查出外径 D、内径 d 和宽度 B 或 T 等几个主要尺寸来进行绘图的。当需要较详细地表达滚动轴承的主要结构时，可采用规定画法；只需简单地表达滚动轴承的主要结构特征时，可采用特征画法。表 12.3 列出了三种常用轴承的规定画法和特征画法。

在剖视图中，当不需要确切地表达滚动轴承外形轮廓、载荷特征、结构特征时，可采用通用画法，即在矩形线框中央正立十字形符号（十字符号不与线框接触，如图 12.23 所示）。

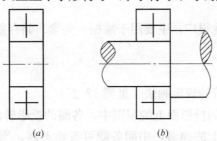

图 12.23　滚动轴承的通用画法

（a）单个轴承；（b）轴承与轴装配在一起

常用滚动轴承的形式、画法和用途 表 12.3

轴承类型及国标号	结构形式	规定画法	特征画法	用途
深沟球轴承 GB/T 276—1994 60000 型		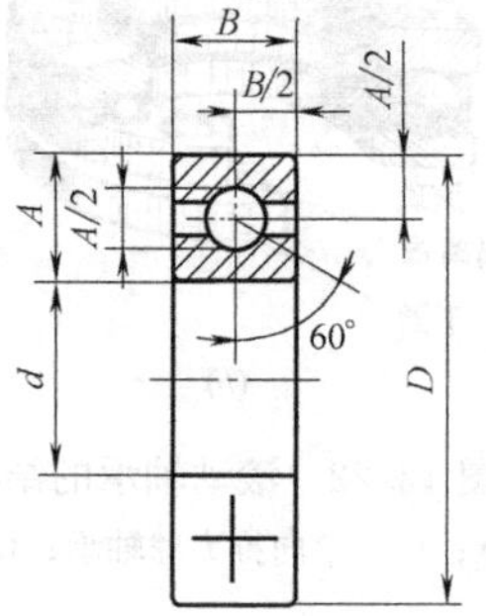	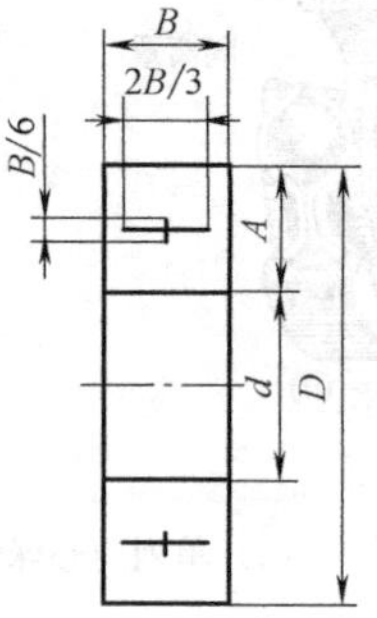	主要承受径向力
圆锥滚子轴承 GB/T 297—1994 30000 型		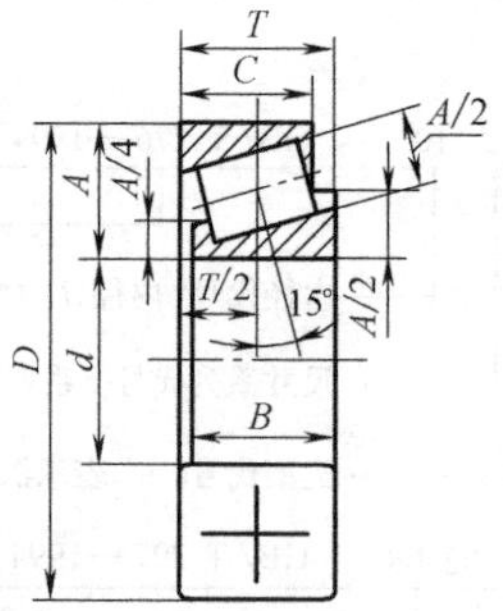	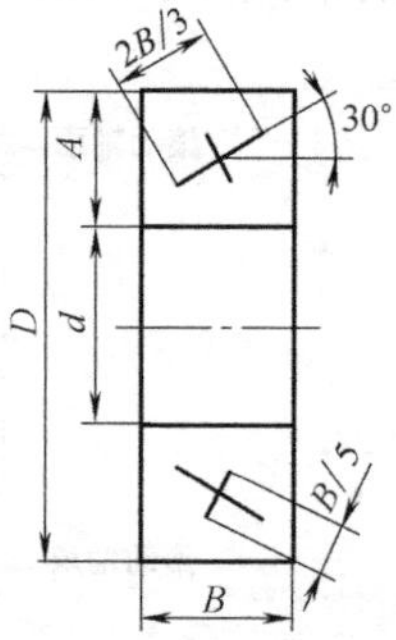	可同时承受径向力和轴向力
平底推力球轴承 GB/T 301—1995 51000 型		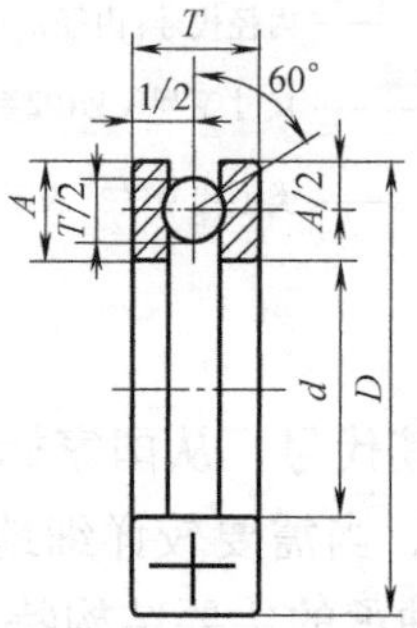	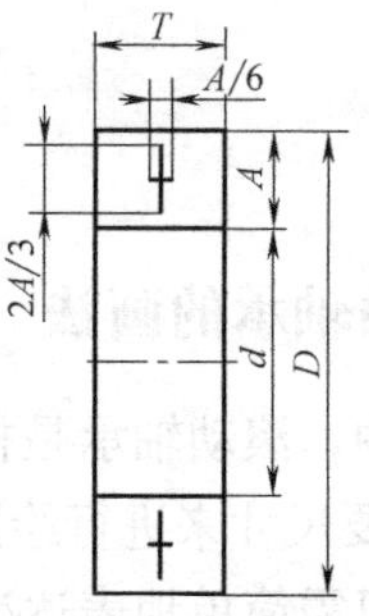	承受单方向的轴向力

12.6 弹簧

弹簧是常用件，其用途很广，主要用于减振、夹紧、储存能量和测力等。常用的弹簧如图 12.24 所示。

1. 弹簧的规定画法

（1）圆柱螺旋压缩弹簧的规定画法（见图 12.25）

· 弹簧在平行于轴线的投影面上的视图中，各圈的投影转向轮廓线画成直线。

· 有效圈数在 4 圈以上的弹簧，中间各圈可省略不画。当中间部分省略后，可适当缩短图形的长度。

· 螺旋弹簧均可画成右旋，但左旋螺旋弹簧不论画成左旋或右旋，一律加注

压缩弹簧

拉伸弹簧

扭转弹簧

平面涡卷弹簧

图 12.24　常用的弹簧

"左"字。

（2）装配图中弹簧的画法

• 被弹簧挡住部分的结构一般不画，可见部分应从弹簧的外轮廓线或弹簧钢丝断面的中心线画起，如图 12.26（a）所示。

• 螺旋弹簧被剖切时，允许只画弹簧钢丝（简称簧丝）断面，当图上簧丝直径小于等于 2mm 时，其断面可涂黑表示，如图 12.26（b）所示；也可采用示意画法，如图 12.26（c）所示。

2. 圆柱螺旋压缩弹簧的各部分名称及尺寸关系

圆柱螺旋压缩弹簧的各部分名称及尺寸关系如图 12.25 所示。

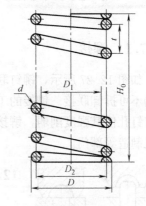

图 12.25　单个弹簧的规定画法

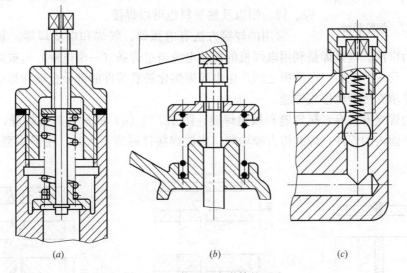

(a)　　　　　　　(b)　　　　　　　(c)

图 12.26　装配图中弹簧的画法

• 材料直径 d　弹簧钢丝的直径。

• 弹簧中径 D_2　弹簧的平均直径。

弹簧内径 D_1　弹簧的最小直径，$D_1=D_2-d$。

弹簧外径 D　弹簧的最大直径，$D=D_2+d$。

- 节距 t　除两端支撑圈外，弹簧上相邻两圈对应两点之间的轴向距离。
- 有效圈数 n　弹簧能保持相同节距的圈数。
- 支撑圈数 n_2　为使弹簧工作平稳，将弹簧两端并紧磨平的圈数。支撑圈仅起支撑作用，常用 1.5、2、2.5 圈三种形式。
- 弹簧总圈数 n_1　弹簧的有效圈数和支撑圈数之和，$n_1=n+n_2$。
- 自由高度 H_0　弹簧未受载荷时的高度，$H_0=nt+(n_2-0.5)d$。
- 展开长度 L　制造弹簧所需簧丝的长度，$L\approx n_1\sqrt{(\pi D_2)^2+t^2}$。

12.7　不可拆卸联接

12.7.1　铆接

如图 12.27 所示，铆钉联接（简称铆接）是将铆钉穿过被联接件的预制孔经铆合后形成的不可拆卸联接。铆接的工艺简单、耐冲击、联接牢固可靠，但结构较笨重，被联接件上有钉孔使其强度削弱，铆接时噪声很大。目前，铆接主要用于桥梁、造船、重型机械及飞机制造等部门。

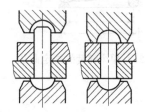

图 12.27　铆钉联接

12.7.2　焊接

焊接是利用局部加热方法，使两个金属元件在联接处熔融而构成的不可拆卸联接。焊接的用途非常广泛，钢、铸钢和一定条件下的铸铁等材料都可以焊接，铜合金、铝合金和镁合金，镍、锌、铅以及热塑料也可以焊接。

常用的焊接方法有电弧焊、气焊和电渣焊等。其中，电弧焊应用最为广泛。电弧焊是利用电焊机的低压电流通过焊条（一个电极）与被焊接件（另一个电极）形成的电路，在两极之间产生电弧来熔化被联接件的部分金属和焊条，使熔化金属混合并填充接缝而形成焊缝。

常用的焊缝形式有对接焊缝和填角焊缝。图 12.28（a）所示为对接焊缝，它用来联接在同一平面内的焊件，焊缝传力较均匀。当被焊接件厚度不大时，用平头型对接焊缝，

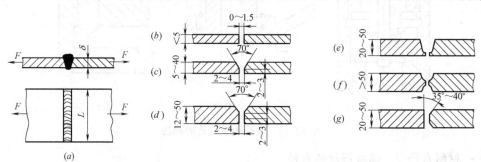

图 12.28　焊缝与各种形式的坡口

如图 12.28（b）所示；当被联接件厚度较大时，为了保证焊透，需要预制各种形式的坡口，如图 12.28（c）～（g）所示。

如图 12.29 所示，填角焊缝主要用来联接不在同一平面上的被焊接件，焊缝剖面通常是等腰直角三角形。垂直于载荷方向的焊缝称为横向焊接，如图 12.29（a）所示；平行于载荷方向的焊缝称为纵向焊缝，如图 12.29（b）所示；焊缝兼有横向、纵向或者斜向的称为混合焊缝，如图 12.29（c）所示。

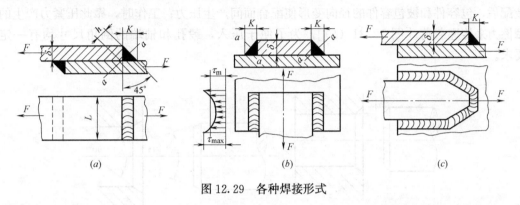

图 12.29　各种焊接形式

12.7.3　胶接

胶接是利用胶粘剂将被联接件粘接在一起，成为不可拆卸联接。胶接具有疲劳强度高、密封性能好、防电化学腐蚀、重量轻、外表平整等特点。常用的胶粘剂有酚醛乙烯、聚氨酯、环氧树脂等。

如图 12.30 所示，胶接接头的基本形式有对接、搭接和正交。胶接接头设计时，应尽

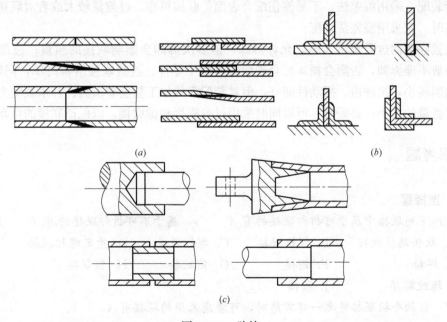

图 12.30　胶接
(a) 对接；(b) 正交；(c) 搭接

可能使粘结层受剪或者受压，避免受拉。

胶接接头一般不宜在高温及冲击、振动条件下工作，胶粘剂对胶接表面的清洁度有较高要求，结合速度慢，胶接的可靠性和稳定性易受环境影响。

12.7.4　过盈联接

过盈联接利用零件间的过盈配合实现联接。如图 12.31（a）所示，过盈配合联接件装配后，包容件和被包容件的径向变形使配合面间产生压力；工作时，靠此压紧力产生的摩擦力来传递载荷［图 12.31（b）］，为了便于压入，毂孔和轴端的倒角尺寸均有一定要求。

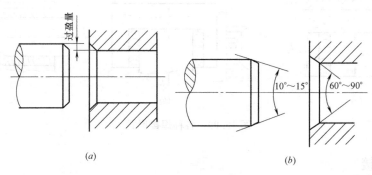

(a) (b)

图 12.31　过盈联接

过盈联接的装配方法有压入法和温差法两种。压入法是在常温下用压力机等将被包容件直接压入包容件中。压入过程中，配合表面易被擦伤，从而降低联接的可靠性。过盈量不大时，一般采用压入法装配。温差法就是加热包容件或者冷却被包容件，以形成装配间隙进行装配。采用温差法，不易擦伤配合表面，联接可靠。过盈量较大或者对联接质量要求较高时，宜采用温差法装配。

过盈联接的过盈量不大时，允许拆卸，但多次拆卸会影响联接的质量；过盈量很大时，一般不能拆卸，否则会损坏配合表面或者整个零件。过盈联接结构简单，同轴性好，对轴的削弱小，抗冲击、振动性能好，但对装配面的加工精度要求高。其承载能力主要取决于过盈量的大小。必要时，可以同时采用过盈联接和键联接，以保证联接的可靠性。

思考题

1. 选择题

（1）下列联接中属于可拆卸联接的有（　　　），属于不可拆卸联接的有（　　　）。

A. 双头螺柱联接　　　B. 螺栓联接　　　C. 螺钉联接　　　D. 紧定螺钉联接

E. 焊接　　　　　　　F. 铆接　　　　　G. 销联接　　　　H. 键联接

I. 螺纹联接　　　　　J. 胶接

（2）当两个被联接件之一非常厚时，可考虑采用的联接有（　　　）。

A. 双头螺柱联接　　　B. 螺栓联接　　　C. 螺钉联接　　　D. 紧定螺钉联接

（3）欲将轴和轮联接为一个整体，一起绕轴线转动，则通常可以考虑的联接有（　　　）。

A. 双头螺柱联接　　　B. 键联接　　　C. 销联接　　　D. 紧定螺钉联接

E. 轴承

(4) 下列零件中属于标准件的有（　　）。

A. 螺钉　　　　　　B. 螺栓　　　　　C. 螺母　　　　　D. 垫圈

E. 轴承　　　　　　F. 弹簧　　　　　G. 齿轮　　　　　H. 键

I. 销

2. 简答题

(1) 代号 M36×2-6g 的含义是什么？

(2) 如何标识标准件的形状和规格？

(3) 滚动轴承的画法有哪些？如何采用通用画法表示滚动轴承？

第13章

机械零件的构型设计

【知识目标】

1. 明确零件设计的基本要求；
2. 了解零件设计的过程和方法；
3. 熟悉零件构型的设计要求和工艺要求。

【技能目标】

能对装配体中的简单零件进行初步的功能分析和构型分析。

章前思考

1. 组合体与零件是一回事儿吗？为什么？
2. 零件与其寄宿的装配体之间是什么关系？
3. 你认为设计零件时需考虑哪些因素呢？

本章介绍机械零件的构型特征、设计准则以及制造工艺等基础知识，并结合具体零件的构型实例，介绍机械零件构型设计的过程。

13.1 零件设计的基本要求

零件的形状、大小、材质和制造精度等，必须由其所在的部件或机器的总体要求来确定。零件的形状大小是否合理，材质和制造精度是否适当，都要以零件所在的部件或机器能否满足预定的技术经济指标为评定的依据。因此，设计零件时，应首先从工作能力和经济性这两个方面来满足机器总体对它提出的要求。

13.1.1 满足工作能力要求

工作能力是指零件在一定的运动、载荷和环境下抵抗失效的能力。

零件的主要失效形式有：断裂、过量变形及表面失效等。

为了避免零件的失效，常要求零件具有足够的强度、刚度；一定的耐磨性、耐蚀性及振动稳定性，并常将这些作为衡量零件工作能力的准则。

1. 强度

指零件在外力作用下抵抗断裂和塑性变形失效的能力，它是设计一切机器时最基本的要求。

2. 刚度

指零件在载荷条件下抵抗弹性变形的能力，这一要求对于那些弹性变形量超过一定数值后将影响机器工作质量的零件尤为重要。实践证明，凡满足刚度要求的零件，一般来说，强度总是没有问题的。

3. 寿命

指零件能够正常工作的时间。影响零件工作寿命的主要因素有：一是机器中有相对运动的零件的磨损；二是在变应力工作条件下零件的疲劳；三是高温情况下机器零件过大的热变形和蠕变。

4. 减振性

一般情况下，机器或零件的振幅是很小的，但当其自振频率和外力的变动频率相符或接近时就要发生共振，这时振幅将急剧增大，能在短期内导致零件的破坏。这种情况必须避免。

以上要求并非在任何零件设计过程中都需进行判断，而是根据零件的具体工作情况，按其可能发生的一种或几种主要失效形式，运用相应的设计准则确定零件的主要尺寸和形状，从而满足其相应的工作能力要求。

13.1.2　满足经济性的要求

经济性是一个综合指标，应体现在设计、制造和使用的整个过程中。应力求做到低成本、高效率，便于使用维修等。经济性要求主要反映在下列几个方面。

1. 良好的工艺性

良好的工艺性，是指在具体的生产条件下用较低的成本和容易的加工方法制造出满足要求的零件。因此，在设计零件时就应考虑其制造过程，要使零件在满足工作能力的前提下，具有尽可能简单的结构形状和适当的加工精度及表面粗糙度等，并尽可能避免采用复杂的加工方法。

2. 合理地选择原材料

在满足使用要求的前提下，应尽量选用供应充分、价格便宜的材料。必要时可采用热处理方法改善零件的局部品质，并注意采用各种非金属材料。

3. 符合标准化要求

在零件设计中，应尽可能采用标准零件、标准结构要素和标准尺寸参数，以简化设计、提高产品质量、降低成本、便于使用及维修、满足互换性等。

在设计实践中，零件工作能力的要求和经济性要求往往是互相矛盾的，机械设计正是在解决这一矛盾中逐步发展和完善。

13.2   零件设计的过程和方法

在满足上述要求的前提下，零件的设计工作大体分为两个过程：构型过程和计算过程。

（1）构型过程   就是根据部件或机器对零件所提出的运动要求和连接条件，按照零件在部件或机器中的依存关系，合理地确定零件的形状和若干相对尺寸，这一过程亦称为结构设计，其主要工作内容大多是通过绘图来完成的。

（2）计算过程   就是根据运动关系和强度条件，通过计算或类比来确定零件的一些主要尺寸和某些重要部分的形状。

零件的设计方法主要有下面两种：

（1）先计算后构型   其步骤为：拟定零件的计算简图；确定作用在零件上的计算载荷；选择合适的材料；根据零件可能出现的失效形式，选用相应的设计准则进行计算，以确定零件的主要形状和尺寸；最后，给出零件图样并标注技术要求。这里的计算称为设计计算。

（2）先构型后计算   其步骤为：先参照类似实物（或图纸）和经验数据，初步拟定零件的结构形状和尺寸；然后，再用有关的设计准则验算和修改；最后，确定零件的全部尺寸并完成零件的图样。此时的计算称为校核计算。

鉴于使用本书的读者基本不具备进行设计计算和校核计算的理论基础，故本章仅以零件的形状构型设计为主，不涉及计算过程和零件尺寸的确定。

13.3   零件的构型设计

零件的构型主要由设计要求和工艺要求所确定，下面将分别介绍。

13.3.1   零件构型的设计要求

零件在机器中的功用以及与其他零件间的依存关系，是确定零件主要结构的直接依据。

零件的基本构型可分为三个部分，即工作部分、安装部分和连接部分。零件构型的设计要求是：有良好性能的工作部分；有可靠的安装部分；有适当的连接部分。

13.3.2   零件构型的工艺要求

零件的构型除需满足上述设计要求外，其结构形状还应满足加工、测量、装配等制造过程所提出的一系列工艺要求，这是确定零件局部结构的依据。下面介绍一些常见工艺对零件结构的要求，供设计时参考。

1. 铸造零件的工艺要求

（1）起模斜度

用铸造的方法制造零件毛坯时，为了便于在砂型中取出模样，一般沿模样起模方向做成约 1:20 的斜度，叫做起模斜度。由模样形状所确定的铸件上因而也会有相应的斜度，如图 13.1（a）所示。这种结构在零件图上一般不必画出，如图 13.1（b）所示。必要时，可在技术要求中说明。

（2）铸造圆角

为了便于铸件造型时拔模，防止铁水冲坏转角处，或冷却时产生缩孔和裂缝，常将铸件的转角处制成圆角，这种圆角称为铸造圆角，如图 13.2 所示。铸造圆角半径一般取壁厚的 0.2～0.4 倍，圆角尺寸大多在技术要求中统一注明，在图上一般不直接标注铸造圆角。

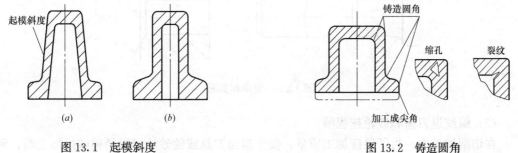

图 13.1　起模斜度　　　　　　　图 13.2　铸造圆角

铸件表面由于圆角的存在，使铸件表面的交线变得不甚明显，这种不明显的交线称为过渡线。过渡线的画法与交线画法基本相同，只是过渡线要用细实线绘制，且在过渡线的两端与圆角轮廓线之间应留有空隙。图 13.3 是常见的几种过渡线的画法。

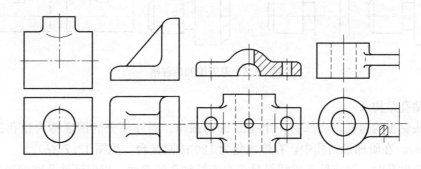

图 13.3　过渡线及其画法

（3）铸件壁厚

用铸造方法制造零件的毛坯时，为了避免浇注后零件各部分因冷却速度不同而产生缩孔或裂纹，铸件的壁厚应保持均匀过渡或逐渐过渡，如图 13.4 所示。

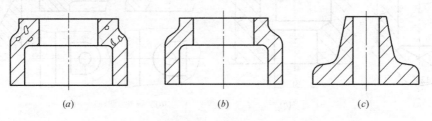

图 13.4　铸件壁厚

（a）壁厚不均匀；（b）壁厚均匀；（c）逐渐过渡

2. 零件机械加工的工艺要求

（1）倒角和倒圆

为了去除零件的毛刺、锐边和便于装配，在轴或孔的端部，一般都加工成倒角；为了避免因应力集中而产生裂纹，在轴肩处往往加工成圆角过渡的形式，称为倒圆。倒角和倒圆通常在零件图上画出，两者的画法和标注方法如图 13.5 所示。

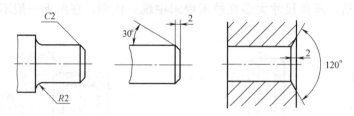

图 13.5　倒角和倒圆

（2）螺纹退刀槽和砂轮越程槽

在切削加工中，为了保证加工质量，便于退出刀具或使砂轮可以稍稍越过加工面，常常在零件待加工面的末端，先车出螺纹退刀槽或砂轮越程槽，其尺寸按"槽宽×直径"或"槽宽×槽深"的形式标注，如图 13.6 所示。

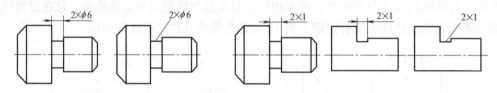

图 13.6　退刀槽和越程槽

（3）钻孔结构

用钻头钻出的盲孔，底部有一个 120°的锥顶角。圆柱部分的深度称为钻孔深度，见图 13.7（a）。在阶梯形钻孔中，有锥顶角为 120°的圆锥台，见图 13.7（b）。

用钻头钻孔时，要求钻头轴线尽量垂直于被钻孔的端面，以保证钻孔准确和避免钻头折断。图 13.8 所示为三种钻孔端面的正确结构。

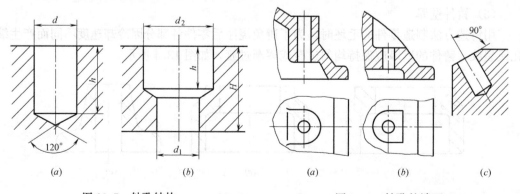

图 13.7　钻孔结构　　　　　　　　　　图 13.8　钻孔的端面
（a）盲孔；（b）阶梯孔　　　　　　　　（a）凸台；（b）凹坑；（c）斜面

（4）凸台与凹坑

零件上与其他零件的接触面，一般都要进行加工。为减少加工面积并保证零件表面之间有良好的接触，常在铸件上设计出凸台和凹坑。图 13.9（a）、（b）表示螺栓连接的支承面做成凸台形式和凹坑形式，图 13.9（c）、（d）表示为减少加工面积而做成凹槽结构和凹腔结构。

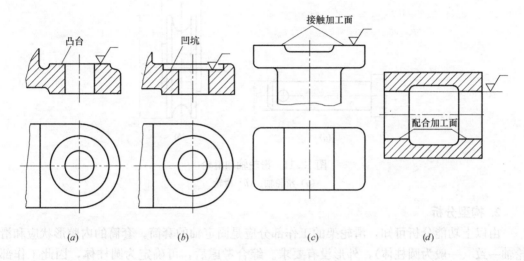

图 13.9　凸台、凹坑等结构
（a）凸台；（b）凹坑；（c）凹槽；（d）凹腔

13.4　零件构型设计示例

13.4.1　定滑轮滑轮架的构型设计

定滑轮的结构组成示意图如图 13.10 所示。滑轮架是其中固定滑轮轴的一个零件。

图 13.10　定滑轮结构示意图

1. 功能分析

由图 13.10 可知，滑轮吊承在滑轮架上。滑轮架的功用是固定如图 13.11 （a） 所示的滑轮轴，使滑轮 [图 13.11 （b）] 可以在轴上自由旋转而不能有轴向移动，在绳拉力的作用下滑轮能灵活转动。

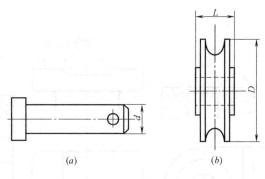

图 13.11 滑轮轴和滑轮

（a）滑轮轴；（b）滑轮

2. 构型分析

由以上功能分析可知，滑轮架的工作部分应是固定轴的套筒。套筒的内腔形状应和滑轮轴一致（一般为圆柱体），外形没有要求。综合考虑后，可确定为圆柱体，因此工作部分为空心圆柱体 [图 13.12 （a）]。它们的间距应大于滑轮轮毂长度 L，内孔直径和滑轮轴轴径相同，外圆柱直径应满足强度要求。

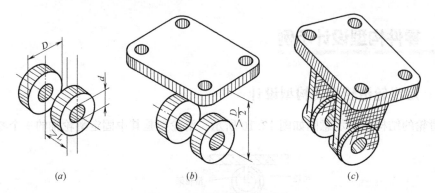

图 13.12 滑轮支架的构型

为把滑轮架固定在房顶，需有一安装部分。可考虑选长方形板作为安装部分，其尺寸应和工作部分协调（厚度应满足强度要求），如图 13.12 （b） 所示。套筒轴线到固定板的距离应大于 $D/2$ （D 为滑轮外径）；穿螺栓（或双头螺柱）用的孔数根据具体情况确定，孔的位置一般布置在两侧，不得与其他部分发生干涉。连接工作部分和安装部分的连接板考虑强度要求应呈"倒梯形"，顶部（靠近安装板处）宽，底部与圆柱筒相切。考虑制造要求，连接板的厚度应稍小于套筒的宽度 [图 13.12 （c）]。

3. 结构完善

在构型基本完成的基础上，进一步协调尺寸，进行造型修饰，把底板改为圆角。为了增加刚度，在连接板两侧增加了肋。最后，滑轮架的构型结果如图 13.13 所示。

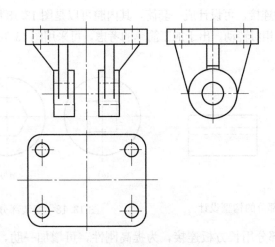

图 13.13　滑轮支架的最后构型结果

13.4.2　机械手夹持件的构型设计

1. 功能分析

机械手夹持件是机械手中的一个构件,用以实现夹持工件的功能,其作用与人的手指相当。因此,其工作部分应与工件的形状相适应;安装部分的形状要考虑与其配合的工件形状。夹持机构的简图如图 13.14 所示,夹持件可绕 O_1 和 O_2 两轴回转,它所夹持的工件为圆柱体,直径为 d、长度为 L。夹持件的作用是用一定的力量夹住工件,不使其落下。

2. 构型分析

夹持件工作部分的构型设计,应与工件的外形相适应。若把夹持面设计成与被夹持工件相同直径的圆柱面,则只能夹持一种尺寸的工件。图 13.15 所示为夹持不同直径圆柱的情况。因此,

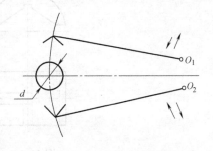

图 13.14　夹持机构简图

为适应工件尺寸在一定范围内变动的情况,工作部分可考虑设计成 V 形槽,如图 13.16 所示,其夹角 α 一般在 90°～120°。工作部分的外形无具体要求,可设计成圆柱形,如图 13.17 所示。

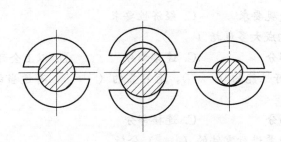

图 13.15　夹持不同直径圆柱的情况

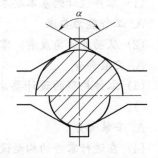

图 13.16　夹持部分的 V 形设计

安装部分用来与轴连接，可设计成一套筒，其内腔可以是图 13.18 所示的多种形式，目的是使夹持件与轴不产生相对转动。出于加工简单的考虑，可采用图 13.18（c）所示的形式。

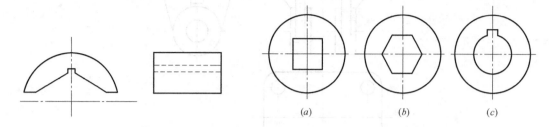

图 13.17　夹持部分的构型设计　　　　　　图 13.18　安装部分的构型设计

安装部分和工作部分用长方板连接，为提高刚性，可增加一肋，从而使连接部分为 T 形断面，如图 13.19 所示。中心距 L 可视夹持力要求等具体情况而定。

3. 完成零件设计

经过构型分析，确定各部分形体后，考虑具体情况定出各部分形体的相对位置和组合关系。完成构型设计后，作出它的视图，如图 13.19 所示。

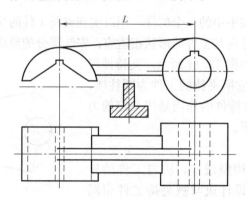

图 13.19　机械手夹持件的最终设计

选择题

（1）零件设计的基本要求有（　　　）。

A. 工作能力要求　　　　　B. 造型美观要求　　　　C. 经济性要求

（2）从功能的角度看，零件的基本构成大多包括（　　　）。

A. 安装部分　　　　　B. 工作部分　　　　C. 连接部分　　　　D. 以上全部

（3）零件构型的设计要求是：有良好性能的（　　　），有可靠的（　　　），有适当的（　　　）。

A. 安装部分　　　　　B. 工作部分　　　　C. 连接部分

（4）在进行零件的构型设计时，首先要进行零件的（　　　）分析。

A. 工艺　　　　　B. 功能　　　　C. 经济性

第14章

零件图

【知识目标】

1. 熟悉零件图的视图选择原则和典型零件的表示方法，熟悉典型零件图的尺寸标注；
2. 掌握表面结构及表面粗糙度的标注和识读，掌握尺寸公差在图样上的标注和识读；
3. 掌握识读零件图的方法和步骤；
4. 理解绘制零件图的方法和步骤。

【技能目标】

1. 能识读中等复杂程度的零件图；
2. 能绘制简单零件的零件图。

章前思考

1. 在加工一个零件时，工人师傅依据的是什么？在检验生产出来的零件是否合格时，工人师傅依据的又是什么？

2. 你认为零件图中应该将零件的哪些信息表达出来？如果只给定了零件的形状和大小，一定能够加工出合格的零件吗？

任何机器或部件都是由若干个零件，按照一定的装配关系装配而成的。表达零件结构、大小及技术要求等的图样，称为零件图。制造机器或部件，必须先依据零件图加工制造零件。零件图反映了机器或部件对零件的要求，考虑了零件结构的合理性，是制造和检验零件的直接依据，也是生产部门组织生产的重要技术文件。

在机器或部件的生产中，除标准件以外的所有零件均需绘制零件图，依据零件图进行零件的制造和检验。

14.1 零件图的内容

如图 14.1 所示，一张完整的零件图应具有以下四方面的内容：

（1）一组视图　用来完整、清晰地表达零件的内、外形状以及各部分的相对位置。根据零件的具体情况，可以选择基本视图、剖视图、断面图以及局部放大图等第 9 章中所介绍的各种表达方法。

（2）完整的尺寸　将零件在制造和检验时所需要的全部尺寸正确、完整、清晰、合理地标注出来。

（3）技术要求　用符号或文字说明零件在制造、检验等过程中应达到的一些技术要求，如表面粗糙度、尺寸公差、形状和位置公差、热处理要求等。用文字描述的技术要求一般注写在标题栏上方图纸空白处。

（4）标题栏　填写零件名称、材料、数量、比例以及设计、审核人员的签名等。

14.2 零件图的视图选择和表达方法

零件图应恰当地选用视图、剖视图、断面图等表达方法，将零件各部分的结构形状，完整、清晰地表达出来。在保证看图方便的前提下，力求绘图简便。为此，要对零件进行结构形状分析，依据零件的结构特点、用途及主要加工方法，选择好主视图和其他视图，确定合理的表达方案。

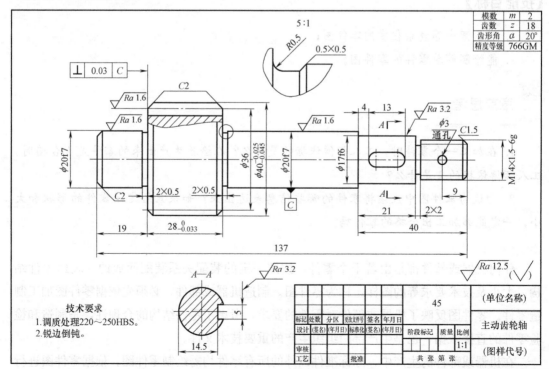

图 14.1　主动齿轮轴的零件图

1. 主视图的选择

主视图是一组视图的核心，它的选择直接影响到其他视图的数量和表达方法的确定，更直接影响到画图、看图的方便程度。选择主视图时，主要考虑两方面的内容：零件的摆放位置和主视图的投射方向。

(1) 零件的摆放位置

一般选择零件的加工位置、工作位置或自然位置。

• 零件的加工位置

加工位置是指零件在制造过程中，在机床上的装夹位置。在选择零件的摆放位置时，应该尽量与其加工位置相一致，以便于加工时的看图。

如轴、套类回转体零件，其主要加工工序是车削或磨削，故常按加工位置选择主视图，即将轴线水平放置，小端朝右，如图14.2所示。

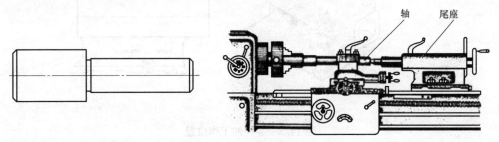

图14.2 轴的加工位置

• 零件的工作位置或自然位置

工作位置是指零件在机器或部件中工作时的位置。摆放位置应尽量与零件的工作位置相一致，以便于把零件和整台机器联系起来，想象其工作情况，并方便将零件图和装配图进行对照。

如图14.3（*a*）所示的吊车吊钩和汽车拖钩，虽然形状类似，但由于工作位置不同，主视图的摆放位置亦有所不同；又如图14.3（*b*）所示的车床尾座，主视图零件摆放位置反映的也是其工作位置。

当零件的工作位置倾斜时，可将零件自然、平稳放置。

(2) 主视图的投射方向

要将最能反映零件各组成部分结构形状及其相对位置的方向，作为主视图的投射方向。所选视图应能达到看后即对零件的基本形状、特征有明显印象的目的。

如图14.3（*b*）所示的车床尾座，在 *A*、*B*、*C* 三个方向中，方向 *A* 反映其结构特征最为明显，故而可选此方向作为主视图的投射方向。

2. 其他视图的选择

主视图确定后，还要选择其他视图，以进一步表达零件的内、外结构。

其他视图的选择，一般应从以下几个方面进行考虑：

(1) 所选视图要目的明确、重点突出。应使每个视图都有明确的表达重点，既要将需表达部分的结构和形状表达清楚，又要避免重复表达；

通常用基本视图或在基本视图上采用剖视来表达零件的主要结构形状，用局部视图、断面图或局部放大图等方法，表达零件的局部形状和细小结构。

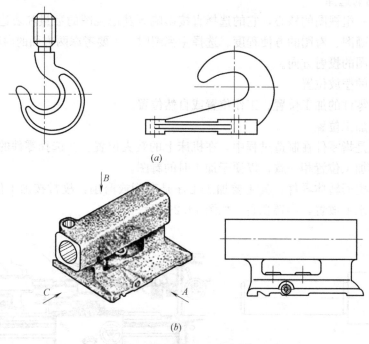

图 14.3　零件的工作位置
(a) 吊钩和拖钩；(b) 车床尾座

(2) 在满足完整、清晰表达零件的前提下，应使视图数量尽量地少。

如轴、套筒、衬套、薄垫片等零件，标注尺寸后用一个视图就可表达清楚，此时不需要选择其他视图，如图 14.4 所示。

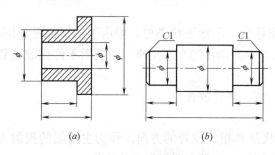

图 14.4　只需一个视图的零件
(a) 轴套；(b) 轴

零件图的视图选择是一个比较灵活的问题，同一个零件可以有多种视图表达方案。选择时，应将各种表达方案综合考虑，加以比较，力求使"看图方便、绘图简单"。

3. 典型零件的视图表达

零件的形状多种多样，它们既有各自的特点，也有其共同之处。根据零件的结构特点，常见零件大体可分为四类：轴套类、盘盖类、叉架类和箱体类。现仅就较简单的轴套类和盘盖类零件的特点及视图表达，分述如下：

(1) 轴套类零件

轴套类零件有轴、丝杠、衬套和套筒等。这类零件的主体结构多为同轴回转体，上面通常有孔、键槽、倒角及退刀槽等结构。

轴套类零件一般在车床上加工，主视图应按加工位置确定，即轴线水平放置；轴上的孔、键等结构朝前，零件一般只画一个主视图表达主体结构，轴的主视图通常采用视图或在视图上作局部剖。套一般是空心的，需要采用剖视图。对于零件上的孔、键槽等结构，可用局部视图、局部剖视图及移出断面图等表达；砂轮越程槽、退刀槽、中心孔等，可用局部放大图表达。

如图 14.5 所示齿轮轴，即采用一个主视图（轴线水平放置）表达其主体结构，主视图上采用局部剖视表达齿轮的轮齿部分。轴上键槽的形状通过主视图表达，其深度采用移出断面图表达；为清楚表达轴上的砂轮越程槽，采用局部放大图；轴上右端销孔的形状及深度可通过尺寸标注确定。

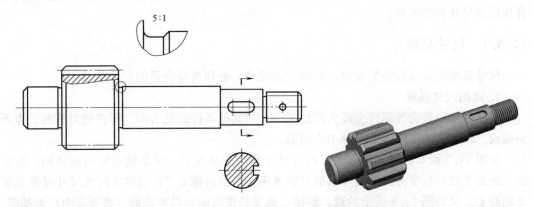

图 14.5　齿轮轴的视图表达

（2）盘、盖类零件

盘、盖类零件包括各种轮（如手轮、齿轮）、法兰盘和端盖等。这类零件的主要形体是回转体，而且径向尺寸一般大于轴向尺寸，其上通常有孔、轮辐、肋板等结构。

盘、盖类零件的毛坯有铸件或锻件，机械加工以车削为主，因此主视图一般按加工位置水平放置。零件一般需要两个基本视图：一个是轴向剖视图，另一个是径向视图。根据结构特点，视图具有对称面时，可作半剖视；无对称面时，可作全剖或局部剖视。零件上不在同一个平面的多个孔、槽，可用旋转剖、阶梯剖等方法表达，还可采用简化画法；其他结构，如轮辐、肋板等，可用断面图表达。

如图 14.6 所示端盖，主视图即按加工位置将轴线水平放置，表达了端盖的主体结构。为表达端盖的端面形状及端盖上孔的数量和分布情况，采用了左视图。对于端盖内的通孔及端面上均布孔的结构，则采用阶梯剖的方法将主视图画成全剖视图进行表达。

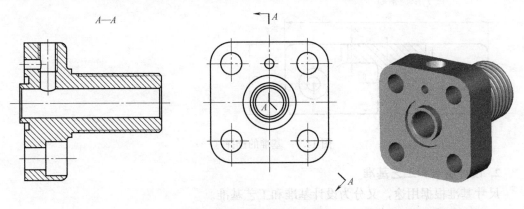

图 14.6　端盖的视图表达

14.3 零件图的尺寸标注

零件图上标注的尺寸，除了要求正确、完整、清晰之外，还要求合理。合理是指标注的尺寸既要满足设计要求，保证零件的使用性能，又要满足工艺要求，便于零件的制造、检验。要做到合理标注尺寸，需要较多的机械设计和制造方面的知识。本节主要介绍一些合理标注尺寸的基本知识。

14.3.1 尺寸基准

尺寸基准是尺寸标注的起点，合理标注尺寸，必须选择合适的尺寸基准。

1. 常用尺寸基准

尺寸基准一般选择零件上较大的加工面、与其他零件的结合面、零件的对称面、重要的端面、轴和孔的轴线以及对称中心线等。

如图 14.7 所示轴承座，高度方向的尺寸基准是基准 B，这是轴承座的安装面，也是最大的加工面；长度方向的尺寸基准是轴承座左右的对称面 C；宽度方向的尺寸基准是重要端面 D。又如图 14.8 所示的轴，轴向（也是长度方向）以左端面（重要端面）为基准，径向（也是高度和宽度方向）以轴线为基准。

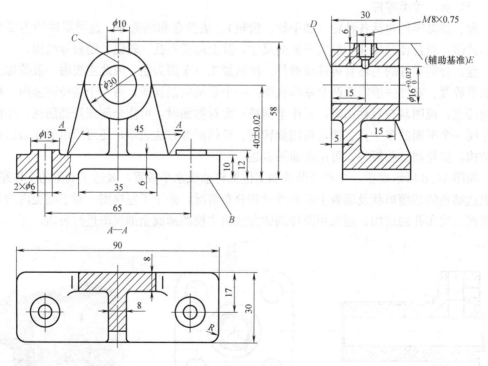

图 14.7 基准的选择（一）

2. 设计基准和工艺基准

尺寸基准根据用途，又分为设计基准和工艺基准。

设计基准是用来确定零件在部件中准确位置的基准；工艺基准是为便于加工测量而选

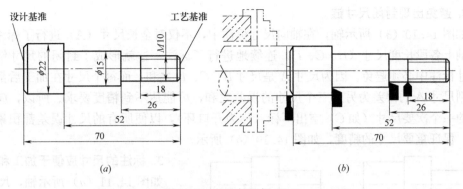

图 14.8　基准的选择（二）

(*a*) 尺寸基准；(*b*) 加工过程（涂黑的部分表示车刀）

定的基准。如图 14.7 所示轴承座，为确定轴承座所支撑轴的准确高度，以底面 *B* 为高度方向的基准，这个基准即为设计基准；为便于测量顶面上螺孔的深度，以顶面 *E* 为高度方向的另一个基准，这个基准即为工艺基准。再如图 14.8 所示轴，设计时使用左端面作为基准，即设计基准；为便于加工测量，以右端面为轴向另一个基准，即工艺基准。

3. 主要基准和辅助基准

零件在每个方向上起主要作用的基准，称为主要基准。根据需要，还可以增加一些辅助基准。主要基准常选这个方向的设计基准。辅助基准与主要基准之间应有直接的尺寸联系。

如图 14.7 所示轴承座，基准 *B* 是高度方向上的主要基准；基准 *C* 是长度方向上的主要基准；基准 *D* 是宽度方向上的主要基准；基准 *E* 是高度方向上的辅助基准。再如图 14.8 所示轴，轴线为径向主要基准，左端面为轴向主要基准，右端面为轴向辅助基准。

14.3.2　尺寸标注的注意事项

1. 零件上的重要尺寸必须从主要基准直接注出

重要尺寸是指直接影响零件在机器或部件中的工作性能和准确位置的尺寸。为了使零件的重要尺寸不受其他尺寸误差的影响，应在零件图中直接把重要尺寸注出，以保证设计要求。

如图 14.9（*a*）所示轴承座，轴承孔的高度尺寸 *A* 和安装孔的间距尺寸 *L* 为重要尺寸，因此要从主要基准，即轴承座的底面和左右对称平面直接注出，而不应如图 14.9 (*b*) 所示，通过其他尺寸 *B*、*C* 和 90、*E* 间接计算得到，从而造成尺寸误差的积累。

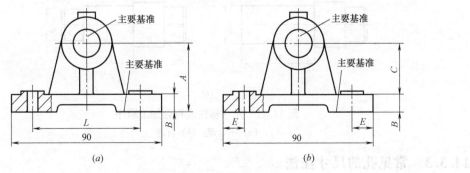

图 14.9　重要尺寸直接注出

(*a*) 合理；(*b*) 不合理

2. 避免出现封闭尺寸链

如图 14.10 (a) 所示轴，在轴向尺寸标注中，不仅对全长尺寸（A）进行了标注，而且对轴上各段长度尺寸（B、C、D）连续地进行了标注，这就形成了封闭的尺寸链。这在尺寸标注中必须避免。因为尺寸 A 是尺寸 B、C、D 之和，而每个尺寸在加工后都有误差，则尺寸 A 的误差为另外三个尺寸的误差之和，可能达不到精度要求。所以，应选择其中的一个次要尺寸（如 C）空出不标（称为开口环），以便所有的尺寸误差都积累到这一段，保证重要尺寸的精度，如图 14.10 (b) 所示。

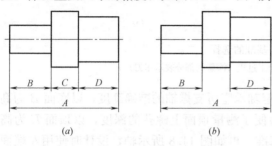

图 14.10　避免注成封闭尺寸链
(a) 不合理；(b) 合理

3. 标注的尺寸应便于加工和测量

如图 14.11 (a) 所示轴，尺寸 51 是设计要求的重要尺寸，应直接注出，长度方向其他尺寸按加工顺序注出。由图 14.11 (b) 所示轴的加工顺序可以看出，从下料到每一加工工序，都在图中直接注出所需尺寸。

标注尺寸时，还应考虑测量、检验的方便。如图 14.12 (a) 所示套筒，尺寸 l_1 不便于测量，应按图 14.12 (b) 所示进行标注。

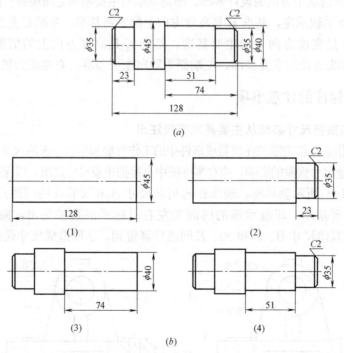

图 14.11　尺寸标注应符合加工顺序
(a) 不合理；(b) 合理

14.3.3　常见孔的尺寸注法

零件上常见孔的尺寸注法见表 14.1。

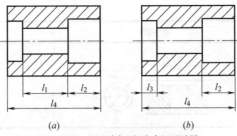

图 14.12 尺寸标注应便于测量

(a) 不合理；(b) 合理

常见孔的尺寸注法 表 14.1

类型		旁注法	普通注法
光孔	一般孔	4×φ4▽10 4×φ4▽10	4×φ4
	精加工孔	4×φ4H7▽8 ▽10 4×φ4H7▽8 ▽10	4×φ4H7
螺孔	通孔	3×M6-7H 3×M6-7H	3×M6-7H
	不通孔	3×M6-7H▽10 3×M6-7H▽10	3×M6-7H
	一般孔	3×M6-7H▽10 孔▽12 3×M6-7H▽10 孔▽12	3×M6-7H
沉孔	锥形沉孔	6×φ5 ∨φ7.5×90° 6×φ5 ∨φ7.5×90°	90° φ7.5 6×φ5
	柱形沉孔	6×φ5 ⊔φ9▽4 6×φ5 ⊔φ9▽4	φ9 6×φ5

类型		旁注法	普通注法
沉孔	锪平沉孔	6×φ5 ⊔φ9 6×φ5 ⊔φ9	φ9 6×φ5

14.3.4 典型零件的尺寸注法

本节将以轴套类和盘盖类典型零件的尺寸标注为例，介绍零件图上尺寸标注的过程与方法。基本方法仍然是形体分析法，同时还应考虑加工和测量的方便。

1. 轴套类零件

轴套类零件的尺寸主要是轴向尺寸和径向尺寸，径向尺寸的主要基准是轴线，可由它标注出各段轴的直径；轴向尺寸基准常选择重要的端面及轴肩，通常有多个辅助基准。

由于这类零件的主体结构是同轴回转体，因此零件图上的定位尺寸相对较少。在标注尺寸时，重要尺寸必须直接标注出来，其余尺寸一般按加工顺序标注。为了清晰和便于测量，在剖视图上，内外结构尺寸应分开标注，如图 14.13 所示。

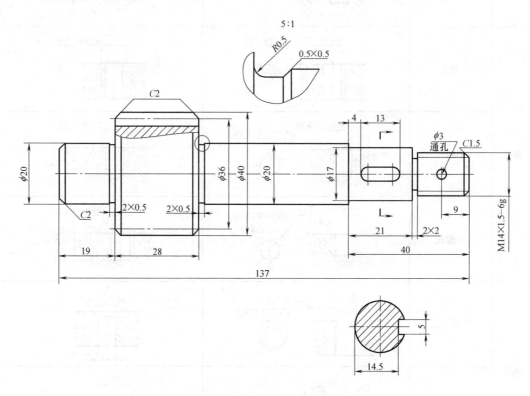

图 14.13 齿轮轴的尺寸标注

2. 盘盖类零件

盘盖类零件的尺寸一般为两大类：轴向尺寸和径向尺寸。通常选用主要轴孔的轴线作为径向主要尺寸基准。长度方向的主要尺寸基准，常选用重要的端面。

这类零件定形和定位尺寸都较明显，尤其是在圆周上分布的小孔的定位圆直径是这类零件的典型定位尺寸，多个小孔一般采用"个数×ϕ直径"的形式标注，零件的内外结构尺寸通常应分开标注，如图 14.14 所示。

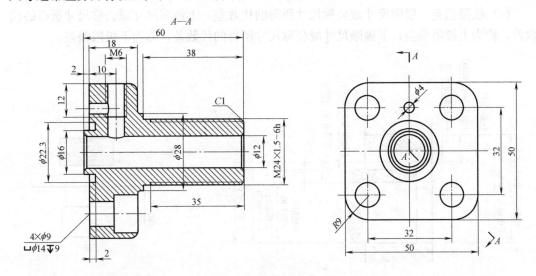

图 14.14 端盖的尺寸标注

14.4 零件图上的技术要求

零件图中，除了一组视图和尺寸标注外，还应具备加工和检验零件所需要的技术要求。零件图上的技术要求，主要包括尺寸公差、几何公差、表面结构要求、零件材料、热处理和表面处理等。

14.4.1 尺寸公差

1. 零件的互换性

日常生活中，自行车的零件坏了，可以买个新的换上，并能很好地满足使用要求。之所以能这样方便，就因为这些零件具有互换性。

同一批零件不经挑选和辅助加工，任取一个就可顺利地装到机器上去，并满足机器的性能要求，零件的这种性能称为互换性。零件具有互换性，不仅能组织大批量生产，而且可以提高产品质量、降低成本和便于维修。

2. 尺寸公差

在零件的加工过程中，受机床精度、刀具磨损、测量误差等因素的影响，不可能将零件的尺寸做得绝对准确。为了保证互换性，必须将零件尺寸的加工误差限制在一定的范围内，规定出允许的尺寸的变动量，即尺寸公差。下面以图 14.15 为例，介绍尺寸公差的有关术语。

（1）公称尺寸 根据零件强度、结构和工艺性要求，设计确定的尺寸。如图中的 $\phi80$。

（2）实际尺寸　通过测量所得到的尺寸。

（3）极限尺寸　允许尺寸变化的两个界限值。它以公称尺寸为基数来确定。孔或轴允许的最大尺寸称为上极限尺寸，图中分别为 $\phi80.065$ 和 $\phi79.970$；孔或轴允许的最小尺寸称为下极限尺寸，图中分别为 $\phi80.020$ 和 $\phi79.940$。

（4）极限偏差　极限尺寸减公称尺寸所得的代数差。上极限尺寸减公称尺寸所得的代数差，称为上极限偏差；下极限尺寸减公称尺寸所得的代数差，称为下极限偏差。

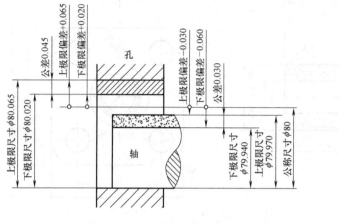

图 14.15　公差的有关术语

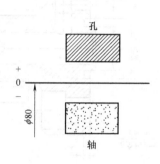

图 14.16　公差带图

上、下极限偏差可以是正值、负值或零。国家标准规定：孔的上极限偏差代号为 ES、下极限偏差代号为 EI；轴的上极限偏差代号为 es、下极限偏差代号为 ei。图中：

孔：上极限偏差（ES）＝80.065－80＝＋0.065

　　下极限偏差（EI）＝80.020－80＝＋0.020

轴：上极限偏差（es）＝79.970－80 ＝－0.030

　　下极限偏差（ei）＝ 79.940－80＝－0.060

（5）尺寸公差（简称公差）　允许尺寸的变动量。

尺寸公差＝｜上极限尺寸－下极限尺寸｜＝｜上极限偏差－下极限偏差｜

尺寸公差是一个没有符号的绝对值。同一尺寸的公差值越小，表示精度越高，加工越困难。图中：

孔：公差＝｜80.065－80.020｜＝｜（＋0.065）－（＋0.020）｜＝0.045

轴：公差＝｜79.970－79.940｜＝｜（－0.030）－（－0.060）｜＝0.030

（6）公差带和公差带图　公差带是表示公差大小和相对于零线位置的一个区域。零线是确定偏差的一条基准线，通常以零线表示公称尺寸。为了便于分析，一般将尺寸公差与公称尺寸的关系，按放大比例画成简图，称为公差带图。在公差带图中，上、下极限偏差的距离应成比例，公差带方框的左右长度根据需要任意确定，如图 14.16 所示。

3. 标准公差与基本偏差

公差带由"公差带大小"和"公差带位置"这两个要素组成。其中，公差带大小由标准公差确定，公差带位置由基本偏差确定。

（1）标准公差

　　标准公差是标准所列的，用以确定公差带大小的公差序列。标准公差分为 20 个等级，即：IT01、IT0、IT1 至 IT18 。IT 表示公差，数字表示公差等级。IT01 为最高等级，之后依次降低，IT18 为最低等级。对于一定的公称尺寸，公差等级越高，标准公差值越小，尺寸的精确程度越高。

　　（2）基本偏差

　　基本偏差是标准所列的，用以确定公差带相对零线位置的上极限偏差或下极限偏差，一般指靠近零线的那个极限偏差。当公差带在零线的上方时，基本偏差为下极限偏差；反之，则为上极限偏差。

　　根据实际需要，国家标准分别对孔和轴各规定了 28 个不同的基本偏差，如图 14.17 所示。基本偏差用拉丁字母表示，大写字母代表孔，小写字母代表轴。

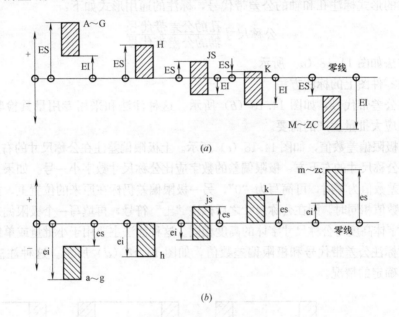

图 14.17　基本偏差系列
（a）孔；（b）轴

　　在基本偏差系列图中，只表示公差带的各种位置，而不表示公差的大小。

　　（3）公差带代号

　　孔、轴的公差带代号由基本偏差代号和公差等级代号组成，并且要用同一号字母书写。例如 $\phi50H8$ 的含义是：

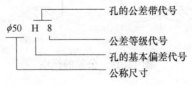

　　此公差带的全称是：公称尺寸为 $\phi50$，公差等级为 8 级，基本偏差为 H 的孔的公差带。

　　又如 $\phi50f7$ 的含义是：

此公差带的全称是：公称尺寸为 $\phi50$，公差等级为 8 级，基本偏差为 f 的轴的公差带。

对于常用公差带所对应的极限偏差数值，可依据公称尺寸和公差带代号从附录附表 12 和附表 13 中查表获得。例如，查表可知：$\phi50H8$ 所对应的上、下极限偏差分别为 $+0.039$ 和 0；$\phi50f7$ 所对应的上、下极限偏差分别为 -0.025 和 -0.050。

4. 公差的标注

（1）在装配图上的标注方法

以分式的形式标注孔和轴的公差带代号，标注的通用形式如下：

$$公称尺寸\frac{孔的公差带代号}{轴的公差带代号}$$

具体标注方法如图 14.18（a）所示。

（2）在零件图上的标注方法

· 标注公差带代号，如图 14.18（b）所示。这种注法和采用专用量具检验零件统一起来，以适应大批量生产的需要。

· 标注极限偏差数值，如图 14.18（c）所示。上极限偏差注在公称尺寸的右上方，下极限偏差注在公称尺寸的右下方，极限偏差的数字应比公称尺寸数字小一号。如果上极限偏差或下极限偏差数值为零时，可简写为"0"，另一极限偏差仍标在原来的位置上。如果上、下极限偏差的数值相同时，则在公称尺寸之后标注"±"符号，再填写一个极限偏差数值。此时，数值的字体高度与公称尺寸字体的高度相同。这种注法主要用于小批量或单件生产。

· 同时标注公差带代号和极限偏差数值，如图 14.18（d）所示。这种注法主要用于生产批量不确定的情况。

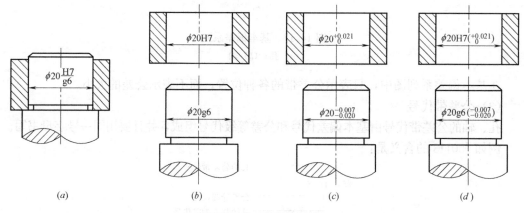

图 14.18 公差的标注

14.4.2 几何公差

零件在加工过程中，由于机床、刀具变形和磨损等原因，会产生形状和位置误差，如图 14.19 所示。为了满足零件的使用要求，保证互换性，应对零件的形状和位置误差加以限制，即标注出几何公差。零件的实际形状和实际位置对理想形状与理想位置所允许的最大变动量，称为几何公差。

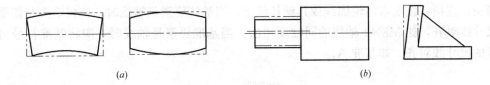

图 14.19　几何误差示意图

(a) 形状误差；(b) 位置误差

1. 几何公差的代号

国家标准规定用代号来标注几何公差。在实际生产中，当无法用代号标注几何公差时，允许在技术要求中用文字说明。

几何公差代号包括：几何特征符号（见表 14.2），公差框格及指引线，公差数值和其他有关符号，基准等，如图 14.20 所示。

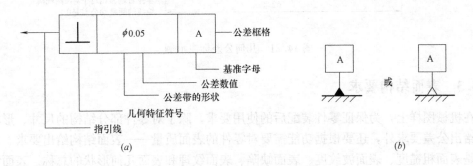

图 14.20　几何公差代号及基准

(a) 几何公差代号；(b) 基准

几何特征符号（摘自 GB/T 1182—2008）　　　　　　表 14.2

公差类型	几何特征	符　号	公差类型	几何特征	符　号
形状公差	直线度	—	方向公差	平行度	//
	平面度	▱	位置公差	位置度	⊕
	圆度	○		同心度 （用于中心点）	◎
	圆柱度	⌀		同轴度 （用于轴线）	◎
	线轮廓度	⌒		对称度	=
	面轮廓度	⌓		线轮廓度	⌒
方向公差	垂直度	⊥		面轮廓度	⌓
	倾斜度	∠	跳动公差	圆跳动	↗
	线轮廓度	⌒		全跳动	⌰
	面轮廓度	⌓			

2. 几何公差标注示例

图 14.21 所示是气门阀杆零件图中几何公差的标注示例，附加的文字为对有关几何公差标注含义的具体说明。在图中可以看到，当被测要素为线或表面时，从框格引出的指引线箭头，应指在该要素的轮廓线或其延长线上；当被测要素是轴线时，应将箭头与该要素的尺寸线对齐，如 M8×1 轴线的同轴度注法。当基准要素是轴线时，应将基准符号与该要素的尺寸线对齐，如基准 A。

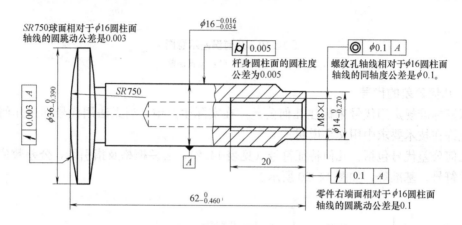

图 14.21　几何公差标注示例

14.4.3　表面结构要求

在机械图样上，为保证零件装配后的使用要求，除了对零件部分结构的尺寸、形状和位置给出公差要求外，还要根据功能需要对零件的表面质量——表面结构给出要求。表面结构是表面粗糙度、表面波纹度、表面缺陷、表面纹理和表面几何形状的总称。表面结构的各项要求在图样上的表示法在 GB/T 131—2006 中均有具体规定。本节主要介绍常用的表面粗糙度的表示法。

1. 基本概念

表面粗糙度是指零件加工表面上具有的较小间距的峰和谷所组成的微观几何形状特性。这种微观几何形状特性主要是由于零件在加工过程中，刀具与零件表面的摩擦使加工后的表面上留有刀痕，以及切屑分离时表面金属塑性变形等原因造成的。

表面粗糙度是评定零件表面质量的重要指标之一，对零件的配合、耐磨性、抗腐蚀性、密封性以及抗疲劳能力都有影响。零件表面粗糙度要求越高（即表面粗糙度参数值越小），表面质量越高，但加工成本也越高，因此要注意对表面粗糙度的合理选用。

2. 评定表面结构常用的轮廓参数

评定表面结构的参数有：轮廓参数（由 GB/T 3505—2000 定义）、图形参数（由 GB/T 18618—2002 定义）、支承率曲线参数（由 GB/T 18778.2—2003 和 GB/T 18778.3—2006 定义）。

评定零件表面粗糙度最常用的参数是轮廓参数，轮廓 R 有 Ra（轮廓算术平均偏差）和 Rz（轮廓最大高度）两个高度参数，如图 14.22 所示。Ra 是指在一个取样长度内，被评定轮廓纵坐标 $Z(x)$ 绝对值的算术平均值；Rz 是指在同一取样长度内，最大轮廓峰高和最大轮廓谷深之和。

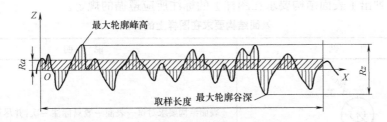

图14.22 轮廓算术平均偏差 Ra 和轮廓最大高度 Rz

注意："Ra"和"Rz"中的 a 和 z 是与 R 同字号的小写字母，不是下脚标。

3. 标注表面结构的图形符号

（1）图样上表示表面结构的图形符号

图样上表示表面结构的图形符号，如表14.3所示。

表面结构的图形符号　　　　　　　　　　　　　　　　　表 14.3

符　号	含　义
	基本图形符号，未指定工艺方法的表面，当通过一个注释解释时可单独使用
	扩展图形符号，用去除材料方法（如车、铣、刨、钻、磨等）获得的表面；仅当其含义是"被加工表面"时，可单独使用
	扩展图形符号，用非去除材料方法（如铸造、锻造、冲压、热轧、冷轧、粉末冶金等）获得的表面；也可用于表示保持上道工序形成的表面，不管这种状况是通过去除材料还是不去除材料所形成的
	完整图形符号，用于标注表面结构的补充信息

（2）表面结构的符号

表面结构的图形符号加上轮廓参数代号（包括数值等要求）后构成表面结构代号。在完整符号中，对表面结构的单一要求和补充要求应注写在图

14.23所示的指定位置。其中：

位置a：注写表面结构的单一要求；

位置a和b：注写两个或多个表面结构要求；

位置c：注写加工方法，如"车、磨、镀"等；

位置d：注写表面纹理和纹理的方向，如"⊥"、"M"等；

位置e：注写加工余量。

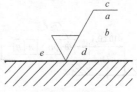

图14.23 补充要求的注写位置

4. 标注表面结构的方法

表 14.4 列出了表面结构要求在图样上的标注所应遵循的规定。

表面结构要求在图样上的标注 表 14.4

图 例	说 明
 (a)	表面结构要求对每一表面一般只标注一次,并尽可能注在相应的尺寸及其公差的同一视图上,所标注的表面结构要求是对完工零件表面的要求。 不连续的同一表面,用细实线连接,其表面结构要求只标注一次
 (b)	根据 GB/T 4458.4 的规定,表面结构的注写和读取方向与尺寸的注写和读取方向一致。 表面结构要求可标注在轮廓线上,其符号应从材料外指向并接触表面
 (c) (d)	必要时,表面结构符号也可用带箭头或黑点的指引线引出标注
 (e)	在不致引起误解时,表面结构要求可以标注在给定的尺寸线上
 (f) (g)	表面结构要求可标注在几何公差框格的上方

续表

图 例	说 明
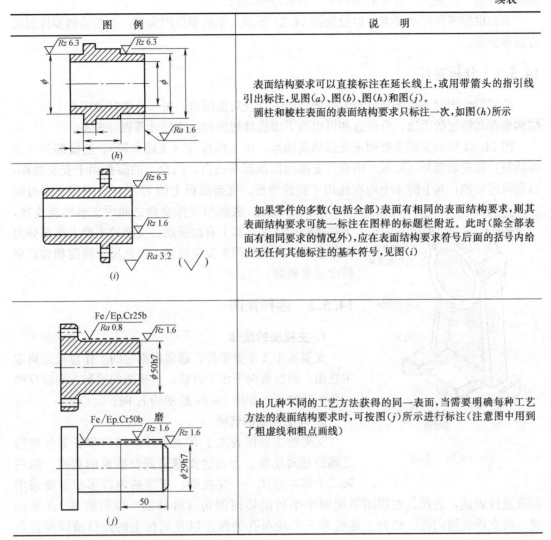	表面结构要求可以直接标注在延长线上,或用带箭头的指引线引出标注,见图(a)、图(b)、图(h)和图(j)。 圆柱和棱柱表面的表面结构要求只标注一次,如图(h)所示
	如果零件的多数(包括全部)表面有相同的表面结构要求,则其表面结构要求可统一标注在图样的标题栏附近。此时(除全部表面有相同要求的情况外),应在表面结构要求符号后面的括号内给出无任何其他标注的基本符号,见图(i)
	由几种不同的工艺方法获得的同一表面,当需要明确每种工艺方法的表面结构要求时,可按图(j)所示进行标注(注意图中用到了粗虚线和粗点画线)

14.4.4 表面处理及热处理

表面处理是为改善零件表面性能而进行的一种处置方式,如渗碳、渗氮、表面淬火、表面镀覆涂层等,目的是提高零件表面的硬度、耐磨性、抗腐蚀性等。热处理是改变整个零件材料的金相组织,以提高材料力学性质的方法,如淬火、退火、正火、回火等。零件对力学性能要求不同,处理方法亦有所不同。附录附表14~附表17给出了常用金属材料及表面处理和热处理的有关知识。

表面处理要求可在零件图中表面结构符号的横线上方注写,如表14.4中的 (j) 图;也可用文字注写在"技术要求"项目内;而热处理则一般用文字注写在"技术要求"项目内。

14.5 零件图的绘制

零件图是零件制造、检验的直接依据,必须符合生产实际。绘制零件图时,首先要考虑看图方便，在完整、清楚的前提下，力求绘图简便。

下面根据零件图的要求，以绘制图 14.24 所示支架的零件图为例，介绍绘制零件图的方法和步骤。

14.5.1　分析零件

绘制零件图时，首先要分析零件的结构特点及功能用途。每一个零件及零件上的每个结构都有其特定的用途，分析这些可以为下面选择视图和标注尺寸等做好准备。

图 14.24 所示支架主要用来支撑轴及轴承，由工作部分（支撑套筒）、连接部分（支撑肋板）和安装部分（底板）组成。支撑套筒顶部有凸台，凸台上的螺孔用于安装油杯，以润滑运动轴；其上的 3 个均布孔用于安装螺栓。支架底板上的 U 形开口槽用于穿过螺栓，以固定底板。底板与支撑套筒之间用支承肋板连接，为加强结构强度，其上有加强筋。支架的主要工作部分为支撑套筒，其内孔用来安装轴承，因此尺寸精度和表面粗糙度要求较高。

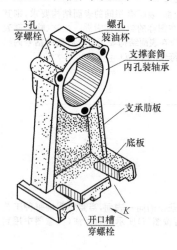

图 14.24　支架

14.5.2　选择视图

1. 主视图的选择

支架属于叉架类零件，通常根据它的工作位置来确定主视图，即底板向下水平放置；主视图的投射方向应反映主要形状特征，如图 14.24 所示的 K 向。

2. 其他视图的选择

支架的主视图表达了其主要外形结构和各部分结构之间的相对位置。为表达支撑套筒及肋板的宽度，采用第二个基本视图——左视图。支架的内部形状需要采用剖视进行表达，为此，左视图采用两个平行剖切面剖切（阶梯剖）得到的 $A—A$ 全剖视，将支承套筒内孔、凸台上螺孔和三个均布孔的深度以及底板上的开口槽同时进行表达。移出断面图表达了支承肋板上加强筋的厚度及端部形状。底板和顶部凸台的外形采用俯视图进行表达。具体如图 14.25（d）所示。

14.5.3　绘制零件图

1. 根据大小，确定比例

根据零件的大小及复杂程度，确定零件图的绘图比例。为使读图者能直接从零件图上看出零件的真实大小，优先选择 1∶1 的原值比例。当原值比例不满足要求时，依据国家标准选择缩小或放大的比例。

2. 选择图幅，布置视图

根据选择好的视图和比例，综合考虑尺寸标注、标题栏及技术要求注写等所需位置，大致估计所需图纸面积，选择图纸幅面。同时，在图纸上适当布置各个视图，画出各视图的主要基准线（一般为零件的对称中心线、主要轴线等），结果如图 14.25（a）所示。

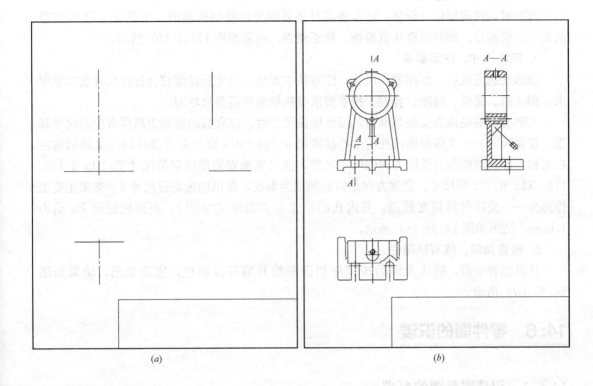

(a)　　　　　　　　　(b)

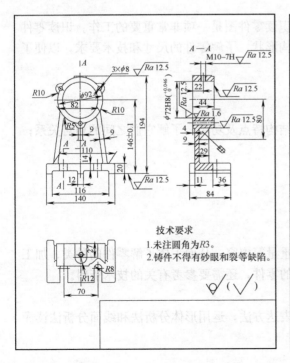

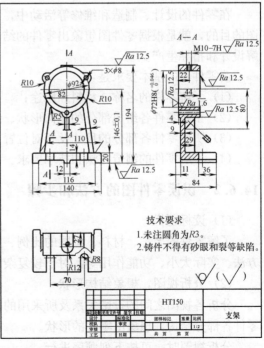

图14.25　支架零件图的绘制步骤

3. 按照形体，逐步画图

画图时，按照形体分析法，逐步将零件的各部分形状结构画出。注意应先用 H 型号的铅笔轻轻画出。画好后要认真检查，修正错误，结果如图 14.35（b）所示。

4. 标注尺寸，注写要求

图形绘制完成后，标注零件尺寸，注写技术要求。尺寸标注应符合标注尺寸的四项要求，即正确、完整、清晰、合理。技术要求要根据实际需要来填写。

支架底板的底面为安装基准面，因此标注尺寸时，以底板的底面为高度方向的尺寸基准，重要尺寸——支撑套筒内孔的中心高度尺寸 146±0.1 应由此直接注出。支架结构左右对称，即选对称面为长度方向的尺寸基准，注出底板安装槽的定位尺寸 70，以及 140、116、12、9、82 等尺寸。宽度方向是以后端面为基准，注出肋板定位尺寸 4。支架主要工作部分——支撑套筒精度最高，其内孔的尺寸为 $\phi72H8$（$^{+0.046}_{0}$），表面粗糙度 Ra 值为 1.6μm，结果如图 14.25（c）所示。

5. 检查加深，填写标题栏

认真检查全图，确认无误后按顺序加深图线并填写标题栏，完成全图，结果如图 14.25（d）所示。

14.6　零件图的识读

14.6.1　识读零件图的要求

在零件的设计、制造和维修等活动中，识读零件图是一项非常重要的工作。识读零件图的目的，就是根据零件图想象出零件的结构形状，了解零件的尺寸和技术要求，以便了解设计和指导生产。

读零件图的基本要求是：

（1）了解零件的名称、材料和用途；

（2）了解零件各组成部分的几何形状、结构特点及功用，了解它们之间的相对关系；

（3）明确零件各部分的尺寸及相对位置；

（4）了解零件的制造方法和技术要求。

14.6.2　识读零件图的方法和步骤

（1）读标题栏

了解零件的名称、材料、画图的比例、重量等内容，从而大体了解零件的种类、加工方法、实际大小、功能作用等。对于较复杂的零件，还需要参考有关的技术资料。

（2）分析视图，想象结构形状

分析各视图之间的投影关系及所采用的表达方法，运用形体分析法和线面分析法读懂零件各部分结构，想象出零件的形状。

分析视图时，可按下列顺序进行：

① 找出主视图；

② 找出所用其他视图，如剖视图、断面图等的名称及其相互位置和投影关系；

③ 凡有剖视图、断面图处，要找到剖切平面的位置；

④ 有局部视图和斜视图的地方必须找到表示投影部位的字母和表示投射方向的箭头；

⑤ 有无局部放大图及简化画法。

根据视图想象零件的结构形状时，可按下列顺序进行：

① 先看大致轮廓，再分几个较大的独立部分进行形体分析，逐一看懂；

② 对外部结构逐个分析；

③ 对内部结构逐个分析；

④ 对不便于形体分析的部分进行线面分析。

（3）分析尺寸

分析零件长、宽、高三个方向的尺寸基准，了解零件各部分结构的定形尺寸、定位尺寸和零件的总体尺寸。

（4）看技术要求

零件图的技术要求是制造零件的质量指标。分析技术要求，以便弄清各加工表面的尺寸和精度要求。

（5）综合归纳

将读懂的结构形状、尺寸标注和技术要求等内容综合起来，就能比较全面地理解零件图。

14.6.3　识读零件图示例

【例 14.1】　识读图 14.1 所示主动齿轮轴零件图。

（1）读标题栏

从标题栏可知，该零件的名称是主动齿轮轴，零件的材料为 45 号钢，绘图比例为 1∶1。齿轮轴是用来传递扭矩和运动的，属于轴套类零件。

（2）分析视图，想象结构形状

主动齿轮轴的零件图用一个基本视图（主视图）和两个辅助视图（移出断面图、局部放大图）表达。

主视图采用了在视图上作局部剖的表达方法，结合尺寸可将齿轮轴的主体结构表达清楚。可以看出，齿轮轴由五段不同直径的轴段组成，其中从左至右第二段上设计、加工有齿轮；第四段上有一键槽；最右段上有外螺纹和一销孔，零件的两端及轮齿两端均有倒角，零件上还有砂轮越程槽和退刀槽。主视图上的局部剖视主要表达齿轮的轮齿。移出断面图用来表达键槽的深度；局部放大图采用视图的表达方法，表达了退刀槽的细部结构。

分析可知，齿轮轴的最左及第三轴段主要起连接和支撑作用，第二段齿轮为主要工作部分，第四段用来安装输入轮。

（3）分析尺寸

主动齿轮轴的零件图，径向尺寸主要基准为其轴线，以此基准出发，注出尺寸 $\phi20$、$\phi36$、$\phi40$、$\phi17$ 及 M14 等；轴向主要基准为齿轮的左端面，这是确定齿轮轴在机器中轴向位置的重要端面，以此基准出发，注出尺寸 28、19 等。轴向还有两个辅助基准，分别为零件右端面和 $\phi20$ 轴段的右端面，从它们出发，分别注出尺寸 40、9、21 等。零件的定形尺寸有 $\phi20$、$\phi17$、28、13 等；定位尺寸有 4、9 等；总体尺寸为 $\phi40$ 和 137。

　　（4）看技术要求

　　主动齿轮轴上 5 个部分有尺寸公差要求，表明零件这些部分与其他零件有配合关系，如 $\phi 20f7$ 与支撑孔有配合关系；几何公差有一处，为 $\boxed{\perp\ \boxed{0.03}\ \boxed{C}}$；零件上有 3 种表面粗糙度要求，其中要求最高的为 $Ra1.6$。主动齿轮轴经过调质处理（220～250HBS），以提高材料的韧性和强度。

　　（5）综合归纳

　　综合上述几个方面的分析，就能对主动齿轮轴有比较全面的了解，真正看懂这张零件图。

　　【例 14.2】　识读图 14.26 所示阀体零件图。

　　（1）读标题栏

　　从标题栏中了解零件的名称、材料、重量、比例等。此零件名为阀体，材料是铸铁，

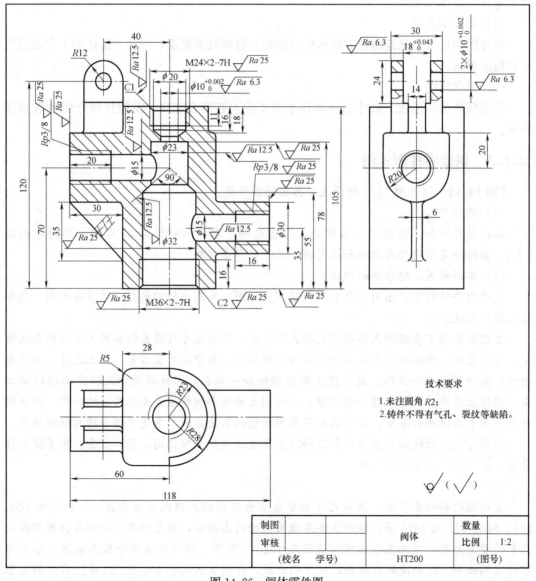

技术要求
1. 未注圆角 $R2$；
2. 铸件不得有气孔、裂纹等缺陷。

制图			数量	
审核		阀体	比例	1:2
(校名　学号)		HT200	(图号)	

图 14.26　阀体零件图

图样的绘制比例为 1：2。

（2）分析视图，想象结构形状

阀体的零件图中采用了主、俯、左三个基本视图。主视图采用全剖视图，表达内部形状；俯视图采用视图的表达方法，表达阀体中间主体部分的形状；采用局部剖视的左视图主要表达左侧部分的外形及其上部 U 形凸台的内形。由形体分析可知：阀体由左、中、右三部分结构组成。中间部分为阀体的主体，其基本形状为一 U 形结构（右端为两个半径不同的同轴半圆柱，左端为四棱柱）；左侧结构的中间为一 U 形凸台，凸台上部有前、后两个竖立的 U 形耳板，凸台的下方有一个三角形肋板与中间主体结构相连；阀体的右侧为一圆柱凸台。

再看内部结构：阀体中间有阶梯状的圆柱通孔，从上到下直径为 φ20、φ10、φ23 和 φ32，其中 φ20 和 φ32 孔上有内螺纹。左端的 U 形凸台上有 φ15 圆柱孔，其上有内螺纹，该孔与中间 φ23 孔相通。右端圆柱凸台上也有一 φ15 圆柱孔，其上有内螺纹，该孔与中间 φ32 孔相通。通过这样的看图，就可以大致看清阀体的结构形状（图 14.27）。

（3）分析尺寸

通过形体分析并分析图上所注尺寸，可以看出：长度基准、宽度基准分别是通过阀体中间主体结构轴线的侧平面和正平面；高度基准是阀体的底面。从这三个尺寸基准出发，再进一步看懂各部分的定位尺寸和定形尺寸，从而理解图上所注的尺寸，就可完全确定这个阀体的形状和大小。

阀体上定形尺寸和定位尺寸很多，可自行分析。其中，主要的定位尺寸有 70、120 和 35 等。总体尺寸为 118、120 和 R28。

（4）看技术要求

阀体是一个铸件，由毛坯经过车、钻、攻丝等加工，制成该零件。它的技术要求有尺寸公差和表面粗糙度。尺寸公差有 3 处；表面粗糙度要求有 4 种，除主要的圆柱孔（φ10 圆柱孔）为 Ra 6.3 外，加工面大部分为 Ra25，少数是 Ra12.5；其余仍为铸造表面。未注铸造圆角均为 R2。

（5）综合归纳

综合上述几个方面的分析，就能对阀体有比较全面的了解。

图 14.27 阀体的立体图

简答题

1. 什么是零件图？它在生产中的作用是什么？一张完整的零件图应包括哪些内容？

2. 如何选择零件图的视图表达方案？应遵循的原则是什么？轴套类和盘盖类零件在视图表达上各有什么特点？

3. 常用的尺寸基准有哪些？合理标注尺寸应注意哪些问题？

4. 什么叫公差？公差带由哪两个要素组成？如何在零件图和装配图上标注公差？

5. 什么是几何公差？形状和位置公差各有哪些项目？对于吃饭用的圆柱形筷子，假如需要的话，可以考虑提出哪些项目的形状和位置公差要求？

6. 什么是表面粗糙度？它的标注符号有哪几种？各有什么意义？试说明表面粗糙度的标注有哪些主要规定？

7. 试简述绘制和识读零件图的方法和步骤。

第15章

装 配 图

【知识目标】

1. 了解装配图的作用和内容；

2. 理解装配图的视图选择特点和表达方法；

3. 熟悉装配图中尺寸标注的特点；理解配合的概念和种类；掌握配合在装配图上的标注和识读；

4. 明确装配图中零件序号和明细栏的组成及编排方法；

5. 掌握识读装配图的方法和步骤。

【技能目标】

能识读简单部件的装配图。

 章前思考

1. 零件与部件在零件数量上的区别是什么？

2. 你认为零件图的各种表达方法是否也能适用于装配图呢？

3. 举例说明部件中广泛存在的零件遮挡关系、运动关系、细小零件等。对于这些内容的表达，请提出你的建议。

任何机器或部件都是由若干零（部）件按一定的顺序和技术要求装配而成的。用来表达机器、部件或组件的结构形状、装配关系、工作原理和技术要求的图样，称为装配图。能够读懂装配图是工程技术人员必备的基本技能之一。

15.1 装配图的作用和内容

在产品的设计过程中，一般先绘制出机器、部件的装配图，然后再根据装配图画出零

件图。在产品的制造过程中，机器、部件的装配、检验工作，都必须根据装配图来进行。在产品使用和维修中，也需要通过装配图来了解机器的构造及工作原理。因此，装配图是反映设计思想、指导生产装配、方便使用维修的重要技术文件。下面结合螺旋千斤顶装配图，介绍装配图的作用和内容。

螺旋千斤顶是机械修理中经常用到的一种顶升重物的部件，其结构与组成如图 15.1 所示。工作时，绞杠穿在螺杆顶部的孔中，旋动绞杠，螺杆在螺套中靠螺纹做上、下移动，顶垫上承载的重物则随之升、降。螺套镶在底座里并用螺钉固定和止旋，以便于磨损后的更换和修配。螺杆的球面形顶部与顶垫相连，靠螺钉与螺杆连接而不固定，既可防止顶垫随螺杆一起旋转，又不至于脱落。

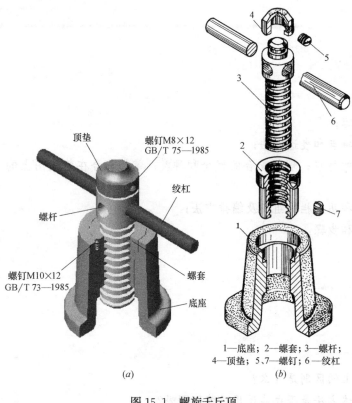

图 15.1　螺旋千斤顶
(a) 立体图；(b) 分解图

1—底座；2—螺套；3—螺杆；
4—顶垫；5，7—螺钉；6—绞杠

图 15.2 是与图 15.1 所对应的螺旋千斤顶的装配图。从中可见，一张完整的装配图一般包括以下四个方面的内容：

1. 一组图形

用以表达机器或部件的工作原理、传动路线、结构特征、各零件间的相对位置、装配和连接关系等。

图 15.2 所示的装配图用了主、俯两个基本视图。主视图采用沿主轴线剖切的全剖视图，用以表达主要零件的结构形状和装配、连接关系。俯视图为沿结合面剖切的 $A-A$ 全剖视图，用以表达螺旋千斤顶下部螺套和底座的形状以及螺钉固定、止旋的方式。$B-B$ 断面图补充说明了螺杆上部横向孔的分布情况。

2. 必要的尺寸

用以表达机器或部件的规格、性能及装配、检验、安装时所需要的一些尺寸。

如图 15.2 螺旋千斤顶装配图中的 $220\sim270$、$\phi65\text{H8/j7}$、150×150、300 等。

3. 技术要求

用文字或符号说明机器或部件在装配、调试、检验、安装及维修、使用等方面的要求。

如图 15.2 中"技术要求"标题下的文字部分，从中可以了解到，千斤顶的最大顶举力为 10000N，最大顶举高度为 50mm 等。

4. 零件序号、明细栏和标题栏

说明机器或部件及其所包含的零件的名称、代号、材料、数量、图号、比例及设计、审核者的签名等。

从图 15.2 的零件序号和明细栏中可以知道，该千斤顶由 7 种零件组成。其中，标准件有 2 种（2 个），非标准件有 5 种（5 个）。

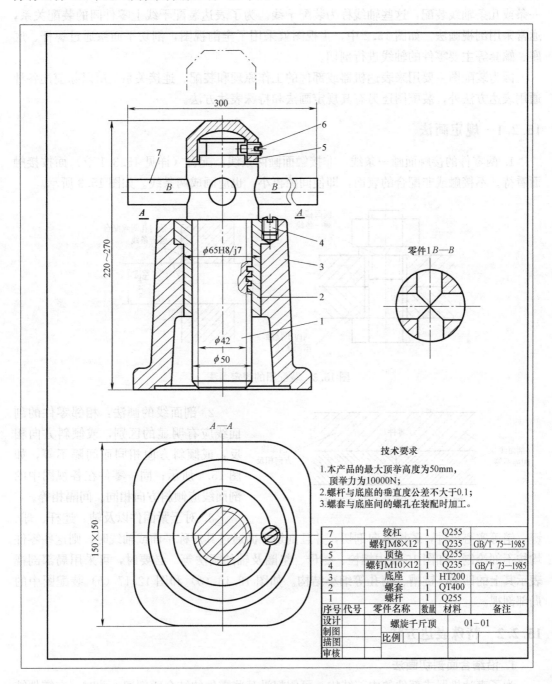

零件1 *B—B*

A—A

技术要求

1. 本产品的最大顶举高度为50mm，顶举力为10000N；
2. 螺杆与底座的垂直度公差不大于0.1；
3. 螺套与底座间的螺孔在装配时加工。

序号	代号	零件名称	数量	材料	备注
7		绞杠	1	Q255	
6		螺钉M8×12	1	Q235	GB/T 75—1985
5		顶垫	1	Q255	
4		螺钉M10×12	1	Q235	GB/T 73—1985
3		底座	1	HT200	
2		螺套	1	QT400	
1		螺杆	1	Q255	

设计		螺旋千斤顶	01—01
制图			
描图		比例	
审核			

图 15.2　螺旋千斤顶装配图

15.2　装配图的表达方法

第9章中介绍的各种视图、剖视、断面和局部放大、简化画法等表达方法，都适用于装配图的表达。在装配图中，剖视图的应用非常广泛。在部件中经常会有多个零件围绕着一条或几条轴线装配，这些轴线称为装配干线。为了表达装配干线上零件间的装配关系，通常采用剖视画法。如图15.2中，主视图就采用了全剖视图，剖切平面系通过螺杆、底座、螺套等主要零件的轴线进行剖切。

因为装配图主要用来表达机器或部件的工作原理和装配、连接关系，所以除前述各种通用表达方法外，装配图还另有其规定画法和特殊表达方法。

15.2.1　规定画法

1. 两零件的接触面画一条线，非接触面画两条线，配合（详见15.3.1节）面按接触面看待。不接触或非配合的表面，即使间隙再小，也应画成两条线。如图15.3所示。

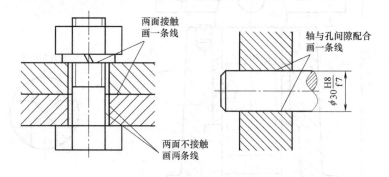

图15.3　装配图的规定画法

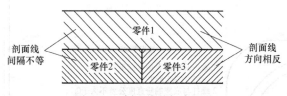

图15.4　剖面线的规定画法

2. 剖面线的画法：相邻零件的剖面线应有明显的区别，或倾斜方向相反，或倾斜方向相同而间隔不等，如图15.4所示；同一零件在各视图中的剖面线应倾斜方向相同、间隔相等。

3. 对于紧固件以及轴、连杆、球、键、销等实心零件，若按纵向剖切，并且剖切平面通过其对称平面或轴线时，则这些零件均按不剖绘制，如图15.3中螺栓、螺母、垫圈及轴的画法等。必要时，可采用局部剖视表示其上的凹槽、键槽、销孔等细小结构。如图12.13（b）和图12.17（b）装配图中的局部剖视。

15.2.2　特殊表达方法

1. 沿结合面剖切画法

为了表达机器或部件的内部结构，可假想沿某些零件的结合面剖切。此时，在零件结合面上不画剖面线，如图15.5中的 *B—B* 剖视图所示，就是沿转子油泵泵体和泵盖的结合面剖切。被剖切到的螺栓和泵轴、销等，按规定画出了剖面线。

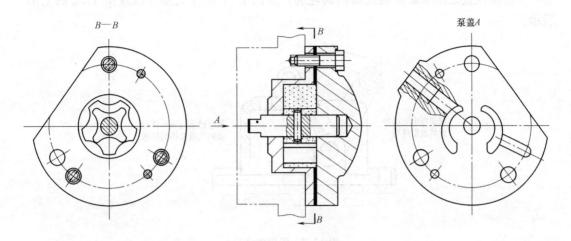

图 15.5 沿结合面剖切

2. 拆卸画法

画装配图的某个视图时，当一些在其他视图上已表示清楚的零件遮住了需要表达的零件结构或装配关系时，可假想将这些零件拆卸后绘制，并加标注"拆去××"等。如图 15.6 中的俯视图所示。

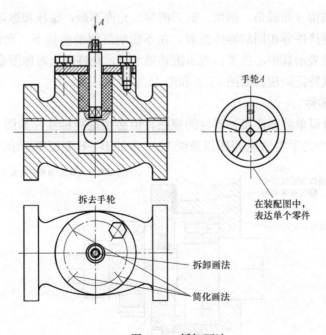

图 15.6 拆卸画法

3. 假想画法

为了表示与本部件有装配关系但又不属于本部件的其他相邻零、部件，可用细双点画线绘制相邻零、部件的轮廓，如图 15.5 左部以及图 15.7 的下部所示。

为了表示运动零件的运动范围或极限位置，可先在一个极限位置处画出该零件，再在另一个极限位置处用细双点画线画出其轮廓，如图 15.7 的左上部分以及图 15.2 的上部所示。

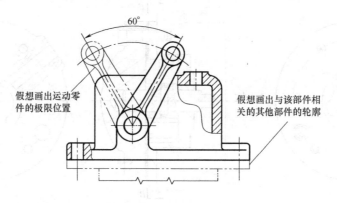

图 15.7　假想画法

4. 夸大画法

对薄片零件、细丝弹簧和微小间隙等，均可适当加大尺寸夸大画出，如图 15.8 中垫片的厚度、轴与透盖间的间隙，以及图 15.3 中螺栓与螺栓孔之间的间隙等，都采用了夸大画法。

5. 简化画法

零件上的工艺结构（如圆角、倒角、退刀槽等）允许不画；螺栓和螺母的头部可简化画出；当遇到螺纹连接件等相同的零件组时，在不影响理解的前提下，允许只画出一处，其余可只用细点画线表示其中心位置；表示滚动轴承时，允许画出对称图形的一半，另一半可采用通用画法或特征画法。如图 15.8 和图 15.6 所示。

6. 单独表达某零件

在装配图中，可以单独画出某一零件的视图，但必须进行标注，如图 15.5 中的泵盖 A 向视图、图 15.6 中的手轮 A 向视图以及图 15.2 中的 B—B 断面图所示。

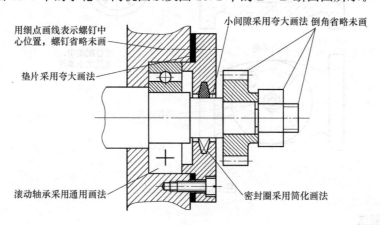

图 15.8　夸大画法和简化画法

15.3　装配图的尺寸标注及技术要求

在机械装配中，根据使用要求的不同，零件孔和轴之间的结合有松有紧，这种松紧关系及其松紧程度是通过配合来反映的。在装配图的尺寸标注中，配合是一个重要的概念和标注内容。本节将先来介绍配合的概念及其在装配图中的标注，然后再具体介绍装配图中的尺寸标注和技术要求。

15.3.1　配合的概念与标注

在机器装配中，将公称尺寸相同且相互结合的孔和轴公差带之间的关系，称为配合。

1. 配合的种类

根据使用要求的不同，国家标准规定配合分三类：间隙配合、过盈配合和过渡配合。

•间隙配合　孔的实际尺寸总是比轴的实际尺寸大，任取其中一对孔和轴相配合都将成为具有间隙的配合（包括最小间隙为零）。配合后，轴能在孔中自由转动。此时，孔的公差带完全在轴的公差带之上，如图 15.9 （a） 所示。

•过盈配合　孔的实际尺寸总是比轴的实际尺寸小，任取其中一对孔和轴相配合都成为具有过盈的配合（包括最小过盈为零）。配合后，轴与孔不能做相对运动。此时，孔的公差带完全在轴的公差带之下，如图 15.9 （b） 所示。

•过渡配合　轴的实际尺寸比孔的实际尺寸有时大，有时小，任取其中一对孔和轴相配合，可能具有间隙，也可能具有过盈的配合。配合后，轴比孔小时能自由转动，但比间隙配合稍紧；轴比孔大时不能做相对运动，但比过盈配合稍松。此时，孔和轴的公差带相互交叠，如图 15.9 （c） 所示。

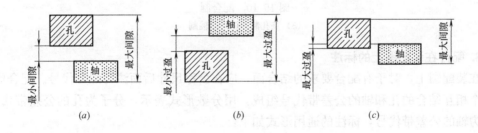

图 15.9　配合的种类
(a) 间隙配合；(b) 过盈配合；(c) 过渡配合

2. 配合制

当公称尺寸确定后，为了得到孔与轴之间各种不同性质的配合，又便于设计和制造，国家标准规定了两种不同的配合制：基孔制配合和基轴制配合。一般情况下，优先选用基孔制配合。

•基孔制配合

基本偏差为一定的孔的公差带，与不同基本偏差的轴的公差带形成各种配合的一种制度称为基孔制。该制度在同一公称尺寸的配合中，是将孔的公差带位置固定，通过变动轴的公差带位置，得到各种不同的配合，如图 15.10（a）所示。

基孔制的孔称为基准孔，用基本偏差代号 H 表示，国家标准规定，基准孔的下偏差为零。

• 基轴制配合

基本偏差为一定的轴的公差带，与不同基本偏差的孔的公差带形成各种配合的一种制度称为基轴制。这种制度在同一公称尺寸的配合中，是将轴的公差带位置固定，通过变动孔的公差带位置，得到各种不同的配合，如图 15.10（b）所示。

基轴制的轴称为基准轴。用基本偏差代号 h 表示，国家标准规定，基准轴的上偏差为零。

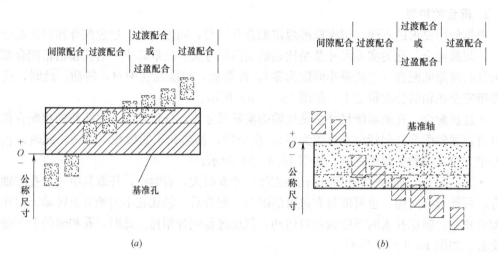

图 15.10　配合制
（a）基孔制；（b）基轴制

3. 配合在装配图上的标注

在装配图上，对于有配合要求的结合面，应在公称尺寸后面注写配合代号。配合代号由两个相互结合的孔和轴的公差带代号组成，用分数形式表示，分子为孔的公差带代号，分母为轴的公差带代号，标注的通用形式如下：

$$公称尺寸\frac{孔的公差带代号}{轴的公差带代号}$$

具体标注方法如图 15.11（a）所示，其具体含义如图 15.11（b）所示。

判断配合制的方法是：在配合的代号中，凡分子有 H 的，为基孔制；凡分母有 h 的，为基轴制。若分子有 H，分母同时又有 h，如 H7/h6，则认为是基孔制或基轴制都可以，是最小间隙为零的间隙配合。

15.3.2　装配图的尺寸标注

由于装配图的作用与零件图不同，所以在装配图中不必标注零件的所有尺寸，而只需注出与机器或部件规格、性能、装配、安装、运输等有关的尺寸。具体如下：

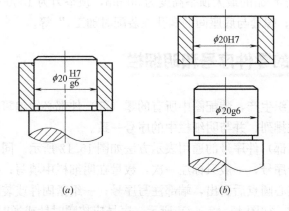

图 15.11　配合在装配图上的标注

(a) 装配后；(b) 装配前

1. 规格（或性能）尺寸

表明机器或部件的性能或规格，是设计时确定的尺寸。

如图 15.2 所示螺旋千斤顶装配图中的规格（性能）尺寸为 220～270mm，说明螺旋千斤顶的最长顶举高度为 50mm。

2. 装配尺寸

表示零件之间的配合尺寸及与装配有关的零件之间的相对位置尺寸。

如图 15.2 所示螺旋千斤顶装配图中的 $\phi65H8/j7$ 即为螺套与底座间的配合尺寸。

3. 安装尺寸

表示将机器或部件安装到其他设备或地基上所需要的尺寸。

如图 15.2 中的 150×150 以及图 15.20 所示球阀装配图中的 M36×2 等。

4. 外形尺寸

表示机器或部件的总长、总宽和总高。为部件的包装、运输和安装提供方便。

如图 15.2 所示螺旋千斤顶装配图中的外形尺寸为 150mm×150mm、300mm 等。

5. 其他重要尺寸

指设计时根据计算或需要而确定的，但又不属于上述尺寸的尺寸。

如图 15.2 所示螺旋千斤顶装配图中螺杆下端螺纹的大径 $\phi50$ 和小径 $\phi42$ 等。

上述五类尺寸之间并不是互相孤立无关的，实际上，有的尺寸往往同时具有多种作用。此外，在一张装配图中，也并不一定需要全部注出上述五类尺寸，而是要根据具体情况和要求来确定。如果是设计装配图，所注的尺寸应全面些；如果是装配工作图，则只需将与装配有关的尺寸注出即可。

15.3.3　装配图的技术要求

装配图中的技术要求主要说明装配要求（如准确度、装配间隙、润滑要求等）、调试和检验要求（如对机器性能的检验、试运行及操作要求等）、使用要求（如维护、保养及使用时的注意事项和要求）等。装配图中的技术要求，通常用文字注写在明细栏附近的空白处。

如图 15.2 中的"本产品的最大顶举高度为 50mm，顶举力为 10000N；螺杆与底座的垂直度公差不大于 0.1；螺套与底座间的螺孔在装配时加工。"等。

15.4　装配图上的零件序号和明细栏

为了便于识图和组织生产，装配图中所有的零（部）件都必须编写序号，序号可按顺时针或逆时针方向顺次排列，并与明细栏中的序号一致。

装配图中编写零（部）件序号的通用表示方法如图 15.12 所示。同一张装配图中，相同的零（部）件用一个序号，一般只标注一次，数量在明细栏中填写；指引线应自所指零件的可见轮廓内画一实心圆点后引出，端部注写序号；一组紧固件或装配关系清楚的零件组，可采用公共指引线，如图 15.12（d）所示；序号应按顺时针或逆时针方向顺序编号，并沿水平或垂直方向排列整齐。

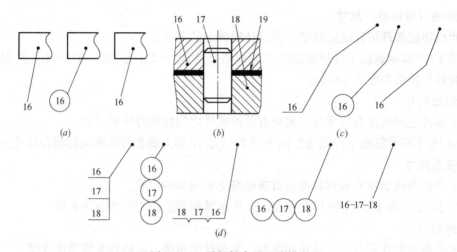

图 15.12　零部件序号及编排方法

(a) 序号的基本形式；(b) 指引线末端的形式；(c) 折线指引线；(d) 公共指引线

明细栏一般配置在装配图中标题栏的上方，按自下而上的顺序填写。当位置不够时，可紧靠在标题栏的左边自下而上延续。

明细栏一般由序号、名称、数量、材料等内容组成。

15.5　绘制装配图

本节将结合图 15.13 所示"旋阀"装配图的绘制，介绍绘制装配图的过程与方法。

旋阀是管道系统中控制管道开闭及液体流量大小的部件。当旋阀内的阀杆处于图示位置时，阀门全部开启；当阀杆旋转 90° 时，阀门全部关闭。旋阀共由 6 种（7 个）零件组成。其中，螺栓是标准件，其他是专用零件。旋阀中的阀体通过管螺纹与管道系统相连接，阀杆位于阀体内。为防止液体从阀杆上部渗漏，使用垫片、填料和填料压盖进行密封。填料压盖通过与阀体间的螺栓连接，实现对填料的压紧。

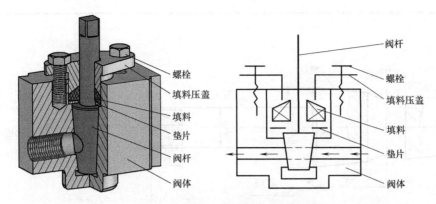

图 15.13　旋阀立体图和装配示意图

图 15.14～图 15.17 为旋阀各专用零件的零件图；其中的螺栓系标准件，规格注记为"螺栓 GB/T 5780—2000　M10×25"；填料为石棉绳，无需绘制零件图。

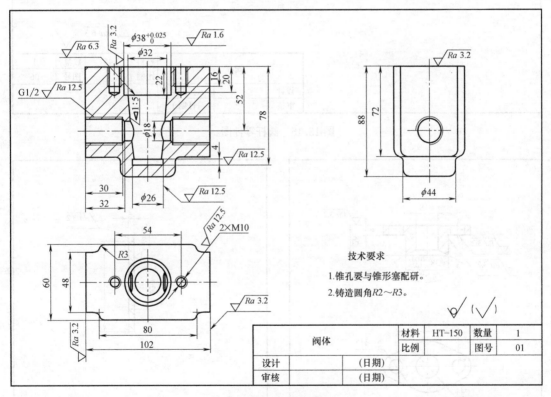

图 15.14　阀体零件图

1. 确定表达方案

确定装配图表达方案时，应以部件的工作原理为主线，从主要装配干线入手，用主视图和其他基本视图表达主要装配线，用其他视图进一步补充表达。

部件的主视图一般按其工作位置选择，并使主视图能够较多地表达出部件的工作原理、传动路线、零件间的装配和连接关系、相对位置以及零件的主要结构形状等特征。通常，以通过装配干线的轴线将部件剖开，画出剖视图作为装配图的主视图。

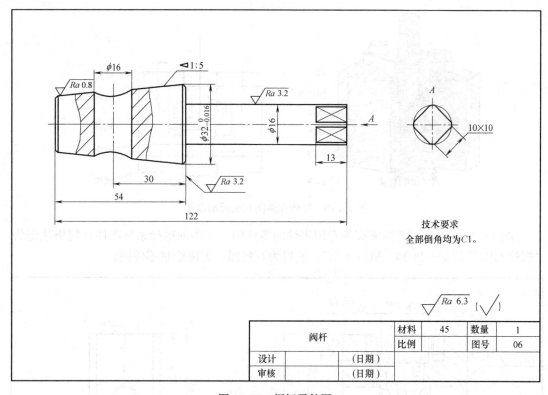

图 15.15　阀杆零件图

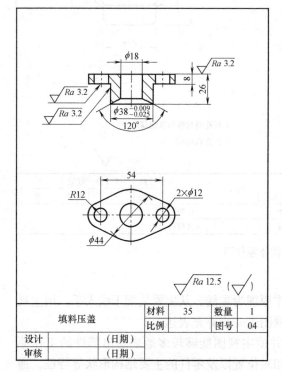

图 15.16　填料压盖零件图

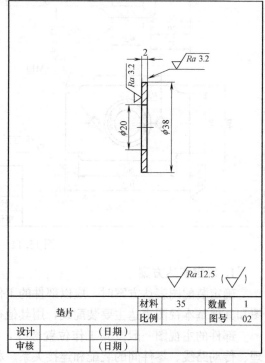

图 15.17　垫片零件图

主视图确定后，应选择其他基本视图来补充表达主视图没有表达清楚的部分。如果部件中还有一些局部结构需要表达，可选用局部视图、局部剖视图或断面图等来表达。

旋阀的主视图按工作位置选择，将旋阀流体通道的轴线水平放置，阀杆旋转至全部开启状态。主视图的投射方向为垂直于流体通道的轴线方向。为清楚表达旋阀的工作原理、零件间的装配和连接关系、相对位置以及零件的主要结构形状等，沿旋阀的前后对称面剖开，画出剖视图作为装配图的主视图。为表达旋阀的外形结构，又选取俯视图作为对主视图的补充。

2. 选定绘图比例和图幅

根据部件的大小及复杂程度，确定绘图比例。一般优先选择 1:1 的原值比例。根据选择好的视图和比例，综合考虑尺寸标注、零件序号编写、标题栏、明细栏及技术要求注写等所需位置，大致估计所需图纸面积，选择合适的图纸幅面。

根据旋阀的大小及复杂程度，选择 1:1 的绘图比例，选取 A4 的图纸幅面。

3. 绘制装配图

（1）合理布图，画出作图基准线。先画出图框、标题栏及明细栏的轮廓线，接着画出各视图的基准线，如轴线、对称线等，如图 15.18（a）所示。

（2）绘制底图。先画出部件的主要结构，然后按照装配顺序逐个画出其他次要零件及结构细节，如图 15.18（b）所示。

（3）检查校核，按规定线型加深图线并绘制剖面线；标注尺寸（注意与零件图中相关尺寸的协调和一致），编写零件序号，绘制并填写标题栏和明细栏。

4. 拟定并填写技术要求

装配图中的技术要求包括配合尺寸的配合代号、安装尺寸的公差带、装配后必须保证的尺寸的公差带及工艺性说明（如配作）等。

以文字说明的技术要求，可从以下方面考虑：

（1）对装配体的性能和质量要求，如润滑、密封等方面的要求；

（2）对试验条件和方法的规定；

（3）对外观质量的要求，如涂漆等；

（4）对装配要求的其他必要说明。

最终完成的装配图如图 15.18（c）所示。

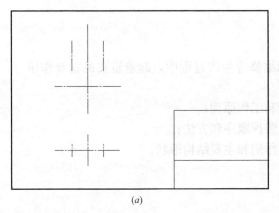

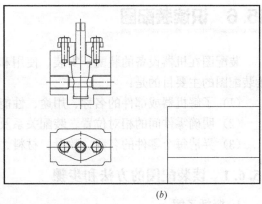

(a)   (b)

图 15.18　旋阀装配图的作图过程（一）

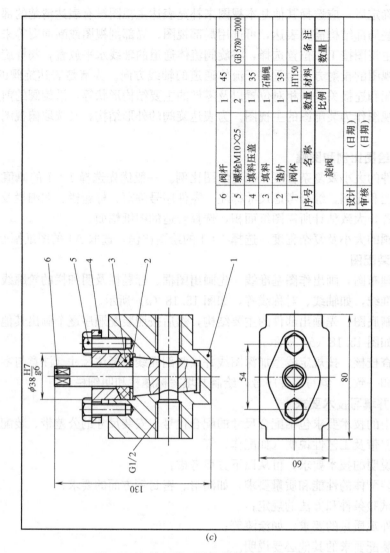

6	阀杆	1	45	
5	螺栓M10×25	2	GB 5780—2000	
4	填料压盖	1	35	
3	填料	1	石棉绳	
2	垫片	1	35	
1	阀体	1	HT150	
序号	名 称	数量	材料	备注
		数量	比例	1
设计		(日期)		
审核		(日期)		
	旋阀			

(c)

图 15.18　旋阀装配图的作图过程（二）

15.6　识读装配图

装配图在机器设备的装配、安装、使用和维修等生产过程中，起着重要的指导作用。读装配图的主要目的是：

（1）了解机器或部件的名称、用途、性能和工作原理；

（2）明确零件间的相对位置、装配关系及装拆顺序和方法；

（3）弄清每个零件的名称、数量、材料、作用和主要结构形状。

15.6.1　读装配图的方法和步骤

1. 概括了解

首先，要看装配图中的标题栏、明细栏和附加的产品说明书等有关技术资料，了解部件的名称、用途和比例等。然后，从视图中先大致了解部件的形状、尺寸和技术要求，对部件有一个基本的感性认识。

2. 分析视图

在概括了解的基础上对装配图做进一步分析。弄清有几个视图，各视图的名称、相互间的投影关系、所采用的表达方法；采用了哪些剖视图和断面图，根据标记找到剖切位置和范围；明确各视图的表达重点等。

3. 分析尺寸和技术要求

分析装配图上的尺寸和技术要求，以明确部件的规格、零件间的配合性质和外形大小、装配、试验及安装要求等。

4. 分析装配关系、传动路线和工作原理

对照视图，从分析传动入手，仔细研究部件的装配关系和工作原理。通过对各条装配干线的分析，并根据图中的配合尺寸等，明确各零件之间的相互配合要求和运动零件与非运动零件的相对运动关系，尤其是传动方式、传动路线、作用原理以及零件的支承、定位、调整、联接、密封等结构形式。

根据部件的工作原理，了解每个零件的作用，进而分析出它们的结构形状，是很重要的一步。一台机器或部件由标准件、常用件和一般零件组成。标准件和常用件的结构简单、作用单一，一般容易看懂，但一般零件有简有繁，它们的作用和地位各不相同。看图时，先看标准件和结构形状简单的零件，后看结构复杂的零件。这样先易后难地进行看图，既可加快分析速度，还为看懂形状复杂的零件提供方便。

零件的结构形状主要是由零件的作用、与其他零件的关系以及铸造、机械加工的工艺要求等因素决定的。分析一些形状比较复杂的非标准零件，其中关键问题是要能够从装配图上将零件的投影轮廓从各视图中分离出来。区分零件主要依靠不同方向和间隔的剖面线，以及各视图之间的投影关系进行判别。零件区分出来之后，便要分析零件的结构形状和功用。分析时，一般先从主要零件开始，再看次要零件。

5. 总结归纳

想象出整个部件的结构形状及要求。

以上所述是读装配图的一般方法和步骤，事实上有些步骤不能截然分开，而要交替进行。

15.6.2 读装配图示例

【例 15.1】 识读图 15.19 所示拆卸器装配图。

1. 概括了解

从标题栏可知，该部件的名称为"拆卸器"。不难分析，其是用来拆卸紧固在轴上的零件的。从绘图比例和图中的尺寸看，这是一个小型的拆卸工具。它共有 8 种零件，是一较简单的部件。

2. 分析视图

主视图主要表达了整个拆卸工具的结构外形，并在上面作了全剖视，但压紧螺杆 1、把手 2、抓子 7 等实心零件按规定均以不剖绘制。为了表达它们与其相邻零件的装配关系，采用了三处局部剖视。而轴与套本不是该部件上的零件，用细双点画线画出其轮廓

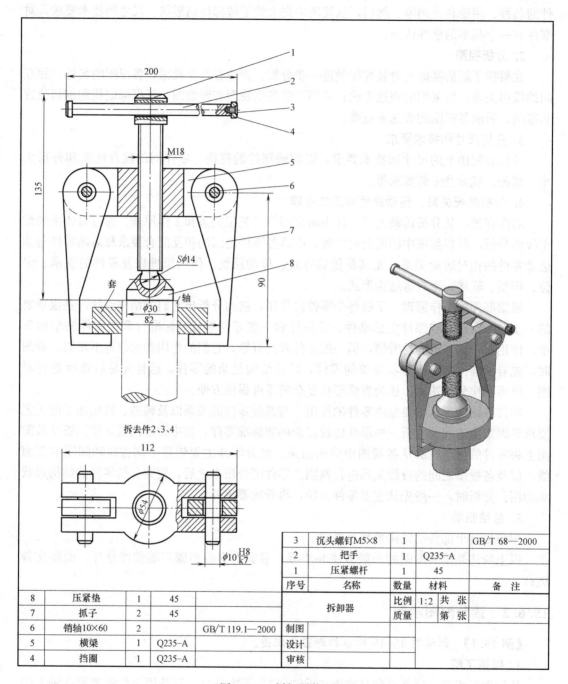

图 15.19　拆卸器装配图

（假想画法），以反映其拆卸时的工作情况。为了节省图纸幅面，较长的把手 2 则采用了折断画法。

俯视图采用了拆卸画法（拆去了把手 2、沉头螺钉 3 和挡圈 4），并采用了一个局部剖视，以表达销轴 6 与横梁 5 的配合情况，以及抓子与销轴和横梁的装配关系。同时，也将主要零件的结构形状表达得较为清楚。

3. 分析尺寸

尺寸 82 是规格尺寸，表示此拆卸器所能拆卸零件的最大外径尺寸不大于 82mm。尺寸 112、200、135、ϕ54 是外形尺寸。尺寸 ϕ10H8/k7 是销轴与横梁孔的配合尺寸，由结构分析并查表可知，此系基孔制的过渡配合。

4. 分析装配关系、传动路线和工作原理

因此拆卸器分解结合在一起的套和轴时，首先将压紧垫抵住轴的上端面，然后转动把手，调节抓子的上下位置，使其下部的 L 形弯头钩住套的下沿。

用其进行拆卸时，该拆卸器的运动可由把手开始分析。当顺时针转动把手时，其带动压紧螺杆转动。由于螺纹的作用，横梁即同时沿螺杆上升，通过横梁两端的销轴，带着两个抓子上升，被抓子勾住的零件也一起上升，直到从轴上拆下。

由图中不难分析，拆卸器的结合顺序是：先将压紧螺杆 1 拧过横梁 5，把压紧垫 8 套接在压紧螺杆的球头上，在横梁 5 的两旁用销轴 6 各穿上一个抓子 7，最后穿上把手 2，再将把手的穿入端用螺钉 3 将挡圈 4 拧紧，以防止把手从压紧螺杆上脱落。而其分解顺序，则是此结合顺序的逆过程。

5. 总结归纳

综上所述，拆卸器的具体结构及其工作情况如图 15.19 右图所示。

【例 15.2】 识读图 15.20 所示球阀装配图。

1. 概括了解

通过看标题栏、明细栏并结合生产实际可知：球阀是阀的一种，它是安装在管道系统中的一个部件，用于开启和关闭管路，并能调节管路中流体的流量。该球阀公称直径为 ϕ20mm，适用于通常条件下的水、蒸汽或石油产品的管路上。它是由阀体 1、阀盖 2、密封圈 3、阀芯 4、调整垫 5、双头螺柱 6、螺母 7、填料垫 8、中填料 9、上填料 10、填料压紧套 11、阀杆 12、扳手 13 等零件装配起来的。其中，标准件 2 种，非标准件 11 种。

2. 分析视图

球阀装配图中共有三个视图。

主视图采用全剖视图，表达了主要装配干线的装配关系，即阀体、阀芯和阀盖等水平装配轴线和扳手、阀杆、阀芯等铅垂装配轴线上各零件间的装配关系，同时也表达了部件的外形。

左视图为 A—A 半剖视图，表达了阀盖与阀体连接时四个双头螺柱的分布情况，并补充表达了阀杆与阀芯的装配关系。因扳手在主视图、俯视图中已表达清楚，图中采用了拆卸画法。

俯视图主要表达球阀的外形，并采用局部剖视图来说明扳手与阀杆的连接关系及扳手与阀体上定位凸起的关系。扳手零件的运动有一定的范围，图中画出了它的一个极限位置，另一个极限位置用细双点画线画出。

3. 分析尺寸

图中 ϕ20 是球阀的通孔直径，属于规格尺寸；ϕ50H11/h11、ϕ18H11/c11、ϕ14H11/c11 是配合尺寸，说明该三处均为基孔制的间隙配合；54、M36×2 是球阀的安装尺寸；115±1.1、75、121.5 是球阀的外形尺寸；Sϕ40 则属于其他重要尺寸。

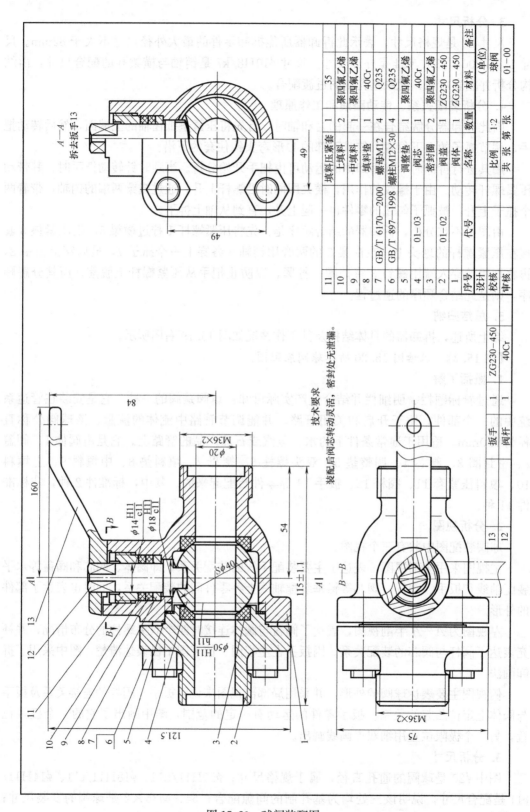

序号	代号	名称	数量	材料	备注
13		扳手	1	ZG230－450	
12		阀杆	1	40Cr	
11		填料压紧套	1	35	
10		上填料	2	聚四氟乙烯	
9		中填料	1	聚四氟乙烯	
8		填料垫	1	40Cr	
7	GB/T 6170－2000	螺母M12	4	Q235	
6	GB/T 897－1998	螺柱M12×30	4	Q235	
5		调整垫	1	聚四氟乙烯	
4	01－03	阀芯	1	40Cr	
3		密封圈	2	聚四氟乙烯	
2	01－02	阀盖	1	ZG230－450	
1		阀体	1	ZG230－450	

设计			比例	1:2	球阀
校核			数量	第 张	01－00
审核			共 张		(单位)

技术要求

装配后阀芯转动灵活，密封处无泄漏。

图 15.20　球阀装配图

4. 分析装配关系、传动路线和工作原理

在主视图上，通过阀杆这条装配轴线可以看出：扳手与阀杆是通过方孔和方头相装配的，填料压紧套与阀体间通过螺纹连接。填料压紧套与阀杆是通过 $\phi 14H11/c11$ 相配合的。阀杆下部的圆柱上，铣出了两个平面，头部呈圆弧形，以便嵌入阀芯顶端的槽内。另一条装配轴线（螺柱连接）也可做类似的分析。

球阀的工作原理是：当球阀处于图示的位置时，阀门为全开状态，管道畅通，管路内流体的流量最大；当扳手13按顺时针方向旋转时，管路流量逐渐减少，旋转到90°时（图中细双点画线所示的位置），阀芯便将通孔全部挡住，阀门全部关闭，管道断流。

5. 总结归纳

球阀的装配顺序是：先在水平装配轴线上装入右边的密封圈、阀芯、左边的密封圈、垫片，装上阀盖，再装上双头螺柱和螺母；在垂直装配轴线上装入阀杆、填料垫、中填料和上填料，用填料压紧套压紧，装上扳手。同时，还要对技术要求和全部尺寸进行分析，以进一步了解机器或部件的设计意图和装配工艺性，分析各部分结构是否能完成预定的功用，工作是否可靠，装拆、操作和使用是否方便等。球阀的立体图如图15.21所示。

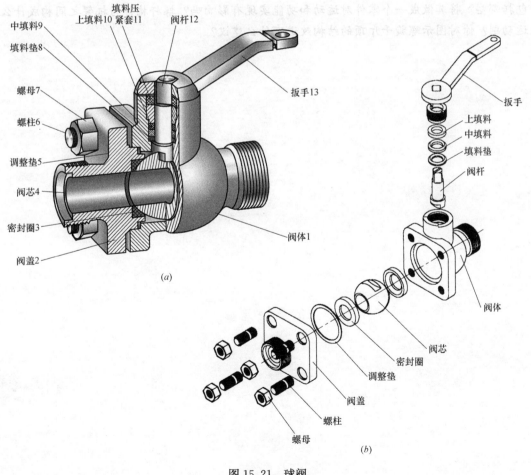

图 15.21　球阀

(a) 立体图；(b) 分解图

思考题

1. 简答题

(1) 什么是装配图？它在生产中的作用是什么？一张完整的装配图应包括哪些内容？

(2) 装配图视图选择的原则是什么？装配图主要有哪些表达方法？

(3) 装配图的画法有哪些主要规定？装配图的特殊表达方法有哪些？

(4) 什么是配合？配合的类型有哪三种？各用于什么场合？怎样判别基孔制配合和基轴制配合？配合代号与构成配合的孔和轴的公差带代号间有什么关系？

(5) 装配图中需标注哪些方面的尺寸？

(6) 装配图与其组成零件的零件图间有什么关系？

(7) 绘制装配图有哪几个主要步骤？

2. 分析题

(1) 按照 15.6.1 节所述方法和步骤，分析图 15.2 所示螺旋千斤顶的装配图。

(2) 在图 15.2 所示螺旋千斤顶的装配图中，从机构运动的角度看，构成机架的零件包括哪些？将其做成一个零件对运动和功能实现有影响吗？螺杆构件与机架之间构成什么运动副？你对图示螺旋千斤顶的结构改进有什么建议？

普通螺纹直径与螺距（mm）（摘自 GB/T 192、GB/T 193、GB/T 196）　　附表 1

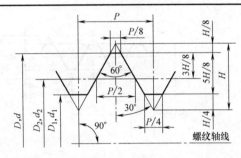

D——内螺纹大径
d——外螺纹大径
D_2——内螺纹中径
d_2——外螺纹中径
D_1——内螺纹小径
d_1——外螺纹小径
P——螺距

标记示例：
M10-6g(粗牙普通外螺纹、公称直径 d＝M10、中径及大径公差带均为 6g、中等旋合长度、右旋)
M10×1-6H-LH(细牙普通内螺纹、公称直径 D＝M10、螺距 P＝1、中径及小径公差带均为 6H、中等旋合长度、左旋)

公称直径（D、d）			螺　　距（P）		粗牙螺纹小径（D_1、d_1）
第一系列	第二系列	第三系列	粗　牙	细　　牙	
4	—	—	0.7	0.5	3.242
5	—	—	0.8		4.134
6	—	—	1	0.75	4.917
	7	—			5.917
8	—	—	1.25	1、0.75	6.647
10	—	—	1.5	1.25、1、0.75	8.376
12	—	—	1.75	1.25、1	10.106
—	14		2	1.5、1.25、1	11.835
—		15		1.5、1	* 13.376
16	—		2	1.5、1	13.835
—	18	—	2.5	2、1.5、1	15.294
20					17.294
—	22				19.294
24			3		20.752
—	—	25	—		* 22.835
—	27	—	3		23.752

续表

公称直径(D、d)			螺 距(P)		粗牙螺纹小径 (D₁、d₁)
第一系列	第二系列	第三系列	粗 牙	细 牙	
30	—	—	3.5	(3)、2、1.5、1	26.211
—	33	—		(3)、2、1.5	29.211
—	—	35		1.5	* 33.376
36	—	—	4	3、2、1.5	31.670
—	39	—			34.670

注：优先选用第一系列，其次是第二系列，第三系列尽可能不用；括号内尺寸尽可能不用；M14×1.25 仅用于发动机的火花塞；M35×1.5 仅用于滚动轴承锁紧螺母；带 * 号的为细牙参数，是对应于第一种细牙螺距的小径尺寸。

管螺纹　　　　　　　　　　　　　　　　　　　　　　附表 2

用螺纹密封的管螺纹 (摘自 GB/T 7306)	非螺纹密封的管螺纹 (摘自 GB/T 7307)
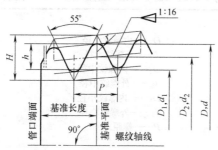	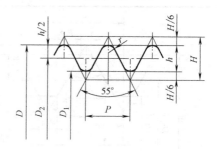

标记示例：
R1/2(尺寸代号 1/2,右旋圆锥外螺纹)
Rc1/2-LH(尺寸代号 1/2,左旋圆锥内螺纹)
Rp1/2(尺寸代号 1/2,右旋圆柱内螺纹)

标记示例：
G1/2-LH(尺寸代号 1/2,左旋内螺纹)
G1/2A(尺寸代号 1/2,A 级右旋外螺纹)
G1/2B-LH(尺寸代号 1/2,B 级左旋外螺纹)

尺寸代号	基面上的直径(GB/T 7306) 基本直径(GB/T 7307)			螺距 (P) (mm)	牙高 (h) (mm)	圆弧半径 (R)(mm)	每 25.4mm 内的牙数(n)	有效螺纹长度 (GB/T 7306) (mm)	基准的基本长度 (GB/T 7306) (mm)
	大径($d=D$) (mm)	中径($d_2=D_2$) (mm)	小径($d_1=D_1$) (mm)						
1/16	7.723	7.142	6.561	0.907	0.581	0.125	28	6.5	4.0
1/8	9.728	9.147	8.566					6.5	4.0
1/4	13.157	12.301	11.455	1.337	0.856	0.184	19	9.7	6.0
3/8	16.662	15.806	14.950					10.1	6.4
1/2	20.955	19.793	18.631	1.814	1.162	0.249	14	13.2	8.2
3/4	26.441	25.279	24.117					14.5	9.5
1	33.249	31.770	30.291					16.8	10.4
1¼	41.910	40.431	28.952					19.1	12.7
1½	47.803	46.324	44.845					19.1	12.7
2	59.614	58.135	56.656					23.4	15.9
2½	75.184	73.705	72.226	2.309	1.479	0.317	11	26.7	17.5
3	87.884	86.405	84.926					29.8	20.6
4	113.030	111.551	110.072					35.8	25.4
5	138.430	136.951	135.472					40.1	28.6
6	163.830	162.351	160.872					40.1	28.6

六角头螺栓（mm）　　　　　　　　　　　　　附表 3

六角头螺栓—C 级（GB/T 5780—2000）　　　　　　六角头螺栓—A 级和 B 级（GB/T 5782—2000）

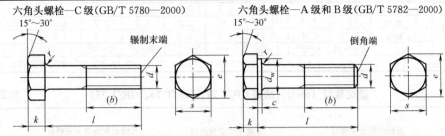

标 记 示 例

螺纹规格 d＝M12、公称长度 l＝80mm、性能等级为 4.8 级、C 级的六角头螺栓：

螺栓　GB/T 5780　M12×80

螺纹规格 d		M5	M6	M8	M10	M12	M16	M20	M24	M30	M36
b (参 考)	l≤125	16	18	22	26	30	38	46	54	66	—
	125<l≤200	22	24	28	32	36	44	52	60	72	84
	l>200	35	37	41	45	49	57	65	73	85	97
c(max)		0.5	0.5	0.6	0.6	0.6	0.8	0.8	0.8	0.8	0.8
d_w	A 级	6.88	8.88	11.63	14.63	16.63	22.49	28.19	33.61	—	—
	B 级	6.74	8.74	11.47	14.47	16.47	22	27.7	33.25	42.7	51.1
k		3.5	4	5.3	6.4	7.5	10	12.5	15	18.7	22.5
r		0.2	0.25	0.4	0.4	0.6	0.6	0.8	0.8	1	1
e	A 级	8.79	11.05	14.38	17.77	20.03	26.75	33.53	39.98	—	—
	B、C 级	8.63	10.89	14.20	17.59	19.85	26.17	32.95	39.55	50.85	60.79
s		8	10	13	16	18	24	30	36	46	55
l		25~50	30~60	40~80	45~100	55~120	65~160	80~200	100~240	120~300	140~360
l(系列)		25、30、35、40、45、50、55、60、65、70、80、90、100、110、120、130、140、150、160、180、200、220、240、260、280、300、320、340、360									

注：A 级用于 d≤24 和 l≤10d 或≤150mm（按较小值）的螺栓；

　　B 级用于 d>24 和 l>10d 或>150mm（按较小值）的螺栓。

螺钉（mm）（摘自 GB/T 65、GB/T 67、GB/T 68）　　　　　附表 4

(1)开槽圆柱头螺钉(GB/T 65)　　(2)开槽盘头螺钉(GB/T 67)　　　(3)开槽沉头螺钉(GB/T 68)

标记示例：

螺钉　GB/T 65　M5×20　（螺纹规格 d＝M5、l＝50、性能等级为 4.8 级、不经表面处理的开槽圆柱头螺钉）

螺纹规格 d		M 1.6	M2	M2.5	M3	(M3.5)	M4	M5	M6	M8	M10
n公称		0.4	0.5	0.6	0.8	1	1.2	1.2	1.6	2	2.5
GB/T 65	d_k　max	3	3.8	4.5	5.5	6	7	8.5	10	13	16
	k　max	1.1	1.4	1.8	2	2.4	2.6	3.3	3.9	5	6
	t　min	0.45	0.6	0.7	0.85	1	1.1	1.3	1.6	2	2.4
	l范围	2~16	3~20	3~25	4~30	5~35	5~40	6~50	8~60	10~80	12~80
GB/T 67	d_k　max	3.2	4	5	5.6	7	8	9.5	12	16	20
	k　max	1	1.3	1.5	1.8	2.1	2.4	3	3.6	4.8	6
	t　min	0.35	0.5	0.6	0.7	0.8	1	1.2	1.4	1.9	2.4
	l范围	2~16	2.5~20	3~25	4~30	5~35	5~40	6~50	8~60	10~80	12~80

续表

螺纹规格 d		M 1.6	M2	M2.5	M3	(M3.5)	M4	M5	M6	M8	M10
GB/T 68	d_k　max	3	3.8	4.7	5.5	7.3	8.4	9.3	11.3	15.8	18.3
	k　max	1	1.2	1.5	1.65	2.35	2.7	2.7	3.3	4.65	5
	t　min	0.32	0.4	0.5	0.6	0.9	1	1.1	1.2	1.8	2
	l范围	2.5~16	3~20	4~25	5~30	6~35	6~40	8~50	8~60	10~80	12~80
l系列		2、2.5、3、4、5、6、8、10、12、(14)、16、20、25、30、35、40、45、50、(55)、60、(65)、70、(75)、80									

紧定螺钉（mm）（摘自 GB/T 71、GB/T 73、GB/T 75）　　　　附表 5

开槽锥端紧定螺钉　　　　开槽平端紧定螺钉　　　　开槽长圆柱端紧定螺钉
(GB/T71)　　　　　　　　(GB/T 73)　　　　　　　　(GB/T 75)

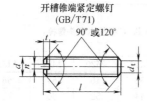

标记示例　　　　　　　　标记示例　　　　　　　　　　标记示例

螺纹规格 d=M5、公称长度 l= 　螺纹规格 d=M5、公称长度 l= 　螺纹规格 d=M5、公称长度 l=

12mm、性能等级为 14H 级；螺钉 　12mm、性能等级为 14H 级；螺钉 　12mm、性能等级为 14H 级；螺钉

GB/T 71　M5×12 　　　　GB/T 73　M5×12 　　　　GB/T 75　M5×12

螺纹规格 d		M1.6	M2	M2.5	M3	M4	M5	M6	M8	M10	M12
n（公称）		0.25	0.25	0.4	0.4	0.6	0.8	1	1.2	1.6	2
t（max）		0.74	0.84	0.95	1.05	1.42	1.63	2	2.5	3	3.6
d_1（max）		0.16	0.2	0.25	0.3	0.4	0.5	1.5	2	2.5	3
d_p（max）		0.8	1	1.5	2	2.5	3.5	4	5.5	7	8.5
z（max）		1.05	1.25	1.25	1.75	2.25	2.75	3.25	4.3	5.3	6.3
l	GB 71—85	2~8	3~10	3~12	4~16	6~20	8~25	8~30	10~40	12~50	14~60
	GB 73—85	2~8	2~10	2.5~12	3~16	4~20	5~25	6~30	8~40	10~50	12~60
	GB 75—85	2.5~8	3~10	4~12	5~16	6~20	8~25	8~30	10~40	12~50	14~60
l（系列）		2、2.5、3、4、5、6、8、10、12、(14)、16、20、25、30、35、40、45、50、(55)、60									

注：1. 尽可能不采用括号内的规格。

　　2. 商品规格 M1.6~M10。

双头螺柱（mm）（摘自 GB/T 897~900）　　　　附表 6

b_m=1d(GB/T 897)　　b_m=1.25d(GB/T 898)　　b_m=1.5d(GB/T 899)　　b_m=2d(GB/T 900)

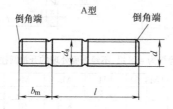 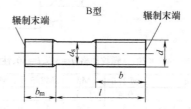

标记示例：

螺柱 GB/T 900　M10×50　（两端均为粗牙普通螺纹、d=M10、l=50、性能等级为 4.8 级、不经表面处理、B 型、b_m=2d 的双头螺柱）

螺柱　GB/T 900　AM10-10×1×50　（旋入机体一端为粗牙普通螺纹、旋螺母端为螺距 P=1 的细牙普通螺纹、d=M10、l=50、性能等级为 4.8 级、不经表面处理、A 型、b_m=2d 的双头螺柱）

续表

螺纹规格(d)	b_m（旋入机体端长度）				l（螺柱长度）/b（旋螺母端长度）
	GB/T 897	GB/T 898	GB/T 899	GB/T 900	
M4	—	—	6	8	$\dfrac{16\sim22}{8}$　$\dfrac{25\sim40}{14}$
M5	5	6	8	10	$\dfrac{16\sim22}{10}$　$\dfrac{25\sim50}{16}$
M6	6	8	10	12	$\dfrac{20\sim22}{10}$　$\dfrac{25\sim30}{14}$　$\dfrac{32\sim75}{18}$
M8	8	10	12	16	$\dfrac{20\sim22}{12}$　$\dfrac{25\sim30}{16}$　$\dfrac{32\sim90}{22}$
M10	10	12	15	20	$\dfrac{25\sim28}{14}$　$\dfrac{30\sim38}{16}$　$\dfrac{40\sim120}{26}$　$\dfrac{130}{32}$
M12	12	15	18	24	$\dfrac{25\sim30}{6}$　$\dfrac{32\sim40}{20}$　$\dfrac{45\sim120}{30}$　$\dfrac{130\sim180}{36}$
M16	16	20	24	32	$\dfrac{30\sim38}{20}$　$\dfrac{40\sim55}{30}$　$\dfrac{60\sim120}{38}$　$\dfrac{130\sim200}{44}$
M20	20	25	30	40	$\dfrac{35\sim40}{25}$　$\dfrac{45\sim65}{35}$　$\dfrac{70\sim120}{46}$　$\dfrac{130\sim200}{52}$
(M24)	24	30	36	48	$\dfrac{45\sim50}{30}$　$\dfrac{55\sim75}{45}$　$\dfrac{80\sim120}{54}$　$\dfrac{130\sim200}{60}$
(M30)	30	38	45	60	$\dfrac{60\sim65}{40}$　$\dfrac{70\sim90}{50}$　$\dfrac{95\sim120}{66}$　$\dfrac{130\sim200}{72}$　$\dfrac{210\sim250}{85}$
M36	36	45	54	72	$\dfrac{65\sim75}{45}$　$\dfrac{80\sim110}{60}$　$\dfrac{120}{78}$　$\dfrac{130\sim200}{84}$　$\dfrac{210\sim300}{97}$
M42	42	52	63	84	$\dfrac{70\sim80}{50}$　$\dfrac{85\sim110}{70}$　$\dfrac{120}{90}$　$\dfrac{130\sim200}{96}$　$\dfrac{210\sim300}{109}$
M48	48	60	72	96	$\dfrac{80\sim90}{60}$　$\dfrac{95\sim110}{80}$　$\dfrac{120}{102}$　$\dfrac{130\sim200}{108}$　$\dfrac{210\sim300}{121}$
$l_{公称}$	12、(14)、16、(18)、20、(22)、25、(28)、30、(32)、35、(38)、40、45、50、55、60、(65)、70、75、80、(85)、90、(95)、100～260(10进位)、280、300				

注：1. 尽可能不采用括号内的规格。末端按 GB/T 2 规定。

　　2. $b_m=1d$，一般用于钢对钢；$b_m=(1.25\sim1.5)d$，一般用于钢对铸铁；$b_m=2d$，一般用于钢对铝合金。

六角螺母　　　　　　　　　　　　　　　　　　附表 7

Ⅰ型六角螺母(GB/T 6170—2015)　　　　　　六角薄螺母(GB/T 6172.1—2016)

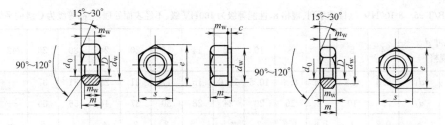

允许制造型式

　　螺纹规格 $D=$ M12、性能等级为 10 级、不经表面处理、Ⅰ型六角螺母；

　　螺母　GB/T 6170　M12

　　螺纹规格 $D=$ M12、性能等级为 04 级、不经表面处理、六角薄螺母；

　　螺母　GB/T 6172　M12

续表

螺纹规格 D	d_a		d_w	c	GB/T 6170—2015						GB/T 6172.1—2016				
					e	m		m_w	s		m		m_w	s	
	min	max	min	min	max	max	min	min	max	min	max	min	min	max	min
M3	3	3.45	4.6	6.01	0.4	2.4	2.15	1.7	5.5	5.32	1.8	1.55	1.2	5.5	5.32
M4	4	4.6	5.9	7.66		3.2	2.9	2.3	7	6.78	2.2	1.95	1.6	7	6.78
M5	5	5.75	6.9	8.79	0.5	4.7	4.4	3.5	8	7.78	2.7	2.45	2	8	7.78
M6	6	6.75	8.9	11.05		5.2	4.9	3.9	10	9.78	3.2	2.9	2.3	10	9.78
M8	8	8.75	11.6	14.38		6.8	6.44	5.1	13	12.73	4	3.7	3	13	12.73
M10	10	10.8	14.6	17.77	0.6	8.4	8.04	6.4	16	15.73	5	4.7	3.8	16	15.73
M12	12	13	16.6	20.03		10.8	10.37	8.3	18	17.73	6	5.7	4.6	18	17.73
M16	16	17.3	22.5	26.75		14.8	14.1	11.3	24	23.67	8	7.42	5.9	24	23.67
M20	20	21.6	27.7	32.95		18	16.9	13.5	30	29.16	10	9.10	7.3	30	29.16
M24	24	25.9	33.2	39.55	0.8	21.5	20.2	16.2	36	35	12	10.9	8.7	36	35
M30	30	32.4	42.7	50.85		25.6	24.3	19.4	46	45	15	13.9	11.1	46	45
M36	36	38.9	51.1	60.79		31	29.4	23.5	55	53.8	18	16.9	13.5	55	53.8

注：(1) A 级用于 $D \leqslant 16$ 的螺母，B 级用于 $D > 16$ 的螺母；
　　(2) m_w 为扳拧高度。

垫圈（mm）　　　　　　　附表 8

平垫圈　A 级(摘自 GB/T 97.1)　　　　　　　平垫圈　C 级(摘自 GB/T 95)
平垫圈　倒角型　A 型(摘自 GB/T 97.2)　　　标准型弹簧垫圈(摘自 GB/T 93)

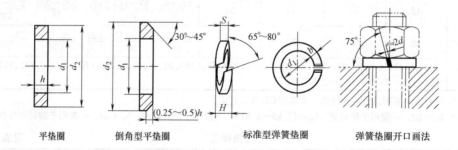

平垫圈　　　　　倒角型平垫圈　　　　标准型弹簧垫圈　　　弹簧垫圈开口画法

标记示例：
垫圈　GB/T 95　8-100HV　(标准系列、规格 8、性能等级为 100HV 级、不经表面处理,产品等级为 C 级的平垫圈)

公称尺寸 d（螺纹规格）		4	5	6	8	10	12	14	16	20	24	30	36	42	48
GB/T 97.1 (A 级)	d_1	4.3	5.3	6.4	8.4	10.5	13.0	15	17	21	25	31	37	—	—
	d_2	9	10	12	16	20	24	28	30	37	44	56	66	—	—
	h	0.8	1	1.6	1.6	2	2.5	2.5	3	3	4	4	5	—	—
GB/T 97.2 (A 级)	d_1	—	5.3	6.4	8.4	10.5	13	15	17	21	25	31	37	—	—
	d_2	—	10	12	16	20	24	28	30	37	44	56	66	—	—
	h	—	1	1.6	1.6	2	2.5	2.5	3	3	4	4	5	—	—

公称尺寸 d (螺纹规格)		4	5	6	8	10	12	14	16	20	24	30	36	42	48
GB/T 95 (C级)	d_1	—	5.5	6.6	9	11	13.5	15.5	17.5	22	26	33	39	45	52
	d_2	—	10	12	16	20	24	28	30	37	44	56	66	78	92
	h	—	1	1.6	1.6	2	2.5	2.5	3	3	4	4	5	8	8
GB/T 93	d_1	4.1	5.1	6.1	8.1	10.2	12.2	—	16.2	20.2	24.5	30.5	36.5	42.5	48.5
	$S=b$	1.1	1.3	1.6	2.1	2.6	3.1	—	4.1	5	6	7.5	9	10.5	12
	H	2.8	3.3	4	5.3	6.5	7.8	—	10.3	12.5	15	18.6	22.5	26.3	30

注：A级适用于精装配系列，C级适用于中等装配系列；C级垫圈没有 $Ra3.2$ 和去毛刺的要求。

平键及键槽各部尺寸（mm）（摘自 GB/T 1095、GB/T 1096）　　附表 9

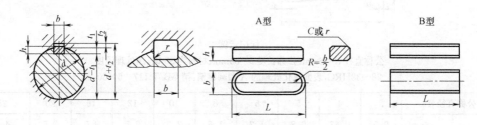

标记示例

圆头普通平键(A 型)$b=16$mm、$h=10$mm、$L=100$mm：GB/T 1096 键　16×10×100

平头普通平键(B 型)$b=16$mm、$h=10$mm、$L=100$mm：GB/T 1096 键　B16×10×100

轴 公称直径 d	键 尺寸 b×h	基本尺寸 b	轴 H9 (松联结)	毂 D10 (松联结)	轴 N9 (正常联结)	毂 JS9 (正常联结)	轴和毂 P9 (紧密联结)	轴 t_1 公称尺寸	轴 t_1 极限偏差	毂 t_2 公称尺寸	毂 t_2 极限偏差	半径 r 最小	半径 r 最大
自 6~8	2×2	2	+0.025 / 0	+0.060 / +0.020	−0.004 / −0.029	±0.0125	−0.006 / −0.031	1.2	+0.1 / 0	1.0	+0.1 / 0	0.08	0.16
>8~10	3×3	3	+0.025 / 0	+0.060 / +0.020	−0.004 / −0.029	±0.0125	−0.006 / −0.031	1.8		1.4		0.08	0.16
>10~12	4×4	4	+0.030 / 0	+0.078 / +0.030	0 / −0.036	±0.015	−0.012 / −0.042	2.5		1.8		0.08	0.16
>12~17	5×5	5	+0.030 / 0	+0.078 / +0.030	0 / −0.036	±0.015	−0.012 / −0.042	3.0		2.3		0.16	0.25
>17~22	6×6	6	+0.030 / 0	+0.078 / +0.030	0 / −0.036	±0.015	−0.012 / −0.042	3.5		2.8		0.16	0.25
>22~30	8×7	8	+0.036 / 0	+0.098 / +0.040	0 / −0.036	±0.018	−0.015 / −0.051	4.0		3.3		0.16	0.25
>30~38	10×8	10	+0.036 / 0	+0.098 / +0.040	0 / −0.036	±0.018	−0.015 / −0.051	5.0		3.3		0.16	0.25
>38~44	12×8	12	+0.043 / 0	+0.120 / +0.050	0 / −0.043	±0.0215	−0.018 / −0.061	5.0	+0.2 / 0	3.3	+0.2 / 0	0.25	0.40
>44~50	14×9	14	+0.043 / 0	+0.120 / +0.050	0 / −0.043	±0.0215	−0.018 / −0.061	5.5		3.8		0.25	0.40
>50~58	16×10	16	+0.043 / 0	+0.120 / +0.050	0 / −0.043	±0.0215	−0.018 / −0.061	6.0		4.3		0.25	0.40
>58~65	18×11	18	+0.043 / 0	+0.120 / +0.050	0 / −0.043	±0.0215	−0.018 / −0.061	7.0		4.4		0.25	0.40

销 (摘自 GB/T 119.1—2000、GB/T 117—2000、GB/T 91—2000)　　　　附表 10

(1)圆柱销(GB/T 119.1—2000)

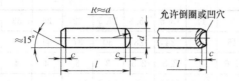

柱表面粗糙度：
m6　$Ra \leqslant 0.8 \mu m$
h8　$Ra \leqslant 1.6 \mu m$

标记示例

公称直径 $d=6mm$、公差为 m6、公称长度 $l=30mm$、材料为钢、不经淬火、不经表面处理的圆柱销：销 GB/T 119.1　6m6×30

(2)圆柱销(GB/T 117—2000)

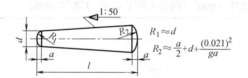

锥表面粗糙度：
A 型　$Ra \leqslant 0.8 \mu m$
B 型　$Ra \leqslant 3.2 \mu m$

$R_1 \approx d$
$R_2 \approx \dfrac{a}{2} + d + \dfrac{(0.021)^2}{ga}$

标记示例

公称直径 $d=6mm$、公称长度 $l=30mm$、材料为 35 钢、热处理硬度 28～38HRC,表面氧化处理的 A 型圆锥销：销 GB/T 117　6×30

公称直径 d		3	4	5	6	8	10	12	16	20	25
圆柱销	$c\approx$	0.5	0.63	0.8	1.2	1.6	2.0	2.5	3.0	3.5	4.0
	l(公称)	8～30	8～40	10～50	12～60	14～80	18～95	22～140	26～180	35～200	50～200
圆锥销	$a\approx$	0.4	0.5	0.63	0.8	1.0	1.2	1.6	2.0	2.5	3.0
	l(公称)	12～45	14～55	18～60	22～90	22～120	26～160	32～180	40～200	45～200	50～200
l(公称)的系列		12～32(2 进位),35～100(5 进位),100～200(20 进位)									

(3)开口销(GB/T 91—2000)

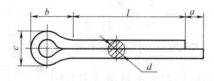

标记示例

公称直径 $d=5mm$、长度 $l=50mm$,材料为低碳钢不经表面处理的开口销：
销　GB/T 91　5×50

公称直径 d		0.6	0.8	1	1.2	1.6	2	2.5	3.2	4	5	6.3	8	10	12
a	max		1.6				2.5		3.2			4			6.3
c	max	1	1.4	1.8	2	2.8	3.6	4.6	5.8	7.4	9.2	11.8	15	19	24.8
	min	0.9	1.2	1.6	1.7	2.4	3.2	4	5.1	6.5	8	10.3	13.1	16.6	21.7
$b\approx$		2	2.4	3	3	3.2	4	5	6.4	8	10	12.6	16	20	26
l(公称)		4～12	5～16	6～20	8～26	8～32	10～40	12～50	14～65	18～80	22～100	30～120	40～160	45～200	70～200
l(公称)的系列		6～32(2 进位),36,40～100(5 进位),120～200(20 进位)													

注：销孔的公称直径等于销的公称直径 d。

滚动轴承

深沟球轴承(摘自 GB/T 276)

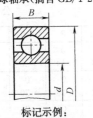

标记示例：

滚动轴承 6310 GB/T 276

圆锥滚子轴承(摘自 GB/T 297)

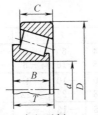

标记示例：

滚动轴承 30212 GB/T 297

单向推力球轴承(摘自 GB/T 301)

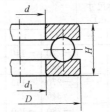

标记示例：

滚动轴承 51305 GB/T 301

轴承型号	尺寸(mm)			轴承型号	尺寸(mm)					轴承型号	尺寸(mm)			
	d	D	B		d	D	B	C	T		d	D	T	d_1
尺寸系列[(0)2]				尺寸系列[02]						尺寸系列[12]				
6202	15	35	11	30203	17	40	12	11	13.25	51202	15	32	12	17
6203	17	40	12	30204	20	47	14	12	15.25	51203	17	35	12	19
6204	20	47	14	30205	25	52	15	13	16.25	51204	20	40	14	22
6205	25	52	15	30206	30	62	16	14	17.25	51205	25	47	15	27
6206	30	62	16	30207	35	72	17	15	18.25	51206	30	52	16	32
6207	35	72	17	30208	40	80	18	16	19.75	51207	35	62	18	37
6208	40	80	18	30209	45	85	19	16	20.75	51208	40	68	19	42
6209	45	85	19	30210	50	90	20	17	21.75	51209	45	73	20	47
6210	50	90	20	30211	55	100	21	18	22.75	51210	50	78	22	52
6211	55	100	21	30212	60	110	22	19	23.75	51211	55	90	25	57
6212	60	110	22	30213	65	120	23	20	24.75	51212	60	95	26	62
尺寸系列[(0)3]				尺寸系列[03]						尺寸系列[13]				
6302	15	42	13	30302	15	42	13	11	14.25	51304	20	47	18	22
6303	17	47	14	30303	17	47	14	12	15.25	51305	25	52	18	27
6304	20	52	15	30304	20	52	15	13	16.25	51306	30	60	21	32
6305	25	62	17	30305	25	62	17	15	18.25	51307	35	68	24	37
6306	30	72	19	30306	30	72	19	16	20.75	51308	40	78	26	42
6307	35	80	21	30307	35	80	21	18	22.75	51309	45	85	28	47
6308	40	90	23	30308	40	90	23	20	25.25	51310	50	95	31	52
6309	45	100	25	30309	45	100	25	22	27.25	51311	55	105	35	57
6310	50	110	27	30310	50	110	27	23	29.25	51312	60	110	35	62
6311	55	120	29	30311	55	120	29	25	31.50	51313	65	115	36	67
6312	60	130	31	30312	60	130	31	26	33.50	51314	70	125	40	72
尺寸系列[(0)4]				尺寸系列[13]						尺寸系列[14]				
6403	17	62	17	31305	25	62	17	13	18.25	51405	25	60	24	27
6404	20	72	19	31306	30	72	19	14	20.75	51406	30	70	28	32
6405	25	80	21	31307	35	80	21	15	22.75	51407	35	80	32	37
6406	30	90	23	31308	40	90	23	17	25.25	51408	40	90	36	42
6407	35	100	25	31309	45	100	25	18	27.25	51409	45	100	39	47
6408	40	110	27	31310	50	110	27	19	29.25	51410	50	110	43	52
6409	45	120	29	31311	55	120	29	21	31.50	51411	55	120	48	57
6410	50	130	31	31312	60	130	31	22	33.50	51412	60	130	51	62
6411	55	140	33	31313	65	140	33	23	36.00	51413	65	140	56	68
6412	60	150	35	31314	70	150	35	25	38.00	51414	70	150	60	73
6413	65	160	37	31315	75	160	37	26	40.00	51415	75	160	65	78

注：圆括号中的尺寸系列代号在轴承型号中省略。

优先及常用配合中轴的极限

代　号	a	b	c	d	e	f	g	h					
公称尺寸（mm）												公　差	
大于　至	11	11	*11	*9	8	*7	*6	5	*6	*7	8	*9	10
—　3	−270 −330	−140 −200	−60 −120	−20 −45	−14 −28	−6 −16	−2 −8	0 −4	0 −6	0 −10	0 −14	0 −25	0 −40
3　6	−270 −345	−140 −215	−70 −145	−30 −60	−20 −38	−10 −22	−4 −12	0 −5	0 −8	0 −12	0 −18	0 −30	0 −48
6　10	−280 −338	−150 −240	−80 −170	−40 −76	−25 −47	−13 −28	−5 −14	0 −6	0 −9	0 −15	0 −22	0 −36	0 −58
10　14	−290 −400	−150 −260	−95 −205	−50 −93	−32 −59	−16 −34	−6 −17	0 −8	0 −11	0 −18	0 −27	0 −43	0 −70
14　18	−290 −400	−150 −260	−95 −205	−50 −93	−32 −59	−16 −34	−6 −17	0 −8	0 −11	0 −18	0 −27	0 −43	0 −70
18　24	−300 −430	−160 −290	−110 −240	−65 −117	−40 −73	−20 −41	−7 −20	0 −9	0 −13	0 −21	0 −33	0 −52	0 −84
24　30	−300 −430	−160 −290	−110 −240	−65 −117	−40 −73	−20 −41	−7 −20	0 −9	0 −13	0 −21	0 −33	0 −52	0 −84
30　40	−310 −470	−170 −330	−120 −280	−80 −142	−50 −89	−25 −50	−9 −25	0 −11	0 −16	0 −25	0 −39	0 −62	0 −100
40　50	−320 −480	−180 −340	−130 −290	−80 −142	−50 −89	−25 −50	−9 −25	0 −11	0 −16	0 −25	0 −39	0 −62	0 −100
50　65	−340 −530	−190 −380	−140 −330	−100 −174	−60 −106	−30 −60	−10 −29	0 −13	0 −19	0 −30	0 −46	0 −74	0 −120
65　80	−360 −550	−200 −390	−150 −340	−100 −174	−60 −106	−30 −60	−10 −29	0 −13	0 −19	0 −30	0 −46	0 −74	0 −120
80　100	−380 −600	−220 −440	−170 −390	−120 −207	−72 −126	−36 −71	−12 −34	0 −15	0 −22	0 −35	0 −54	0 −87	0 −140
100　120	−410 −630	−240 −460	−180 −400	−120 −207	−72 −126	−36 −71	−12 −34	0 −15	0 −22	0 −35	0 −54	0 −87	0 −140
120　140	−460 −710	−260 −510	−200 −450	−145 −245	−85 −148	−43 −83	−14 −39	0 −18	0 −25	0 −40	0 −63	0 −100	0 −160
140　160	−520 −770	−280 −530	−210 −460	−145 −245	−85 −148	−43 −83	−14 −39	0 −18	0 −25	0 −40	0 −63	0 −100	0 −160
160　180	−580 −830	−310 −560	−230 −480	−145 −245	−85 −148	−43 −83	−14 −39	0 −18	0 −25	0 −40	0 −63	0 −100	0 −160
180　200	−660 −950	−340 −630	−240 −530	−170 −285	−100 −172	−50 −96	−15 −44	0 −20	0 −29	0 −46	0 −72	0 −115	0 −185
200　225	−740 −1030	−380 −670	−260 −550	−170 −285	−100 −172	−50 −96	−15 −44	0 −20	0 −29	0 −46	0 −72	0 −115	0 −185
225　250	−820 −1110	−420 −710	−280 −570	−170 −285	−100 −172	−50 −96	−15 −44	0 −20	0 −29	0 −46	0 −72	0 −115	0 −185
250　280	−920 −1240	−480 −800	−300 −620	−190 −320	−110 −191	−56 −108	−17 −49	0 −23	0 −32	0 −52	0 −81	0 −130	0 −210
280　315	−1050 −1370	−540 −860	−330 −650	−190 −320	−110 −191	−56 −108	−17 −49	0 −23	0 −32	0 −52	0 −81	0 −130	0 −210
315　355	−1200 −1560	−600 −960	−360 −720	−210 −350	−125 −214	−62 −119	−18 −54	0 −25	0 −36	0 −57	0 −89	0 −140	0 −230
355　400	−1350 −1710	−680 −1040	−400 −760	−210 −350	−125 −214	−62 −119	−18 −54	0 −25	0 −36	0 −57	0 −89	0 −140	0 −230
400　450	−1500 −1900	−760 −1160	−440 −840	−230 −385	−135 −232	−68 −131	−20 −60	0 −27	0 −40	0 −63	0 −97	0 −155	0 −250
450　500	−1650 −2050	−840 −1240	−480 −880	−230 −385	−135 −232	−68 −131	−20 −60	0 −27	0 −40	0 −63	0 −97	0 −155	0 −250

注：带 * 者为优先选用的，其他为常用的。

偏差（μm）（摘自 GB/T 1800.2—2009）　　　　　　　　　　　　　　　　　　　附表 12

等 级

	js		k	m	n	p	r	s	t	u	v	x	y	z
*11	12	6	*6	6	*6	*6	6	*6	6	*6	6	6	6	6
0/−60	0/−100	±3	+6/0	+8/+2	+10/+4	+12/+6	+16/+10	+20/+14	—	+24/+18	—	+26/+20	—	+32/+26
0/−75	0/−120	±4	+9/+1	+12/+4	+16/+8	+20/+12	+23/+15	+27/+19	—	+31/+23	—	+36/+28	—	+43/+35
0/−90	0/−150	±4.5	+10/+1	+15/+6	+19/+10	+24/+15	+28/+19	+32/+23	—	+37/+28	—	+43/+34	—	+51/+42
0/−110	0/−180	±5.5	+12/+1	+18/+7	+23/+12	+29/+18	+34/+23	+39/+28	—	+44/+33	—	+51/+40	—	+61/+50
											+50/+39	+56/+45		+71/+60
0/−130	0/−210	±6.5	+15/+2	+21/+8	+28/+15	+35/+22	+41/+28	+48/+35	—	+54/+41	+60/+47	+67/+54	+76/+63	+86/+73
									+54/+41	+61/+48	+68/+55	+77/+64	+88/+75	+101/+88
0/−160	0/−250	±8	+18/+2	+25/+9	+33/+17	+42/+26	+50/+34	+59/+43	+64/+48	+76/+60	+84/+68	+96/+80	+110/+94	+128/+112
									+70/+54	+86/+70	+97/+81	+113/+97	+130/+114	+152/+136
0/−190	0/−300	±9.5	+21/+2	+30/+11	+39/+20	+51/+32	+60/+41	+72/+53	+85/+66	+106/+87	+121/+102	+141/+122	+163/+144	+191/+172
							+62/+43	+78/+59	+94/+75	+121/+102	+139/+120	+165/+146	+193/+174	+229/+210
0/−220	0/−350	±11	+25/+3	+35/+13	+45/+23	+59/+37	+73/+51	+93/+71	+113/+91	+146/+124	+168/+146	+200/+178	+236/+214	+280/+258
							+76/+54	+101/+79	+126/+104	+166/+144	+194/+172	+232/+210	+276/+254	+332/+310
0/−250	0/−400	±12.5	+28/+3	+40/+15	+52/+27	+68/+43	+88/+63	+117/+92	+147/+122	+195/+170	+227/+202	+273/+248	+325/+300	+390/+365
							+90/+65	+125/+100	+159/+134	+215/+190	+253/+228	+305/+280	+365/+340	+440/+415
							+93/+68	+133/+108	+171/+146	+235/+210	+277/+252	+335/+310	+405/+380	+490/+465
0/−290	0/−460	±14.5	+33/+4	+46/+17	+60/+31	+79/+50	+106/+77	+151/+122	+195/+166	+265/+236	+313/+284	+379/+350	+454/+425	+549/+520
							+109/+80	+159/+130	+209/+180	+287/+258	+339/+310	+414/+385	+499/+470	+604/+575
							+113/+84	+169/+140	+225/+196	+313/+284	+369/+340	+454/+425	+549/+520	+669/+640
0/−320	0/−520	±16	+36/+4	+52/+20	+66/+34	+88/+56	+126/+94	+190/+158	+250/+218	+347/+315	+417/+385	+507/+475	+612/+580	+742/+710
							+130/+98	+202/+170	+272/+240	+382/+350	+457/+425	+557/+525	+682/+650	+822/+790
0/−360	0/−570	±18	+40/+4	+57/+21	+73/+37	+98/+62	+144/+108	+226/+190	+304/+268	+426/+390	+511/+475	+626/+590	+766/+730	+936/+900
							+150/+114	+244/+208	+330/+294	+471/+435	+566/+530	+696/+660	+856/+820	+1036/+1000
0/−400	0/−630	±20	+45/+5	+63/+23	+80/+40	+108/+68	+166/+126	+272/+232	+370/+330	+530/+490	+635/+595	+780/+740	+960/+920	+1140/+1100
							+172/+132	+292/+252	+400/+360	+580/+540	+700/+660	+860/+820	+1040/+1000	+1290/+1250

优先及常用配合中孔的极限

代号		A	B	C	D	E	F	G	H					
公称尺寸 (mm)									公　差					
大于	至	11	11	*11	*9	8	*8	*7	6	*7	*8	*9	10	*11
—	3	+330 / +270	+200 / +140	+120 / +60	+45 / +20	+28 / +14	+20 / +6	+12 / +2	+6 / 0	+10 / 0	+14 / 0	+25 / 0	+40 / 0	+60 / 0
3	6	+345 / +270	+215 / +140	+145 / +70	+60 / +30	+38 / +20	+28 / +10	+16 / +4	+8 / 0	+12 / 0	+18 / 0	+30 / 0	+48 / 0	+75 / 0
6	10	+370 / +280	+240 / +150	+170 / +80	+76 / +40	+47 / +25	+35 / +13	+20 / +5	+9 / 0	+15 / 0	+22 / 0	+36 / 0	+58 / 0	+90 / 0
10	14	+400 / +290	+260 / +150	+205 / +95	+93 / +50	+59 / +32	+43 / +16	+24 / +6	+11 / 0	+18 / 0	+27 / 0	+43 / 0	+70 / 0	+110 / 0
14	18	+400 / +290	+260 / +150	+205 / +95	+93 / +50	+59 / +32	+43 / +16	+24 / +6	+11 / 0	+18 / 0	+27 / 0	+43 / 0	+70 / 0	+110 / 0
18	24	+430 / +300	+290 / +160	+240 / +110	+117 / +65	+73 / +40	+53 / +20	+28 / +7	+13 / 0	+21 / 0	+33 / 0	+52 / 0	+84 / 0	+130 / 0
24	30	+430 / +300	+290 / +160	+240 / +110	+117 / +65	+73 / +40	+53 / +20	+28 / +7	+13 / 0	+21 / 0	+33 / 0	+52 / 0	+84 / 0	+130 / 0
30	40	+470 / +310	+330 / +170	+280 / +120	+142 / +80	+89 / +50	+64 / +25	+34 / +9	+16 / 0	+25 / 0	+39 / 0	+62 / 0	+100 / 0	+160 / 0
40	50	+480 / +320	+340 / +180	+290 / +130	+142 / +80	+89 / +50	+64 / +25	+34 / +9	+16 / 0	+25 / 0	+39 / 0	+62 / 0	+100 / 0	+160 / 0
50	65	+530 / +340	+380 / +190	+330 / +140	+174 / +100	+106 / +60	+76 / +30	+40 / +10	+19 / 0	+30 / 0	+46 / 0	+74 / 0	+120 / 0	+190 / 0
65	80	+550 / +360	+390 / +200	+340 / +150	+174 / +100	+106 / +60	+76 / +30	+40 / +10	+19 / 0	+30 / 0	+46 / 0	+74 / 0	+120 / 0	+190 / 0
80	100	+600 / +380	+440 / +220	+390 / +170	+207 / +120	+126 / +72	+90 / +36	+47 / +12	+22 / 0	+35 / 0	+54 / 0	+87 / 0	+140 / 0	+220 / 0
100	120	+630 / +410	+460 / +240	+400 / +180	+207 / +120	+126 / +72	+90 / +36	+47 / +12	+22 / 0	+35 / 0	+54 / 0	+87 / 0	+140 / 0	+220 / 0
120	140	+710 / +460	+510 / +260	+450 / +200	+245 / +145	+148 / +85	+106 / +43	+54 / +14	+25 / 0	+40 / 0	+63 / 0	+100 / 0	+160 / 0	+250 / 0
140	160	+770 / +520	+530 / +280	+460 / +210	+245 / +145	+148 / +85	+106 / +43	+54 / +14	+25 / 0	+40 / 0	+63 / 0	+100 / 0	+160 / 0	+250 / 0
160	180	+830 / +580	+560 / +310	+480 / +230	+245 / +145	+148 / +85	+106 / +43	+54 / +14	+25 / 0	+40 / 0	+63 / 0	+100 / 0	+160 / 0	+250 / 0
180	200	+950 / +660	+630 / +340	+530 / +240	+285 / +170	+172 / +100	+122 / +50	+61 / +15	+29 / 0	+46 / 0	+72 / 0	+115 / 0	+185 / 0	+290 / 0
200	225	+1030 / +740	+670 / +380	+550 / +260	+285 / +170	+172 / +100	+122 / +50	+61 / +15	+29 / 0	+46 / 0	+72 / 0	+115 / 0	+185 / 0	+290 / 0
225	250	+1110 / +820	+710 / +420	+570 / +280	+285 / +170	+172 / +100	+122 / +50	+61 / +15	+29 / 0	+46 / 0	+72 / 0	+115 / 0	+185 / 0	+290 / 0
250	280	+1240 / +920	+800 / +480	+620 / +300	+320 / +190	+191 / +110	+137 / +56	+69 / +17	+32 / 0	+52 / 0	+81 / 0	+130 / 0	+210 / 0	+320 / 0
280	315	+1370 / +1050	+860 / +540	+650 / +330	+320 / +190	+191 / +110	+137 / +56	+69 / +17	+32 / 0	+52 / 0	+81 / 0	+130 / 0	+210 / 0	+320 / 0
315	355	+1560 / +1200	+960 / +600	+720 / +360	+350 / +210	+214 / +125	+151 / +62	+75 / +18	+36 / 0	+57 / 0	+89 / 0	+140 / 0	+230 / 0	+360 / 0
355	400	+1710 / +1350	+1040 / +680	+760 / +400	+350 / +210	+214 / +125	+151 / +62	+75 / +18	+36 / 0	+57 / 0	+89 / 0	+140 / 0	+230 / 0	+360 / 0
400	450	+1900 / +1500	+1160 / +760	+840 / +440	+385 / +230	+232 / +135	+165 / +68	+83 / +20	+40 / 0	+63 / 0	+97 / 0	+155 / 0	+250 / 0	+400 / 0
450	500	+2050 / +1650	+1240 / +840	+880 / +480	+385 / +230	+232 / +135	+165 / +68	+83 / +20	+40 / 0	+63 / 0	+97 / 0	+155 / 0	+250 / 0	+400 / 0

注：带"*"者为优先选用的，其他为常用的。

偏差表（μm）（摘自 GB/T 1800.2—2009）　　　　　　　　　　　　　　　附表 13

等级

12	JS 6	JS 7	K 6	K *7	K 8	M 7	N 6	N 7	P 6	P *7	R 7	S *7	T 7	U *7
+100 / 0	±3	±5	0/−6	0/−10	0/−14	−2/−12	−4/−10	−4/−14	−6/−12	−6/−16	−10/−20	−14/−24	—	−18/−28
+120 / 0	±4	±6	+2/−6	+3/−9	+5/−13	0/−12	−5/−13	−4/−16	−9/−17	−8/−20	−11/−23	−15/−27	—	−19/−31
+150 / 0	±4.5	±7	+2/−7	+5/−10	+6/−16	0/−15	−7/−16	−4/−19	−12/−21	−9/−24	−13/−28	−17/−32	—	−22/−37
+180 / 0	±5.5	±9	+2/−9	+6/−12	+8/−19	0/−18	−9/−20	−5/−23	−15/−26	−11/−29	−16/−34	−21/−39	—	−26/−44
+210 / 0	±6.5	±10	+2/−11	+6/−15	+10/−23	0/−21	−11/−24	−7/−28	−18/−31	−14/−35	−20/−41	−27/−48	—	−33/−54
													−33/−54	−40/−61
+250 / 0	±8	±12	+3/−13	+7/−18	+12/−27	0/−25	−12/−28	−8/−33	−21/−37	−17/−42	−25/−50	−34/−59	−39/−64	−51/−76
													−45/−70	−61/−86
+300 / 0	±9.5	±15	+4/−15	+9/−21	+14/−32	0/−30	−14/−33	−9/−39	−26/−45	−21/−51	−30/−60	−42/−72	−55/−85	−76/−106
											−32/−62	−48/−78	−64/−94	−91/−121
+350 / 0	±11	±17	+4/−18	+10/−25	+16/−38	0/−35	−16/−38	−10/−45	−30/−52	−24/−59	−38/−73	−58/−93	−78/−113	−111/−146
											−41/−76	−66/−101	−91/−126	−131/−166
+400 / 0	±12.5	±20	+4/−21	+12/−28	+20/−43	0/−40	−20/−45	−12/−52	−36/−61	−28/−68	−48/−88	−77/−117	−107/−147	−155/−195
											−50/−90	−85/−125	−119/−159	−175/−215
											−53/−93	−93/−133	−131/−171	−195/−235
+460 / 0	±14.5	±23	+5/−24	+13/−33	+22/−50	0/−46	−22/−51	−14/−60	−41/−70	−33/−79	−60/−106	−105/−151	−149/−195	−219/−265
											−63/−109	−113/−159	−163/−209	−241/−287
											−67/−113	−123/−169	−179/−225	−267/−313
+520 / 0	±16	±26	+5/−27	+16/−36	+25/−56	0/−52	−25/−57	−14/−66	−47/−79	−36/−88	−74/−126	−138/−190	−198/−250	−295/−347
											−78/−130	−150/−202	−220/−272	−330/−382
+570 / 0	±18	±28	+7/−29	+17/−40	+28/−61	0/−57	−26/−62	−16/−73	−51/−87	−41/−98	−87/−144	−169/−226	−247/−304	−369/−426
											−93/−150	−187/−244	−273/−330	−414/−471
+630 / 0	±20	±31	+8/−32	+18/−45	+29/−68	0/−63	−27/−67	−17/−80	−55/−95	−45/−108	−103/−166	−209/−272	−307/−370	−467/−530
											−109/−172	−229/−292	−337/−400	−517/−580

常用钢材（摘自 GB/T 700、GB/T 699、GB/T 3077、GB/T 11352、GB/T 5676）

附表 14

名称	钢　号	主　要　用　途	说　　明
碳素结构钢	Q215-A	受力不大的铆钉、螺钉、轮轴、凸轮、焊件、渗碳件	Q 表示屈服点，数字表示屈服点数值，A、B 等表示质量等级
	Q235-A	螺栓、螺母、拉杆、钩、连杆、楔、轴、焊件	
	Q235-B	金属构造物中一般机件、拉杆、轴、焊件	
	Q255-A	重要的螺钉、拉杆、钩、楔、连杆、轴、销、齿轮	
	Q275	键、牙嵌离合器、链板、闸带、受大静载荷的齿轮轴	
优质碳素结构钢	08F	要求可塑性好的零件：管子、垫片、渗碳件、氰化件	1. 数字表示钢中平均含碳量的万分数，例如 45 表示平均含碳量为 0.45% 2. 序号表示抗拉强度、硬度依次增加，延伸率依次降低
	15	渗碳件、紧固件、冲模锻件、化工容器	
	20	杠杆、轴套、钩、螺钉、渗碳件与氰化件	
	25	轴、辊子、连接器，紧固件中的螺栓、螺母	
	30	曲轴、转轴、轴销、连杆、横梁、星轮	
	35	曲轴、摇杆、拉杆、键、销、螺栓、转轴	
	40	齿轮、齿条、链轮、凸轮、轧辊、曲柄轴	
	45	齿轮、轴、联轴器、衬套、活塞销、链轮	
	50	活塞杆、齿轮、不重要的弹簧	
	55	齿轮、连杆、扁弹簧、轧辊、偏心轮、轮圈、轮缘	
	60	叶片、弹簧	
	30Mn	螺栓、杠杆、制动板	含锰量 0.7%～1.2% 的优质碳素钢
	40Mn	用于承受疲劳载荷零件：轴、曲轴、万向联轴器	
	50Mn	用于高负荷下耐磨的热处理零件：齿轮、凸轮、摩擦片	
	60Mn	弹簧、发条	
合金结构钢	铬钢	15Cr	渗碳齿轮、凸轮、活塞销、离合器	1. 合金结构钢前面两位数字表示钢中含碳量的万分数 2. 合金元素以化学符号表示 3. 合金元素含量小于 1.5% 时，仅注出元素符号
		20Cr	较重要的渗碳件	
		30Cr	重要的调质零件：轮轴、齿轮、摇杆、重要的螺栓、滚子	
		40Cr	较重要的调质零件：齿轮、进气阀、辊子、轴	
		45Cr	强度及耐磨性高的轴、齿轮、螺栓	
	铬锰钛钢	20CrMnTi	汽车上的重要渗碳件：齿轮	
		30CrMnTi	汽车、拖拉机上强度特高的渗碳齿轮	
铸钢	ZG230-450	机座、箱体、支架	ZG 表示铸钢，数字表示屈服点及抗拉强度(MPa)
	ZG310-570	齿轮、飞轮、机架	

常用铸铁（摘自 GB/T 9439、GB/T 1348、GB/T 9400）　　　　附表 15

名称	牌　号	硬度(HB)	主　要　用　途	说　　明
灰铸铁	HT100	114～173	机床中受轻负荷，磨损无关重要的铸件，如托盘、把手、手轮等	HT 是灰铸铁代号，其后数字表示抗拉强度(MPa)
	HT150	132～197	承受中等弯曲应力，摩擦面间压强高于 500 MPa 的铸件，如机床底座、工作台、汽车变速箱、泵体、阀体、阀盖等	
	HT200	151～229	承受较大弯曲应力，要求保持气密性的铸件，如机床立柱、刀架、齿轮箱体、床身、油缸、泵体、阀体、皮带轮、轴承盖和架等	
	HT250	180～269	承受较大弯曲应力，要求体质气密性的铸件，如气缸套、齿轮、机床床身、立柱、齿轮箱体、油缸、泵体、阀体等	

续表

名称	牌 号	硬度(HB)	主要用途	说 明
灰铸铁	HT300	207～313	承受高弯曲应力、拉应力、要求高度气密性的铸件,如高压油缸、泵体、阀体、汽轮机隔板等	HT 是灰铸铁代号,其后数字表示抗拉强度(MPa)
	HT350	238～357	轧钢滑板、辊子、炼焦柱塞等	
球墨铸铁	QT400-15 QT400-18	130～180 130～180	韧性高,低温性能好,且有一定的耐蚀性,用于制作汽车、拖拉机中的轮毂、壳体、离合器拨叉等	QT 为球墨铸铁代号,其后第一组数字表示抗拉强度(MPa),第二组数字表示延伸率(%)
	QT500-7 QT450-10 QT600-3	170～230 160～210 190～270	具有中等强度和韧性,用于制作内燃机中油泵齿轮、汽轮机的中温气缸隔板、水轮机阀门体等	
可锻铸铁	KTH300-06 KTH350-10 KTZ450-06 KTB400-05	≤150 ≤150 150～200 ≤220	用于承受冲击、振动等零件,如汽车零件、机床附件、各种管接头、低压阀门、曲轴和连杆等	KTH、KTZ、KTB 分别为黑心、球光体、白心可锻铸铁代号,其后第一组数字表示抗拉强度(MPa),第二组数字表示延伸率(%)

常用有色金属及其合金 (摘自 GB/T 1176、GB/T 3190) 附表16

名称或代号	牌 号	主要用途	说 明
普通黄铜	H62	散热器、垫圈、弹簧、各种网、螺钉及其他零件	H 表示黄铜,字母后的数字表示含铜的平均百分数
40-2 锰黄铜	ZCuZn40Mn2	轴瓦、衬套及其他减磨零件	Z 表示铸造,字母后的数字表示含铜、锰、锌的平均百分数
5-5-5 锡青铜	ZCuSn5PbZn5	在较高负荷和中等滑动速度下工作的耐磨、耐蚀零件	字母后的数字表示含锡、铅、锌的平均百分数
9-2 铝青铜 10-3 铝青铜	ZCuAl9Mn2 ZCuAl10Fe3	耐蚀、耐磨零件,要求气密性高的铸件,高强度、耐磨、耐蚀零件及250℃以下工作的管配件	字母后的数字表示含铝、锰或铁的平均百分数
17-4-4 铅青铜	ZcuPbl7Sn4ZnA	高滑动速度的轴承和一般耐磨件等	字母后的数字表示含铅、锡、锌的平均百分数
ZL201 (铝铜合金) ZL301 (铝铜合金)	ZAlCu5Mn ZAlCuMg10	用于铸造形状较简单的零件,如支臂、挂架梁等 用于铸造小型零件,如海轮配件、航空配件等	
硬铝	LY12	高强度硬铝,适用于制造高负荷零件及构件,但不包括冲压件和锻压件,如飞机骨架等	LY 表示硬铝,数字表示顺序号

常用的热处理及表面处理名词解释　　　　　　　　　　　　　　　附表 17

名　词	代号及标注示例	说　明	应　用
退火	Th	将钢件加热到临界温度以上(一般是 710~715℃,个别合金钢 800~900℃)30~50℃,保温一段时间,然后缓慢冷却	用来消除铸、锻、焊零件的内应力、降低硬度,便于切削加工,细化金属晶粒,改善组织、增加韧性
正火	Z	将钢件加热到临界温度以上,保温一段时间,然后用空气冷却,冷却速度比退火快	用来处理低碳和中碳结构钢及渗碳零件,使其组织细化,增加强度与韧性,减少内应力,改善切削性能
淬火	C C48:淬火回火至 45~50HRC	将钢件加热到临界温度以上,保温一段时间,然后在水、盐水或油中急速冷却,使其得到高硬度	用来提高钢的硬度和强度极限,但淬火会引起内应力使钢变脆,所以淬火后必须回火
回火	回火	回火是将淬硬的钢件加热到临界点以下的温度,保温一段时间,然后在空气中或油中冷却下来	用来消除淬火后的脆性和内应力,提高钢的塑性和冲击韧性
调质	T T235:调质处理至 220~250HB	淬火后在 450~650℃进行高温回火,称为调质	用来使钢获得高的韧性和足够的强度,重要的齿轮、轴及丝杆等零件需经调质处理
表面淬火 火焰淬火	H54:火焰淬火后,回火到 50~55HRC	用火焰或高频电流,将零件表面迅速加热至临界温度以上,急速冷却	使零件表面获得高硬度,而心部保持一定的韧性,使零件既耐磨又能承受冲击,表面淬火常用来处理齿轮等
表面淬火 高频淬火	G52:高频淬火后,回火到 50~55HRC		
渗碳淬火	S0.5-C59:渗碳层深0.5,淬火硬度56~62HRC	在渗碳剂中将钢件加热到 900~950℃,停留一定时间,将碳渗入钢表面,深度约为 0.5~2,再淬火后回火	增加钢件的耐磨性能、表面硬度、抗拉强度和疲劳极限,适用于低碳、中碳(含量<0.40%)结构钢的中小型零件
氮化	D0.3-900:氮化层深度 0.3,硬度大于850HV	氮化是在 500~600℃通入氮的炉子内加热,向钢的表面渗入氮原子的过程,氮化层为 0.025~0.8,氮化时间需 40~50h	增加钢件的耐磨性能、表面硬度、疲劳极限和抗蚀能力,适用于合金钢、碳钢、铸铁件,如机床主轴、丝杆以及在潮湿碱水和燃烧气体介质的环境中工作的零件
氰化	Q59:氰化淬火后,回火至 56~62HRC	在 820~860℃炉内通入碳和氮,保温 1~2h,使钢件的表面同时渗入碳、氮原子,可得到 0.2~0.5 的氰化层	增加表面硬度、耐磨性、疲劳强度和耐蚀性,用于要求硬度高、耐磨的中、小型及薄片零件和刀具等
时效	时效处理	低温回火后、精加工之前,加热到100~160℃,保持 10~40h,对铸件也可用天然时效(放在露天中一年以上)	使工件消除内应力和稳定形状,用于量具、精密丝杆、床身导轨、床身等
发蓝发黑	发蓝或发黑	将金属零件放在很浓的碱和氧化剂溶液中加热氧化,使金属表面形成一层氧化铁所组成的保护性薄膜	防腐蚀、美观,用于一般连接的标准件和其他电子类零件
硬度	HB(布氏硬度)	材料抵抗硬的物体压入其表面的能力称硬度,根据测定方法的不同,常用的是布氏硬度和洛氏硬度。 硬度的测定是检验材料经热处理后的机械性能——硬度	用于退火、正火、调质的零件及铸件的硬度检验
硬度	HRC(洛氏硬度)		用于经淬火、回火及表面渗碳、渗氮等处理的零件硬度检验

参 考 文 献

1. 郭朝勇，朱海花. 机械制图与计算机绘图（通用）. 北京：电子工业出版社，2011.

2. 黄平，朱文坚. 机械设计基础. 广州：华南理工大学出版社，2002.

3. 郑长福. 机械设计制图. 重庆：重庆大学出版社，1996.

4. 江晓红. 画法几何及机械制图. 徐州：中国矿业大学出版社，2007.

5. 何铭新，钱可强. 机械制图. 第6版. 北京：高等教育出版社，2010.

6. 郑镁. 机械设计中图样表达方法. 西安：西安交通大学出版社，1999.

7. 王晓红，周万红. 机械设计制图. 上海：中国纺织大学出版社，1999.

8. 蒋寿伟. 现代机械工程图学. 第2版. 北京：高等教育出版社，2006.

9. 曹彤，万静，王新等. 机械设计制图. 第4版. 北京：高等教育出版社，2011.

10. 杨培中，赵新明，宋健. 形象思维与工程语言. 北京：高等教育出版社，2011.

11. 孙炜 等. 工程图学教育中加强构型创新设计能力的探索与实践. 东华大学学报（自然科学版），
    2018，36（4）：457-461.